OIE

WORLD ORGANISATION FOR A

Protecting animals, preservi

U0687318

水生动物卫生法典

2019
第22版

世界动物卫生组织（OIE）编著

农业农村部畜牧兽医局 组译

中国农业出版社

北京

《OIE出版物系列丛书》编译委员会

本书翻译委员会

总　序

　　世界动物卫生组织（OIE）成立于1924年，现有182个成员，总部在法国巴黎。作为全球兽医卫生组织，OIE在全球动物卫生和食品安全领域发挥着至关重要的作用。OIE始终致力于提高各成员兽医立法和兽医体系服务水平，统一协调各成员动物疫病防控活动，制定动物产品国际贸易动物卫生标准和规则，促进各成员动物疫情透明化，提升全球动物及产品卫生安全和贸易水平。OIE是世界贸易组织（WTO）指定负责制定国际动物卫生标准规则的唯一国际组织。各成员间开展动物及动物产品贸易都遵循OIE的规定。

　　我国一贯高度重视与OIE的交流合作，不断加强技术和信息交流。自2007年恢复在OIE合法权益后，我国全面参与OIE相关工作，成果丰硕。一方面，我国牛瘟、牛肺疫、非洲马瘟等无疫和疯牛病风险可忽略状况得到OIE认证，22家兽医实验室被OIE确定为国际参考实验室，3家单位被OIE确定为国际协作中心，标志着我国动物疫病防控成效、兽医实验室科技能力和水平得到广泛认可；另一方面，我国积极主动参与OIE技术议题研究和标准制修订工作，积极推动将国内动物疫病防控和兽医管理经验转化为国际标准，为推动全球兽医工作发展贡献了中国智慧。

　　2018年8月，中国首次发生非洲猪瘟，给中国养猪业带来巨大影响。在经济全球化的大背景下，疫情无国界，任何国家都不能独善其身。提高动物卫生和食品安全水平，建立人类命运共同体，需要OIE各成员不懈努力，需要国际社会共享经验、密切合作。国际动物卫生标准和规则是国际社会兽医工作实践经验的总结和凝练，《OIE出版物系列丛书》将成为推动我国兽医工作的重要工具。

　　2020年是我国全面建成小康社会的实现之年，也是《国家中长期动物疫病防治规划（2012—2020年）》收官之年。在非洲猪瘟防控常态化形势面前，在我国面临着越来越多境外动物疫病威胁的严峻形势下，我国动物疫病防控面临着新的挑战。我们要从战略高度和全局视角谋划未来，努力创新动物防疫机制，路径之一就是密切跟踪研究国际标准，积极推广应用，这不仅是履行好国际义务的需要，更是促进我国兽医事业健康发展的需要。

　　为方便国内更多的兽医工作者研究借鉴最新的国际标准，农业农村部先后于2012年3月、2019年5月与OIE就翻译、出版、发行OIE出版物签署了谅解备忘录，作为唯一被授权机构在中国翻译出版OIE出版物。我们已经陆续出版了《OIE陆生动物卫生法典（2012版）》《OIE陆生动物诊断试验与疫苗手册（2012版）》《OIE水生动物卫生法典（2012版）》《OIE水生动物诊断试验手册》《兽医机构效能评估工具（第六版）》等书籍，本次出版是最新的《OIE水生动物卫生法典（2019版）》。丛书的出版将对我国广大兽医工作者了解和学习最新国际动物卫生标准规则和管理理念有所裨益，对服务我国动物卫生工作大局发挥积极作用。

中华人民共和国农业农村部副部长

2020年6月

《OIE水生动物卫生法典》（简称《水生法典》）由世界动物卫生组织（OIE）出版发行，是世界贸易组织认可的国际贸易卫生规则，是各成员水生动物及其产品国际贸易需要遵循的卫生要求。

1986年，OIE首次在《OIE陆生动物卫生法典》中涵盖水生动物疫病。随后，为加强水生动物疫病防控，OIE成立了鱼病委员会（现更名为水生动物卫生标准委员会），并于1995年公布了首版《水生法典》。自此，每年修订一次，本书为第22版译文。

农业农村部长期跟踪研究OIE国际标准规则，并致力于在国内转化应用。2015年农业农村部首次出版《水生法典》（2012版）。本版增加了风险分析一般原则、水生动物饲料中病原的控制、水生动物使用抗微生物制剂导致耐药性的风险分析等章节内容，涉及的动物疫病种类也由原来的26种增加至29种。

现阶段，我国水产养殖产量占全球总产量的70%左右，为全球第一水产养殖大国，水产品进出口总量也稳居世界前列。熟悉、掌握和运用《水生法典》对于防范水生动物疫病传入、维护水产品贸易安全和质量安全具有重要意义。

《水生法典》（2019版）专业性强，译校者以高度的责任心，反复译校完成。受译校者语言水平和专业水平所限，加之时间仓促，难免会有不足，敬请各位读者予以谅解并提出宝贵意见。

本书中文版翻译、校对和出版得到了OIE总干事Monique Eloit博士及OIE水生动物卫生标准委员会主席Ingo Ernst博士及翻译质量控制人员青雯博士的大力支持与帮助。在此，谨向OIE表示衷心的感谢。

农业农村部　国家首席兽医师（官）

2020年12月

《OIE水生动物卫生法典》（简称"本法典"）为在世界范围内改善水生动物卫生状况提供标准。本法典内容包括水产养殖动物福利标准和水生动物抗微生物制剂使用标准。进出口国、地区主管部门应利用本法典中建议的卫生措施，积极预防，尽早发现并通报和控制水生动物（两栖类、甲壳类、鱼类和软体动物）疫病，防止通过国际贸易传播水生动物疫病，同时避免以卫生为由的不合理的贸易壁垒。

本法典中的标准已经OIE成员代表大会正式通过，OIE成员代表大会是OIE的最高决策机构。

2019年5月举行的第87届OIE成员代表大会通过了以下修订内容，并已纳入本法典：

－ 术语表：修改"基本生物安保条件"定义；
－ 第1.5章"易感物种界定标准"；
－ 第8.3章"蛙病毒属病毒感染"；
－ 第9.1章"急性肝胰腺坏死病"；
－ 第10.2章"侵入性丝囊霉感染（流行性溃疡综合征）"第10.2.1条和第10.2.2条；
－ 第10.5章"鲑甲病毒感染"第10.5.2条；
－ 第10.6章"传染性造血器官坏死病毒感染"第10.6.1条、第10.6.2条和第10.6.8条；
－ 第10.7章"锦鲤疱疹病毒感染"第10.7.2条；
－ 第10.9章"鲤春病毒血症病毒感染"第10.9.2条；
－ 每一疫病章节第×.×.8条（第10.3章"大西洋鲑三代虫感染"第10.3.8条除外）和第10.4章"鲑传染性贫血症病毒感染"第10.4.12条。

本法典中的标准和建议是OIE水生动物卫生标准委员会（简称"水生法典委员会"）不懈努力的成果。该委员会由选举产生的6名成员组成，每年举行两次会议讨论工作计划。水生法典委员会负责组织国际知名科学家编写法典新增章节和修订现有章节。OIE每年向成员代表发送两次新增章节草案或修订草案，征求OIE成员的意见。水生法典委员会与陆生动物卫生标准委员会、生物标准委员会和动物疫病科学委员会等其他专家委员会密切合作，以最新科学信息为依据，确保提供高水准科学建议。

世界贸易组织（WTO）《卫生和植物卫生措施协定》（简称《SPS 协定》）正式认可OIE在制定国际动物卫生及人畜共患病标准和指南工作中的主导作用。根据《SPS协定》，WTO成员应使其进口要求与OIE相关标准建议保持一致。如无OIE相关建议或拟采用比OIE标准更为严格的标准，则应以本法典第2.1章的进口风险分析为依据。因此，本法典是WTO国际贸易法规框架的一个重要组成部分。

本法典每年以OIE三种官方语言（英文、法文、西班牙文）出版。本法典在OIE官方网站

（http://www.oie.int）可查阅和下载。

下面的《使用指南》旨在为主管部门和其他有关各方应用本法典提供帮助。

在此，我们非常感谢水生动物卫生标准委员会成员、各位代表、特设工作组专家和其他委员会提出的宝贵意见，并向参与本法典第22版编制工作的OIE总部工作人员表示衷心感谢。

世界动物卫生组织总干事
Monique Eloit 博士

2018—2019年OIE水生动物卫生标准委员会成员：

主　席：Ingo Ernst博士

副主席：Alicia Gallardo Lagno博士

副主席：Edmund Peeler博士

成　员：Kevin William Christison博士，Atle Lillehaug博士，
　　　　Hong Liu博士、教授

2019年7月

A. 导言

1）《OIE水生动物卫生法典》（简称"本法典"）为在世界范围内促进水生动物卫生工作提供了准则，并就水产养殖动物福利和水生动物抗微生物制剂使用问题提供了标准。本法典使用指南就如何使用本法典向OIE成员主管部门提供建议。

2）主管部门应根据本法典提出的标准制定措施，尽早发现、内部报告、通报、控制或根除水生动物（两栖类、甲壳类、鱼类和软体动物）疫病及其病原，防止病原通过水生动物及其产品的国际贸易进行传播，同时避免以卫生为由的不合理的贸易壁垒。

3）OIE基于最新科学和技术信息制定标准。正确使用这些标准有利于在水生动物及其产品的生产和贸易中，保护水生动物卫生和水产养殖鱼类福利。

4）本法典如无关于特定病原或水生动物产品的章节、条款或建议，主管部门仍可采取适当的卫生措施，而制定这些措施需以本法典规定进行的风险分析为依据。

5）在每章结尾注明了首次通过年份和最新修订年份。

6）登录OIE网站http：//www.oie.int可查阅本法典全文，并下载各章节。

B. 本法典主要内容

1）本法典中出现的主要术语和词汇的定义均汇总在术语表中，这些定义一般不含在普通词典中。阅读和使用本法典应了解这些术语定义。在本法典在线版本中，点击以斜体表示的术语可查阅相关定义。

2）在本法典一些章节中可见"（研究中）"字样，表示该部分尚未经OIE成员代表大会正式通过，因此尚不属于正式规定。

3）第1篇就疫病及其病原监测和通报等问题设立了标准，还包括OIE名录水生动物疫病界定标准、OIE名录疫病、向OIE通报的程序以及易感物种界定标准。

4）第2篇介绍了在OIE没有制定标准的情况下，进口国/地区开展进口风险分析的指导原则。进口国/地区如采取比OIE现行标准更为严格的措施，则应参照指导原则证明采取这些措施的合理性。

5）第3篇为建立、维护、评估水生动物卫生机构以及开展信息交流设立了标准。这些标准旨在协助成员主管部门实现改善水生动物卫生状态和水生动物福利的目标，建立并保持对其国际水生动物卫生证书的信任度。

6）第4篇就实施动物疫病防控措施设立了标准。措施包括地区划分、建立生物安全隔离区、消毒、应急预案、休渔、水生动物废物处置和控制水生动物饲料中的病原等。

7）第5篇为实施一般贸易卫生措施设立了标准，内容涉及认证、出口国/地区、过境国/地区和进口国/地区适用措施，并提供了国际水生动物卫生证书范本，以统一国际贸易文件格式与内容。

8）第6篇为确保可靠和谨慎地使用水生动物抗微生物制剂设立了标准。

9）第7篇为保护水产养殖鱼类福利设立了标准，涵盖保护养殖鱼类福利的一般原则，包括鱼类运输、击晕和宰杀以及为控制疫病而进行宰杀所涉及的福利措施。

10）第8篇至第11篇中的标准旨在防止OIE名录疫病病原传入进口国/地区。每一疫病章节均包含一份已知易感物种目录。制定这些标准考虑到交易商品的性质、出口国、地区或生物安全隔离区的水生动物卫生状态，以及适用于每种商品的风险降低措施。

11）制定这些标准的前提是假设进口国/地区不存在相关病原，或病原属于控制/根除计划对象。第8篇至第11篇分别涉及两栖类、甲壳类、鱼类和软体动物。

C. 专题内容

1）通报

本法典第1.1章根据《OIE组织章程》描述了成员需履行的义务。第1.1章规定，OIE名录疫病为必须通报的疫病，并鼓励成员向OIE提供其他具有流行病学意义的水生动物卫生事件信息，包括新出现的疫病。

本法典第1.2章描述了OIE名录疫病界定标准。

本法典第1.3章列出了OIE名录疫病，分为两栖类、甲壳类、鱼类和软体动物四个部分。

2）诊断检测

《OIE水生动物诊断试验手册》（以下简称《水生手册》）提供了名录疫病诊断方法。负责实验室检测的专家应充分了解《水生手册》介绍的方法。

3）无疫病

本法典第1.4.6条规定了宣告国家、地区或生物安全隔离区无某特定疫病感染的一般原则，适用于名录疫病章节无具体规定时。

4）病原不同变体

一些病原具有一种或多种变体。在本法典中说明了高致病性变体及其与低致病性变体的区分。如致病株较为稳定且具有可用于诊断的特性，并显示出不同程度的致病性，则应根据不同致病株所构成的风险，采用不同标准提供保护。鲑传染性贫血症病毒感染是名录中的第一种疫病，本法典针对引发该疫病的不同毒株提供了风险管理措施选项。

5）确定物种对名录疫病的易感性

第1.5章提出了每一疫病章节第×.×.2条中所列易感物种的界定标准。由于水产养殖动物种类繁多，列出易感物种对水产养殖工作极为重要。

此项工作尚在进行中，某些章节中的易感物种尚未根据第1.5章中的标准进行评估。

6）贸易要求

制定水生动物国际贸易卫生措施应基于OIE提出的标准。成员规定的水生动物或水生动物产品进口条件可不同于本法典提出的建议。为科学地证明更严格进口条件的合理性，进口国/地区应按照第2.1章所述标准进行风险分析。WTO成员应参考《SPS协定》。

第5.1章至第5.3章说明了进出口国/地区在国际贸易中的义务和道德责任，主管部门和直接参与国际贸易的所有兽医和认证官员应充分了解这些内容。第5.3章还介绍了OIE关于争端调解的非正式程序。

在本法典每一疫病章节中，列出了可安全交易的水产动物产品。对于这些产品无需采取特定疫病卫生措施，无论出口国或地区的相关疫病状态如何。如已列出安全商品清单，进口国/地区则不应对这些安全商品提出任何与所涉病原相关的条件。

7）水生动物产品贸易安全性

第5.4章描述了关于水生动物产品安全性的评估标准。在每一疫病章节中，列出了经过评估并符合这些标准的水生动物产品。第5.4.1条描述了用于任何目的的水生动物产品安全性的评估标准，第5.4.2条描述了作为人类食品的水生动物产品安全性的评估标准。

第×.×.3条列出了可为任何目的而进口的水生动物产品，而无论出口国、地区或生物安全隔离区所涉疫病状态如何。将某一水生动物产品列入第×.×.3条的依据是，有证据表明该产品不含病原，或已通过物理、化学或生物学方法灭活了病原。

第11篇软体动物章节的第×.×.11条、两栖类、甲壳类和鱼类章节的第×.×.12条和第10.4.16条列出了为食品零售可进口的水生动物产品，而无论出口国、地区或生物安全隔离区的疫病状态如何。评估是否将水生动物产品列为这类产品主要基于产品形式和包装、消费者预计产生的废物组织量以及废物中可能存在的病原。

8）国际水生动物卫生证书

国际水生动物卫生证书是出口国/地区主管部门根据本法典第5.1章和第5.2章签发的正式文件，证书中列出了关于出口水生动物商品的卫生要求。出口国/地区的水生动物卫生机构质量对于向贸易伙伴保证出口水生动物产品安全至关重要，这涉及水生动物卫生机构在提供国际卫生证书中的职业道德水准以及履行通报义务的情况。

国际卫生证书是开展国际贸易的基本文件，为进口国/地区提供水生动物和产品的卫生保证。规定措施应考虑到出口国/地区和进口国/地区的卫生状态，并以本法典的标准为基础。

起草国际水生动物卫生证书应按照以下步骤：

a）确定进口国/地区因其自身水生动物卫生状态而有理由寻求保护的疫病。进口国/地区不应对发生在本国境内或本地区内但不属于官方控制方案的疫病提出要求；

b）对于可通过国际贸易传播疫病的水生动物产品，进口国/地区应根据原产地国家、地区或生物安全隔离区的疫病状态，采用本法典具体疫病章节中的相关规定。疫病状态的判定应根据第1.4.6条所述，除非相关疫病章节另有规定；

c）编制国际水生动物卫生证书时，进口国/地区应尽量按照术语表中的定义使用术语和文字表达。国际水生动物卫生证书内容应简明扼要、用词准确，以免对进口国/地区的要求产生误解；

d）第5.10章提供了作为参考基准的国际水生动物卫生证书范本，为成员进一步提供指导。

9）为进口商和出口商提供指导说明

建议成员主管部门编制指导说明，帮助进口商和出口商了解国际贸易卫生要求。这些指导应明确说明贸易条件，包括出口前与出口后、运输和卸载期间需采取的措施，以及相关法律义务和操作规程，并就货物随附的国际水生动物卫生证书应包括的所有细节提供建议，还应提醒出口商注意国际航空运输协会关于水生动物和水生动物产品航空运输的规则。

注：于1995年首次通过，于2018年最新修订。

本法典中：

抗微生物制剂（Antimicrobial agent）

指在体内浓度下具有抗微生物活性（杀死或抑制微生物生长）的天然、半合成或合成的物质。驱虫剂和消毒剂或防腐剂类物质不包括在此定义内。

水产养殖（Aquaculture）

指通过常规繁殖、喂食、防掠食等提高产量的干预手段饲养水生动物。

水产养殖场（Aquaculture establishment）

指养殖种用或商品用两栖类、鱼类、软体动物或甲壳动物的育种场、育苗场及养殖场。

水生动物卫生专业人员（Aquatic animal health professional）

经主管部门授权在其领土内执行指定任务并经培训具有执行指定任务资格的人员。

水生动物卫生机构（Aquatic animal health services）

指在其领土内执行水生动物卫生和福利措施以及本法典中规定的其他标准与建议的政府或非政府机构。水生动物卫生机构由主管部门全面管理领导。私营机构、兽医、水生动物卫生专业人员通常需经主管部门认可或批准后方可行使其职能。

水生动物卫生状态（Aquatic animal health status）

指根据本法典具体疫病章节或第1.4章所列标准确定的某一水生动物疫病在国家、地区或生物安全隔离区的状态。

水生动物产品（Aquatic animal products）

非活体的水生动物和水生动物产品。

水生动物（Aquatic animals）

指来自水产养殖场或野生环境的所有活鱼类、软体动物、甲壳动物和两栖动物（包括卵和精子）。

水生法典（Aquatic Code）

指由OIE主编的《OIE水生动物卫生法典》。

水生手册（Aquatic Manual）

指由OIE主编的《OIE水生动物诊断试验手册》。

基本生物安保条件（Basic biosecurity conditions）

指在一个国家、地区或生物安全隔离区内针对某疫病确保生物安保所需的最起码条件，应包括：

a）必须向主管部门通报疫情包括疑似疫病；且

b）拥有早期检测系统；且

c）根据具体疫病章节的要求，防止病原传入无疫国、无疫地区或生物安全隔离区，或防止病原在疫区和保护区内扩散或从疫区和保护区向外传播。

偏差（Bias）

指在测量值与群体参数真值之间存在非随机差值的趋势。

生物制品（Biological products）

指：

a）用于诊断疫病的生物试剂；

b）用于预防和治疗疫病的血清；

c）用于免疫预防疫病的灭活或弱毒疫苗；

d）病原的遗传物质；

e）鱼源或鱼用的内分泌组织。

生物安保（Biosecurity）

指用于降低水生动物种群病原传入、扩散、释放风险的一系列管理和物理措施。

生物安保计划（Biosecurity plan）

指根据本法典的建议，确定某地区、生物安全隔离区或水产养殖场内病原传入及扩散的潜在途径并说明为降低已确定风险所采取措施的文件。

病例（Case）

感染某病原而有或无临诊症状的水生动物个体。

病例定义（Case definition）

用于辨别动物或流行病单元是否染病的一组标准。

出证官员（Certifying official）

获得主管部门授权可签发水生动物卫生证书的官员。

商品（Commodity）

指水生动物、水生动物产品、生物制品和病理材料。

生物安全隔离区（Compartment）

指在同一生物安保管理系统下的一个或多个水产养殖场中的水生动物群对某疫病具有特定卫生状态，对其已采取必要的监测和控制措施，且基本生物安保条件符合国际贸易要求。主管部门必须明确记录这些情况。

主管部门（Competent authority）

指成员兽医主管部门或其他政府部门，其责权是在其境内确保或监督实施水生动物卫生和福利措施、签发国际卫生证书、落实本法典其他标准和建议。

运输容器（Container）

指具有以下特点的运输设备：

a）坚固耐用；

b）具备特别构造，便于以一种或多种方式运输水生动物或水生动物产品；

c）配备特殊装置且便于操作，特别是便于将动物从一运输工具转移到另一运输工具；

d）不漏水，便于装卸，且可进行清洗和消毒；

e）确保在最佳条件下安全运输水生动物。

应急预案（Contingency plan）

为消灭或控制某水生动物疫病暴发而制定的书面工作计划，确保在疫情暴发时能够采取所有必要行动，遵守相关规定，提供所需资源。

诊断（Diagnosis）

对疫病性质的判断。

疫病（Disease）

由一种或多种病原引发的临诊或非临诊感染。

消毒剂（Disinfectants）

用于杀灭病原或抑制其生长的化学化合物或物理过程。

消毒（Disinfection）

指清洗可能受污染的物品和使用消毒剂灭活病原的过程。

早期检测系统（Early detection system）

可迅速识别水产养殖场或野生水生动物疑似发生某名录疫病或新发疫病或不明原因死亡的有效系统。通过该系统可迅速向主管部门通报卫生事件，使水生动物卫生机构尽早开展诊断学调查。此系统应具备以下特征：

a）员工的广泛认识，如水产养殖场工作人员或进行加工的人员对名录疫病及新发疫病特征性症状的认识；

b）兽医和水生动物卫生工作人员受过识别并报告疑似发病的专门培训；

c）水生动物卫生机构有能力通过全国性指挥链及时有效地开展疫病调查；

d）水生动物卫生机构可使用能够诊断和鉴别名录疫病和新发疫病的实验室；

e）私营从业兽医或水生动物卫生专业人员有法定义务向主管部门报告疑似发病情况。

卵（Egg）

指活的水生动物受精卵。"绿卵"指刚受精的鱼卵，"发眼卵"指可见鱼胚眼并可运输的鱼卵。

新发疫病（Emerging disease）

指因下列原因对水生动物或公共卫生造成重大影响的疫病（除名录疫病外）：

a）已知病原发生变化或传播到新的地理区域或物种；或

b）新确认的或新近疑似的病原。

流行病学单元（Epidemiological unit）

指在某一特定地点对某一病原具有相似暴露风险的一组动物。暴露风险相近可能因水生环境相同（如同池、同网箱里的鱼）或饲养管理方式相同，致使病原从一个动物群体迅速传播至其他动物（如同一养殖场的不同鱼池、同村的所有鱼池等）。

去内脏鱼（Eviscerated fish）

指除鱼脑和鱼鳃外去除了所有内脏器官的鱼。

出口国（Exporting country）

向他国出口水生动物、水生动物产品、生物制品或病理材料的国家。

休渔（Fallowing）

指水产养殖场为控制疫病而清空相关疫病易感动物或可传播病原动物的措施，如有可能，还应清空池水。对于易感性不明的水生动物及公认不会携带病原的水生动物，则应根据风险评估结果决定是否需要休渔。

饲料（Feed）

指用于直接饲喂水生动物的任何材料（单一或复合材料），包括加工、半加工或未加工材料及活生物体。

饲料成分（Feed ingredient）

指构成饲料的任何原料或原料组合，包括饲料添加剂，不论该原料在动物日粮中是否具有营养价值。饲料成分可源自陆生或水生植物或动物，包括有机物和无机物。

无疫生物安全隔离区（Free compartment）

符合本法典有关章节规定的自行宣告无相关疫病的生物安全隔离区。

无疫国（Free country）

符合本法典有关章节规定的自行宣告无相关疫病的国家。

无疫地区（Free zone）

符合本法典有关章节规定的自行宣告无相关疫病的地区。

口岸（Frontier post）

任何国际机场或向国际贸易开放的港口、火车站和汽车站。

配子（Gametes）

指受精前分开放置或分开运输的水生动物精子或未受精卵。

危害（Hazard）

指存在于水生动物或水生动物产品中可能导致水生动物卫生或公共卫生不良后果的生物、化学、物理因子或状况。

总部（Headquarters）

指世界动物卫生组织（OIE）常设秘书处

地址：12，rue de Prony，75017 Paris，FRANCE

电话：33（0）1 44 15 18 88

传真：33（0）1 42 67 09 87

电子邮箱：oie@oie.int

网址：http://www.oie.int

进口国（Importing country）

指水生动物、水生动物产品、生物制品和病理材料最终运抵的目的地国家。

发病率（Incidence）

指在一定期间内，某水生动物种群中新发生某疫病次数。

疫区（Infected zone）

诊断出某疫病的地区。

感染（Infection）

指宿主体内存在处于繁殖、发展或潜伏期的病原，也包括宿主体内外寄生虫侵染。

国际水生动物卫生证书（International aquatic animal health certificate）

指根据本法典第5.11章的规定所签发的证书，说明商品出口前须满足的水生动物卫生和/或公共卫生要求。

国际贸易（International trade）

指水生动物、水生动物产品、生物制品和病理材料的进口、出口及过境中转。

OIE名录疫病（Listed diseases）

指本法典第1.3章所列疫病。

粉料（Meal）

经研磨和加热使湿度低于10%的水生动物制品。

通报（Notification）

指以下根据《水生法典》第1.1章报告疫病暴发的程序：

a）兽医主管部门通知OIE总部；

b）OIE总部向各成员兽医主管部门通报情况。

暴发（Outbreak）

指一个流行病学单元内出现一个或多个病例。

病原（Pathogenic agent）

指引起或促成疫病发生的生物体。

病理材料（Pathological material）

将送往实验室进行检验的取自携带或怀疑携带病原的活体或死亡水生动物组织样本。

流行率（Prevalence）

指在一定期间内，某水生动物群中受感染水生动物数量占水生动物总数的百分比。

概率抽样（Probability sampling）

指每一调查子体均具有被选为样本的非零概率的抽样策略。

保护区（Protection zone）

指为保护无疫国或无疫地区内水生动物卫生状态免受水生动物卫生状态不同的国家或地区的影响而设立的区域。区域内根据所涉疫病的流行病学特点而采取措施，防止病原传播到无疫国或无疫地区。措施包括（但不限于）免疫接种、动物流动控制、强化监测等。

隔离（Quarantine）

指将一群水生动物置于不与其他水生动物直接或间接接触的隔离条件下，以便在一定时间内进行观察，并酌情进行检测和治疗，包括对污水进行适当处理。

风险（Risk）

指发生影响动物或人类健康不良事件的可能性及其可能的生物和经济后果的严重性。

风险分析（Risk analysis）

指包括危害鉴定、风险评估、风险管理和风险交流的整个过程。

风险评估（Risk assessment）

指评估某危害进入、定植或传播的可能性及其造成的生物学和经济后果。

风险交流（Risk communication）

指在风险分析过程中，风险评估者、风险管理者、风险报告人、公众和其他所有相关方之间就风险、风险相关因素和风险认知等相互交流信息和意见。

风险管理（Risk management）

　　指确定、选择和实施可降低风险水平的措施的过程。

卫生措施（Sanitary measure）

　　指OIE成员参照本法典各章内容所采取的措施，旨在保护成员领土上的水生动物或人类免受因危害进入、定植或传播而带来的卫生和生命风险。

自行宣告无疫（Self-declaration of freedom from disease）

　　指成员有关主管部门按照本法典和《水生手册》的规定，宣告国家、地区或生物安全隔离区不存在某名录疫病。（注：OIE鼓励成员将其自行宣告的卫生状态报送OIE，OIE可予以公布，但这并不意味着OIE对此认可。）

敏感性（Sensitivity）

　　指诊断试验中真阳性结果比例，即用真阳性结果数除以真阳性和假阴性结果总数。

特异性（Specificity）

　　指诊断试验中正确鉴定不存在感染的概率，即用真阴性结果数除以真阴性和假阳性结果总数。

扑杀政策（Stamping-out policy）

　　指确定发生某疫病后在主管部门的监控下执行水生动物卫生预防性措施，宰杀已感染和疑似感染的水生动物，以及其他群体中直接或间接接触可能传播疫病病原的水生动物。应扑杀疫区内所有水生动物，无论是否已进行免疫接种，并焚烧或深埋动物残骸，或采用其他任何可杜绝通过动物动物残骸或相关产品传播疫病的处理方法。

　　该政策应与本法典中规定的清洁和消毒程序一同实施，并应根据风险评估结果决定休渔的适宜时间。

研究群体（Study population）

　　指监测数据的来源群体，可为目标群体或其中的一个子体。

亚群（Subpopulation）

　　指某一水生动物群体中可根据某些共同卫生特征予以识别的部分动物。

监测（Surveillance）

　　指为控制疫病而针对某特定水生动物群体展开一系列系统性调查，检测疫病发生情况，必要时可对该群体进行抽样检测。

易感物种（Susceptible species）

　　指根据本法典第1.5章，经证明易受特定病原感染的水生动物物种。

目标群体（Target population）

　　一个以证明无感染为目标的群体，通常包括一个国家、地区或水产养殖场内对某特定病原易感的所有水生动物物种。

目标监测（Target surveillance）

针对某特定疫病或感染所开展的监测。

领土（Territory）

某一主权国家拥有的陆地和水域。

过境国（Transit country）

指水生动物、水生动物产品、生物制品和病理材料在运往进口国途中经过或停靠在其边境口岸的国家。

单元（Unit）

指可单独识别的元素。这是一个总体概念，用于描述一个群体的成员或采样时选定的元素等。动物个体、池塘、鱼网、网箱、养殖场、村庄、区域等均可为单元。

载体（Vestor）

指向易感水生动物或其食物或直接环境输入病原的任何生物。病原可能在载体内存留一个发育周期（也可能不存留）。

运输工具（Vehicle）

指任何陆路、航空或水路运输方式。

兽医（Veterinarian）

指受过相关教育、在国家兽医法规部门注册或取得该部门颁发的执业证书而从事兽医医疗或科研工作的人员。

兽医主管部门（Veterinary authority）

指由兽医、其他专业人员和兽医辅助人员组成的OIE成员政府机关。该部门有责任和能力在全国范围内确保或监督实施水生动物卫生和福利措施、签发国际水生动物卫生证书，以及落实本法典规定的其他标准和建议。

兽医法定机构（Veterinary statutory body）

指规管兽医和兽医辅助人员的自主机构。

水域（Water catchment）

指汇集所有流水以丘陵或高山等自然环境因素为界的区域或洼地。

地区（Zone）

指一国或多国中包含某水生动物种群的区域，该种群针对某疫病具有特定的水生动物卫生状态，在该区域中实施监控措施和基本生物安保措施。该区域应由主管部门界定。

注：于2019年最新修订。

第 1 篇

水生动物疫病通报、OIE名录疫病及其监测

第1.1章　疫病通报和流行病学信息

第1.1.1条

根据《OIE组织法》第5条、第9条、第10条及本法典的规定，各OIE成员须认可OIE总部有权直接联系其领土内各主管部门。

OIE发送给成员主管部门的所有通报和信息均应视为已通告给该主管部门所在国，由主管部门报送给OIE的所有通报和信息均应视为由该主管部门所在国发送。

第1.1.2条

1）各成员应通过OIE向其他成员提供所有必要信息，以最大限度地减少水生动物疫病及其病原的传播，以在全球范围内更好地控制疫病。

2）为此，各成员应遵守本章第1.1.3条及第1.1.4条的规定。

3）根据本章规定，"事件"指某一需通报疫病的一次暴发或流行病学相关的一组暴发。事件针对某一特定病原和毒株，包括从紧急通报到最后一次报告期间的所有相关疫情。事件报告需说明易感物种、受影响水生动物和流行病学单元的数量和地理分布。

4）为保证信息交流简明准确，报告应尽量按照OIE疫病报告格式书写。

5）如发现水生动物携带某特定疫病病原，即使没有出现临诊症状也应进行通报。关于病原与疫病之间关系的科学知识在不断更新，存在某病原并不意味着一定发生疫病，成员应通过其报告，保证符合上述第1）点的意向。

6）除根据第1.1.3条和第1.1.4条的规定通报调查结果外，成员还应提供关于防止疫病传播措施的信息，包括针对水生动物、水生动物产品、生物制品和其他各种引起疫病传播物品的检疫措施和限制运输措施。疫病如通过媒介传播，还须说明针对媒介采取的控制措施。

第1.1.3条

各兽医主管部门应通过其OIE代表向OIE总部提交：

1）按照本法典每一疫病章节的相关规定，在发生下列任何事件24小时内，通过世界动物卫生信息系统（WAHIS）或传真、电子邮件进行通报：

 a）　在国家、地区或生物安全隔离区首次发生某OIE名录疫病；

 b）　在最后宣告疫情结束的报告发出后，在国家、地区或生物安全隔离区再次发生该OIE名录疫病；

 c）　在国家、地区或生物安全隔离区首次出现OIE名录疫病新的病原株；

 d）　存在于国家、地区或生物安全隔离区的OIE名录疫病病原的分布突然发生变化，或发病率、毒力、致病率或致死率上升；

 e）　在新宿主物种中发生OIE名录疫病。

2）　按照本条第1）点进行通报后，须每周提交一次报告，提供事件进展信息，每周报告应持续到疫病被根除或情况完全稳定为止。此后，成员有义务根据下述第3）点向OIE呈送半年例行报告。对于所通报的每一事件，均应报送一份最终报告。

3）　提交半年例行报告，报告内容涉及是否存在OIE名录疫病、疫病进展状况以及该疫病对其他国家产生的重要流行病学意义等。

4）　提交年度报告，报告内容包括对其他成员有重要意义的任何其他信息。

第1.1.4条

各兽医主管部门应通过其OIE代表向OIE总部提交：

1）　在国家、地区或生物安全隔离区出现新发疫病时，通过世界动物卫生信息系统、传真或电子邮件进行通报；

2）　通报发出后，应继续定期提交报告：

 a）　期限为合理肯定已达到以下状态所需的时间：

  ⅰ）根除疫病；或

  ⅱ）情况已稳定；

 或

 b）　直到有充分的科学证据来确定该病是否符合本法典第1.2章所述列入OIE疫病名录的条件；

3）　一旦满足上述第2 a）或第2 b）的要求，需报送一份最终报告。

第1.1.5条

1）　出现疫情的地区或生物安全隔离区所在国家或地区的主管部门应在其国家、地区或生物安全隔离区疫情消失时通知OIE总部。

2）如满足本法典规定的所有相关条件，便可确认该国家、地区或生物安全隔离区重新恢复无某特定疫病状态。

3）成员兽医主管部门建立一个或多个无疫区或无疫生物安全隔离区时，应向OIE总部提供必要的详细资料，包括确定无疫状态所依据的标准、维持无疫状态的要求，并在地图上清楚标明该地区或生物安全隔离区的具体地理位置。

第1.1.6条

1）尽管OIE仅要求其成员通报OIE名录疫病和新出现的疫病，但鼓励成员向OIE提供其他重要的水生动物卫生信息。

2）OIE总部应通过电子邮件或世界动物卫生信息系统（WAHIS）等途径，向各成员主管部门发出根据上述第1.1.2条~第1.1.5条规定所收到的所有通报和其他相关信息。

注：于1995年首次通过，于2016年最新修订。

第1.2章　OIE水生动物名录疫病界定标准

第1.2.1条

引言

本章介绍了纳入第1.3章水生动物名录疫病的标准。

建立水生动物疫病名录旨在提供所需信息以支持成员采取相应行动，防止重要水生动物疫病跨境传播，并以透明、及时和一致的方式进行通报来达到这一目标。

OIE针对每一名录疫病编撰专门章节，帮助成员协调一致地开展疫病检测、预防和控制工作，为增强水生动物及其产品国际贸易安全提供标准。

有关通报的规定详见第1.1章。

诊断试验的验证原则和方法参见《水生手册》第1.1.2章。

第1.2.2条

将疫病列入OIE名录的原则如下：

1）疫病病原有可能在国际上传播（通过水生动物、水生动物产品、媒介或污染物）。

且

2）根据第1.4章的规定，至少一个国家可证实国家或地区的易感水生动物没有感染疫病。

且

3）已对疫病准确定义，并具备可靠的检测和诊断方法。

且

4）

  a）已证实可通过天然途径传播到人类，人类感染后果严重。

  或

  b）已证明该疫病会影响一个国家或地区养殖水生动物的健康，并造成如生产损失、地区或国家的发病率或死亡率上升等严重后果。

  或

c）已表明或有科学证据表明该疫病会影响野生水生动物的健康，导致如群体发病率或死亡率上升、产量下降或生态影响等严重后果。

———————————————

注：于2003年首次通过，于2017年最新修订。

第1.3章 OIE名录疫病

已根据本法典第1.2章所述水生动物疫病名录纳入原则对以下疫病进行了评估，现将这些疫病纳入OIE水生动物疫病名录。

水生动物疫病名录经OIE成员代表大会通过，如有修订，则须经OIE成员代表大会通过，修订后的新名录于次年1月1日生效。

第1.3.1条

列入OIE名录的鱼类疫病

- 侵入性丝囊霉感染（流行性溃疡综合征）［Infection with *Aphanomyces invadans*（epizootic ulcerative syndrome）］
- 流行性造血器官坏死病毒感染（Infection with epizootic haematopoietic necrosis virus）
- 大西洋鲑三代虫感染（Infection with *Gyrodactylus salaris*）
- HPR缺失型或HPR0型鲑传染性贫血症病毒感染（HPR-deleted or HPR0 infectious salmon anaemia virus）
- 传染性造血器官坏死病毒感染（Infection with infectious haematopoietic necrosis virus）
- 锦鲤疱疹病毒感染（Infection with koi Herpesvirus）
- 真鲷虹彩病毒感染（Infection with red sea bream Iridovirus）
- 鲑甲病毒感染（Infection with salmonid Alphavirus）
- 鲤春病毒血症病毒感染（Infection with spring viraemia of carp virus）
- 病毒性出血性败血症病毒感染（Infection with viral haemorrhagic septicaemia virus）

第1.3.2条

列入OIE名录的软体动物疫病

- 鲍疱疹病毒感染（Infection with abalone herpesvirus）
- 牡蛎包纳米虫感染（Infection with *Bonamia ostreae*）
- 杀蛎包纳米虫感染（Infection with *Bonamia exitiosa*）

- 折光马尔太虫感染（Infection with *Marteilia refringens*）
- 海水派琴虫感染（Infection with *Perkinsus marinus*）
- 奥尔森派琴虫感染（Infection with *Perkinsus olseni*）
- 加州立克次体感染（Infection with *Xenohaliotis californiensis*）

第1.3.3条

列入OIE名录的甲壳动物疫病

- 急性肝胰腺坏死病（Acute hepatopancreatic necrosis disease）
- 鳌虾丝囊霉感染（鳌虾瘟）[Infection with *Aphanomyces astaci*（crayfish plague）]
- 对虾肝杆菌感染（坏死性肝胰腺炎）[Infection with *Hepatobacter penaei*（necrotising hepatopancreatitis）]
- 传染性皮下及造血组织坏死病毒感染（Infection with infectious hypodermal and haematopoietic necrosis virus）
- 传染性肌坏死病毒感染（Infection with Infectious myonecrosis virus）
- 罗氏沼虾野田村病毒感染（白尾病）[Infection with *Macrobrachium rosenbergii* nodavirus（white tail disease）]
- 桃拉综合征病毒感染（Infection with Taura syndrome virus）
- 白斑综合征病毒感染（Infection with white spot syndrome virus）
- 黄头病毒基因1型感染（Infection with yellow head virus genotype 1）

第1.3.4条

列入OIE名录的两栖动物疫病

- 箭毒蛙壶菌感染（Infection with *Batrachochytrium dendrobatidis*）
- 蝾螈壶菌感染（Infection with *Batrachochytrium salamandrivorans*）
- 蛙病毒属病毒感染（Infection with *Ranavirus* species）

注：于1995年首次通过，于2018年最新修订。

第1.4章　水生动物卫生监测

第1.4.1条

引言和目的

1 ）　开展监测目的如下：

　　a ）　证明无疫病存在；

　　b ）　鉴别本法典第1.1.3条所列需通报的疫情；

　　c ）　确定某地方性流行疫病的发生及其分布，包括发病率和感染率（或其他相关因素）的变化，用于：

　　　　ⅰ）为制定国内或地区内疫病防控计划提供信息；

　　　　ⅱ）为贸易伙伴进行定性和定量风险评估提供疫病发生的相关信息。

　　采用何种类型的监测方法主要根据决策所需信息而定。疫病情况报告的质量取决于监测数据的可靠性。监测也应为开展风险分析提供准确数据，以满足国际贸易和国家决策的信息需求。对地方流行性疫病的监测为日常卫生管理提供宝贵资料，同时也为检测外来疫病和证明没有疫病发生奠定了基础。

　　本章所述监测系统也为制定疫病预防和控制计划提供有用信息。然而，实际工作中的具体防控策略超出本章关于监测建议的范围。

　　具备有效的监测数据管理策略是成功实施监测系统的关键。

2 ）　成员能够为评估其动物卫生状态提供信息的基本前提是：

　　a ）　成员遵守本法典第3.1章关于水生动物卫生机构质量的规定；

　　b ）　如可行，应利用其他信息来源对监测数据加以补充（如科学出版物、研究数据、现场观察记录和其他非调查数据）；

　　c ）　根据本法典第1.1章的规定，监测工作的规划、实施、数据和信息分析与利用应始终保持透明。

3 ）　下述建议旨在协助成员决定监测方法，适用于《水生手册》中列举的所有疫病及其病原和易感物种。采用本章的建议决定监测系统时，应基于《水生手册》中每一疫病的具体内容。这些建议也适用于对国家或地区具有重要影响的非OIE名录疫病，如新出现的疫病。人们有时会误认为，监测只能使用复杂的方法进行。其实不然，有效的监测系统完全可基于日常观察和现有资源。

4 ）　试图针对本国所有已知易感水生动物疫病建立监测系统是不切实际的。因此，应根据以下因素确定拟纳入监测系统的疫病的优先次序：

a） 需为开展国际贸易提供卫生状态保证；

b） 国家资源；

c） 各种疫病对经济造成的影响或威胁；

d） 国家或地区内全行业疫病防控计划的重要性。

5） 可利用《水生手册》各疫病章节内容对本章所述一般方法加以细化。如没有特定疫病的详细信息，可按照本章建议进行监测。流行病学专业知识对于监测系统的设计、实施和分析解释监测结果是不可或缺的。

第1.4.2条

监测原则

1） 监测可基于多种数据来源，并可通过多种方式进行分类，如：

a） 收集数据的方式（目标监测与非目标监测）；

b） 是否侧重于某疫病（特定病原监测与一般性监测）；

c） 选择观测单元的方式（结构性调查与非随机数据源调查）。

2） 监测工作包括：

a） 群体调查，如：

ⅰ）屠宰时系统采样；

ⅱ）随机调查。

b） 非随机监测，如：

ⅰ）疫病报告或疫情通报；

ⅱ）控制方案/卫生计划；

ⅲ）目标检测/筛检；

ⅳ）宰后检查；

ⅴ）实验室调查记录；

ⅵ）生物样本库；

ⅶ）哨兵单元；

ⅷ）实地观察；

ⅸ）养殖场生产记录。

3） 此外，监测数据应具有相关依据，如：

a） 疫病流行病学数据，如环境、宿主与野生储存宿主的群体分布状况；

b） 养殖和野生动物的移动、水生动物及产品的贸易方式等，包括野生水生动物群体、水源或其他可能的接触暴露；

c） 国家动物卫生条例，包括实施情况及成效；

d） 潜在感染材料的进口历史；以及

e） 现有生物安保措施。

4） 应充分说明证据来源。结构性调查应包括对选择检测单元所使用的的采样策略的说明。对于非随机数据源，需对系统做出全面说明，包括数据来源和收集时间，并应考虑系统本身可能固有的偏差等。

第1.4.3条

监测的关键要素

评估监测系统质量应考虑以下要素：

1. 群体

开展监测工作最好能够考虑到国家、地区或生物安全隔离区中所有易感动物种群。监测应覆盖群体中所有动物或其中一部分。需对每个易感动物群体的风险进行评估。如仅对某亚群进行监测，推论监测结果时应持谨慎态度。

对于OIE名录疫病，应根据《水生手册》每一疫病章节的具体建议来界定适当种群。

2. 流行病学单元

应确定和记录监测系统中的相关流行病学单元，确保这些流行病学单元具有群体或目标亚群的代表性，以对疫病模式进行最有用的推断。因此，选择流行病学单元应考虑病原储存宿主、传播媒介、免疫状况、遗传抗性以及年龄、性别和其他宿主条件等。

3. 群发

在一个国家、地区或生物安全隔离区内，疫病通常呈群发性流行，而不是均匀或随机分布。疫病群发分布可能与空间（如水槽、池塘、养殖场或生物安全隔离区）、时间（如季节）或动物不同分组（如年龄、生理状态）相关。设计监测方法和分析监测数据应考虑群发现象。

4. 病例和疫病暴发的定义

应为所监测的每一疫病病例和疫情暴发制定不会产生歧义的明确定义，并记录在案。如可行，需参考《水生手册》和本章所述标准。

5. 分析方法

无论是规划干预措施还是确认卫生状态，均应采用恰当的方法并在适当的组织层面对监测数据进行分析，以助有效决策。

在复杂的现实面前需灵活应用监测数据的分析方法。没有任何一种方法能够适用于所有情况，需针对不同的病原、生产方式、监测系统、所得到的信息/数据的类型、质量和数量，采用不同的分析方法。

分析方法应基于当前可获得的科学依据，并应符合本章的规定，具有充分资料依据，参考科学文献和专家意见等。仅在拥有适当数量和质量的实地数据的情况下，才应进行复杂的数学或统计学分析。

应注意保持方法的一致性，透明度对于确保决策的公平合理性、一致性和易于理解极为重要。不确定性、所作假设以及这些假设对最后结论的影响，应加以分析说明。

6. 检测

监测指根据病例定义，通过可证实疫病状态的一种或多种方法检测疫病存在与否。因此，检测包括实验室检验、实地观察和生产记录分析。在群体水平（包括实地观察）上进行的检测可用敏感性、特异性和预测值来描述，敏感性和/或特异性低下将影响监测结论。因此，设计监测系统和分析监测数据时，应考虑到这些参数。

尽管对许多水生动物疫病检测方法没有确定敏感性和特异性数值，但仍需尽可能按照特定的检测情况对其进行评估。如果在《水生手册》疫病章节中提供了某些特定检测和检测条件下的敏感性和/或特异性数值，则应参考这些数值。

可将多个水生动物或采样单元的样本汇总成样本池，并按照实验规程进行检测。解释检测结果可采用根据样本量和检测程序所确定或估算的敏感性和特异性数值。

7. 质量保证

应在监测系统中纳入质量保证原则，并定期审核，确保监测系统运转良好。应提供可核查的程序文件，并开展基本检查，用以发现与规定程序之间的重大偏差。

8. 确认

动物卫生监测系统分析结果会存在潜在偏差，评估时应注意加以识别，因为偏差可导致过高或过低地评估目标参数值。

9. 数据收集和管理

监测系统的成功取决于可靠的数据收集和管理程序。可采用纸质记录或计算机处理。即使为其他目的收集数据（如在采取疫病控制行动、检查移动控制或执行疫病根除计划期间），也应格外重视数据收集的一致性与质量，使用便于分析的格式来报告事件。影响数据收集质量的因素有：

a）参与数据生成并将数据从实地传送到数据处理中心的人员的分布和相互之间的交流；

b）监测系统工作人员的积极性；

c）数据处理系统是否有能力发现数据的缺失、不一致或不准确并解决这些问题；

d）保存分散的原始数据，而非仅保存汇总后的数据；

e）尽量减少数据处理和交流过程中的转录错误。

第1.4.4条

基于群体的调查

除第1.4.6条所述监测原则外，规划、实施调查和分析数据还应考虑以下事项：

1. 调查类型

调查可针对整个目标群体（即普查）或某一样本。为证明无疫而进行的定期或重复调查，应采用概率抽样方法（简单随机抽样、整群抽样、分层抽样、系统抽样等），以便以有效的统计方法根据研究群体数据推断出目标群体状况，也可使用非概率抽样方法（方便抽样、立意抽样、定额抽样等）。鉴于从某些水生动物群体抽样不可行，确认非概率抽样的偏差后，可使用非概率抽样方法，以优化检测工作。

应充分描述信息来源，详细说明选择检测单元所用的采样策略。此外，还应考虑调查设计中可能存在的固有偏差。

2. 调查设计

应首先明确界定流行病学单元，然后根据调查设计确定每阶段的采样单元。调查方案的设计主要根据研究群体的规模和结构，以及疫病的流行病学特征和可用资源。

3. 抽样

群体抽样目的是挑选出符合研究目标（如确定是否存在疫病）且能代表整个群体状况的子集单元。抽样方式应能在不同环境和生产系统等实际情况局限下，使样本在最大程度上代表整个群体状况。检测卫生状态不明的群体是否存在某疫病，应采用优化疫病检测的抽样方法。在这种情况下，应谨慎推断检测结果。

4. 抽样方法

应根据监测系统目标从群体中选择流行病学单元。通常以概率抽样方法为佳（如简单随机选择）。概率抽样方法不可行时，抽样应尽可能保证在目标群体中得到关于疫病模式的理想推论。

在任何情况下，应充分记录所有阶段所用抽样方法并说明理由。

5. 样本量

一般来说，开展调查是为了证明某情况（如疫病）存在与否或估计某参数（如患病率）。样本量的计算方法取决于调查目的、预期流行情况（流行率阈值）、调查结果置信度水平和方法效能（如敏感性和特异性估值）等。

第1.4.5条

监测中使用的非随机数据源

监测系统通常使用非随机数据，或单独使用，或结合调查使用。

1. 常见非随机监测数据源

    非随机监测数据源种类繁多，根据监测目标和可提供的信息类型而有所不同。一些监测系统主要作为早期检测系统，但也可为证明不存在某疫病提供有价值的信息；另一些系统可一次或多次提供用于评估患病率的横向信息；还有一些系统则提供适合评估发病率的连续性信息（如疫病报告系统、哨兵单元、检测方案等）。

    a）疫病报告或通报系统

    疫病报告系统数据可与其他数据源结合使用，或用于证实动物卫生状态，或用于风险分析或早期检测。疫病报告或通报系统的第一步往往基于对异常情况的观察（如出现临诊症状、生长变缓、死亡率增高、行为异常等），这些异常现象可提供有关地方病、外来病或新发病的重要信息。有效的实验室支持是大多数报告系统的重要组成部分，应采用高特异性的实验室检测方法确诊疑似临诊病例。实验室报告应及时，尽量缩短从样本送检到出检验报告的时间间隔。

    b）控制计划/卫生方案

    应妥善规划和制定以控制或根除某疫病为重点的控制计划或卫生方案，以便能够获得具有科学说服力的数据，并有助于监测工作。

    c）目标抽样

    目标抽样主要针对最有可能发生疫病输入或出现疫病的某些群体（亚群）进行抽样，如选择宰杀和死亡动物，出现临诊症状的动物，特定地理区域、特定年龄或特定商品组动物进行检测。

    d）收获后检查

    对水生动物屠宰场或加工厂进行检查可获得有价值的监测数据，条件是患病水生动物能存活到屠宰检查前。收获后检查可能仅能获得特定年龄组和特定地理区域的动物状况数据。收获后目标群体或研究群体监测数据会有明显偏差（如供人食用而大量屠宰仅限于某一特定等级和年龄的动物），分析数据时须考虑这种偏差。

    无论是为了在发现疾病时进行追踪，还是为了分析空间和种群一级的覆盖范围，如可能的话，应具备一个有效的标识系统，将屠宰场/加工厂的每只动物与其原产地联系起来。

    e）实验室调查记录

    从实验室数据分析中可获得有用的监测信息。综合分析国家级实验室、认证实验室、高校院所实验室、私营部门实验室的数据，可扩大监测系统的覆盖面。分析不同实验室的数据需拥有标准化的诊断程序、数据记录和结果解读方法。如可行，应使用《水生手册》中符合相关实验目的的检测方法。收获后检查需建立一个明确记录样本原产地养殖场的追溯机制。应意识到实验室样本不一定能准确反映养殖场的疫病状态。

f） 生物样本库

生物样本库用于储存样本。采样方法可为代表性或随机性，或二者兼有。样本库可用于回顾性研究，提供历史上不存在某疫病的证据，并有利于加快研究速度和降低成本。

g） 哨兵单元

哨兵单元或站点指在特定地理位置对一个或多个已知卫生/暴露状况的动物进行鉴定和定期检测，目的是检测是否发生疫病。哨兵单元对于检测空间分布显著的疫病（如媒介传播疫病）尤为有用。利用哨兵单元可根据疫病发生概率（与媒介栖息地、宿主群体分布相关）、成本、其他限制因素开展定向监测。哨兵单元可为无疫提供证据，或提供患病率、发病率和疫病分布数据。在某些情况下，如被检群体非常珍贵（如观赏鱼）而不得采用破坏性方法取样，或取样无法真实反映疫病或感染状况（如接种疫苗后血清学检测不再适用）时，可采用哨兵单元（处于最敏感生命阶段的最敏感物种为最佳选择）与易感动物共同饲养的方式来监测疫病。

h） 实地观察

实地流行病学单元临诊观察是获得监测数据的一个重要来源。实地观察方法敏感性和/或特异性可能相对较低，易于应用且明确的标准化病例定义会有助于确定和控制这些问题。对实地观察人员就病例定义与报告进行培训非常重要。同时记录观测动物总数和阳性动物数最为理想。

i） 养殖场生产记录

系统分析养殖场生产记录可用于判断群体是否存在某疫病。如生产记录准确无误且无间断，则该方法的敏感性可能会相当高（取决于疫病），但特异性往往较低。

2. 监测中使用非随机数据需考虑的关键要素

使用非随机监测数据时，应考虑如群体覆盖面、数据可重复性、检测敏感性和特异性等关键因素，这些因素可能会给数据分析带来困难。与置信度水平相同的调查相比，使用非随机监测数据可提高调查置信度，并能发现患病率较低的疫情。

3. 分析方法

分析非随机监测数据可采用不同方法。数据分析往往需要一些重要参数，如敏感性、特异性和感染前验概率，即表观感染率（如预期值计算）等。如无法获得这些数据，可采用基于专家意见的估值，使用有据可查、科学有效的正式方法进行收集和汇总。

4. 综合分析多源数据

多源数据或周期性数据（如时间序列）的综合分析方法应为科学有效的方法，并需完整记录在案，包括引用的参考文献。

不同时期从同一国家、地区或生物安全隔离区收集的监测信息（如每年一次的年度调查）可提供有关动物卫生状态的累积证据。综合分析这些长期收集的数据可获得一个总置信度。然而，通过一项大型调查或汇总同期多个随机或非随机来源数据，可在较短时间内达到相同置信度。

分析长期连续或间断收集的监测信息时，如可行，应结合信息收集时间，因为陈旧数据的价值相对较低。评估整体置信度水平还应考虑每个数据源的数据敏感性、特异性和完整性。

第1.4.6条

证明无疫病的途径

下图概述了宣告无疫病的不同途径。

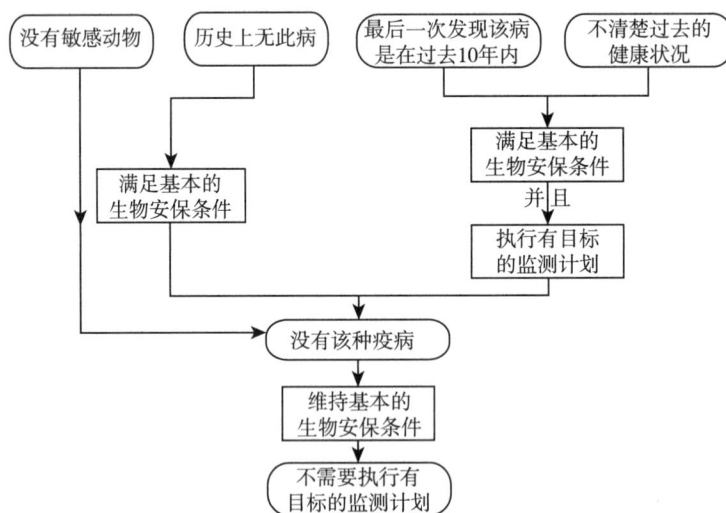

```
┌──────────┐  ┌──────────┐   ┌──────────────┐  ┌──────────────┐
│没有敏感动物│  │历史上无此病│   │最后一次发现该病│  │不清楚过去的   │
└────┬─────┘  └────┬─────┘   │是在过去10年内 │  │健康状况       │
     │             │         └──────┬───────┘  └──────┬───────┘
     │             │                │                 │
     │             │                └────────┬────────┘
     │             │                         │
     │        ┌────┴──────┐          ┌───────┴──────┐
     │        │满足基本的  │          │满足基本的     │
     │        │生物安保条件 │          │生物安保条件   │
     │        └────┬──────┘          └───────┬──────┘
     │             │                       并且
     │             │                  ┌───────┴──────┐
     │             │                  │执行有目标     │
     │             │                  │的监测计划     │
     │             │                  └───────┬──────┘
     │             │                          │
     └─────────────┴──────────►┌──────────────┐◄─┘
                               │没有该种疫病   │
                               └──────┬───────┘
                               ┌──────┴───────┐
                               │维持基本的     │
                               │生物安保条件   │
                               └──────┬───────┘
                               ┌──────┴───────┐
                               │不需要执行有   │
                               │目标的监测计划 │
                               └──────────────┘
```

1. **无易感动物**

一个国家、地区或生物安全隔离区中如果没有某疫病易感动物（如《水生手册》相应章节或科学文献中所列物种），即可确认为无疫区，而不必实施目标监测，除非在相关疫病章节里另有规定。

2. **历史无疫**

除非相关疫病章节另有规定，如符合下列条件，一个国家、地区或生物安全隔离区无需实施针对相关病原的正式监测计划，即可宣告为无疫区：

a）从未有官方报告或科学文献（同行评议）报道发生过该疫病；或

b）根据观察易感动物可识别的临诊症状，至少最近10年未发生疫病；

且至少在最近10年中：

c）基本生物安保条件已落实到位且得到有效执行；

d）未给动物接种相关疫病疫苗，除非本法典另有规定；

e）在拟宣告无疫的国家和地区，未发现患病野生水生动物；（一个国家或地区如有任何证据表明水生野生动物有过感染，则不能申请历史无疫，但无需在野生水生动物中专门进行疫病监测。）

一个国家、地区或生物安全隔离区基于无易感物种而自行宣告无疫，但此后如引进《水生手册》中所列易感物种，如引种地区满足下列条件，则仍可被视为历史无疫：

f）　提供动物的国家、地区或生物安全隔离区在引种时已宣告无疫；

g）　引种前已落实了基本生物安保措施；

h）　未对动物接种相关疫病疫苗，除非本法典相关疫病章节另有规定。

3.　最后一次疫情发生在10年以内/先前的卫生状态不明

一个国家、地区或生物安全隔离区如在过去10年内已根除该疫病（或该疫病已不再发生）或疫病状态不明，则应按照《水生手册》针对相关病原的要求进行监测。在不具备疫病相关资料、无法建立监测系统的情况下，申报无疫状态应做到每年至少开展两次调查（至少连续监测两年），每次间隔三个月以上。监测需针对相应物种，并在其适当的生命阶段，且选择一年中最能检测到病原的季节和气温条件。调查方案总体置信度应在95%以上，动物个体或群体聚集水平（即池塘、养殖场、村庄等）预期感染率等于或小于2%（根据疫病而异，《水生手册》相关疫病章节可能提供此数值）。此类调查不应基于自愿提交，应按照《水生手册》提供的指南进行。调查结果应能提供足够证据证明不存在某疫病，且至少在过去10年中：

a）　基本生物安保措施已落实到位且得到有效执行；

b）　动物未接种相关疫病疫苗，除非本法典另有规定；

c）　在拟宣告无疫的国家或地区未发现患病野生水生动物。（一个国家或地区如有任何证据表明野生水生动物有过感染，则不能申请历史无疫，并须对易感野生水生动物进行特定病原监测，以确认无相关疫病。）

第1.4.7条

维持无疫状态

已按照本法典的规定宣告无某疫病的国家或地区如满足以下条件，则可终止特定病原监测，并维持其无疫状态资格：

1）　如存在病原，病原在可观测到的易感物种中导致可识别的临诊症状；

2）　具备并有效实行基本生物安保措施；

3）　动物未接种相关疫病疫苗，除非本法典另有规定；

4）　如适用，以往监测结果已证实在野生水生动物易感群体中未发生相关疫病。

在未宣告无疫的国家或地区内建立无疫生物安全隔离区是一种特殊情况，前提是该生物安全隔离区实行的监控水平与风险程度相符，并已采取防止暴露于潜在病原源的措施。

第1.4.8条

设计为证明无疫的监测方案

证实没有疫病的监测方案除满足本章所述一般要求外，还应满足下列要求。

不存在某疫病指在国家、地区或生物安全隔离区里不存在引发该疫病的病原。科学方法无法绝对肯定不存在疫病，所以证明没有疫病需提供充足证据（达到可接受的公认置信度水平），证明在该地区的动物群体中不存在疫病特定病原。在实际工作中，不可能以100%置信度证明在这些群体中不存在疫病。因此，目标是能够以可接受的置信度提供充足证据，证明即便存在某疫病，其比例在群体中低于某特定值（即流行阈值）。

然而，如在目标群体中出现任何水平的明显疫病，所宣告的无疫状态即自动失效，除非根据相关章节关于特异性数值的描述，认为阳性检测结果是假阳性。

本条规定基于上述原则和以下各项条件：

- 养殖和野生动物群体在无疫病和未免疫接种的情况下，经过一段时间后会成为易感动物；
- 易感动物被相关病原感染后表现出可识别的临诊症状；
- 为提高特定病原检出率，水生动物易感性和采样时间必须满足一定条件；
- 如发生疫情，水生动物卫生机构应可展开有针对性的调查、诊断和报告；
- 应采用《水生手册》所述诊断方法；
- 某易感群体长时间无疫病应可由成员开展的有效疫病调查和报告所证实。

1. 目标

此类监测系统旨在以既定置信度且参考预先确定的患病率和诊断试验特点，不断提供在某国、地区或生物安全隔离区内无某疫病的证据。置信度水平和预期感染率取决于检测情况、疫病和宿主群体特征以及可用资源。

进行一次此类调查可为持续收集卫生数据增加证据，但难以甚至不可能提供足够证据表明不存在疫病，因此须辅以持续的有针对性的证据收集（如持续疫病抽样或被动检测能力），以证实无疫病状态。

2. 群体

必须明确界定流行病学单元群体。目标群体包括国家、地区或生物安全隔离区内所有易感物种的所有个体。部分目标群体有时会成为外来疫病的高风险引入点，在这种情况下，最好把监测工作侧重于这部分群体，如位于边界上的养殖场。

调查方案设计取决于研究群体的规模和结构。如群体相对较小，在感染风险方面可以认为是相同的，则可采用单阶段的调查方案。如同一水产养殖场的不同亚群生活在不同水域，则应视之为相互独立的流行病学群体。

在无法获得抽样框架的较大群体中或有可能出现疫病群发时，需进行多阶段抽样。在两阶段抽样中，在抽样的第一阶段，选择动物组别（如鱼塘、养殖场或村庄）；在第二阶段，从每个选定的组别中选取进行检测的动物个体。

在种群结构复杂（如多层群体结构）的情况下，可采用多层抽样，并对数据进行相应分析。

3. 证据来源

监测数据可能来源不同，包括：

a）使用一种或多种检测方法检测病原或感染证据的群体调查。

b）其他非随机数据来源，如：

    ⅰ）哨兵站点；

    ⅱ）疫病通报和实验室调查记录；

    ⅲ）学术研究和其他科学研究结果。

c）病原生物学知识，包括环境、宿主群体分布、疫病地理分布、媒介分布和气候等。

d）可能感染材料的进口历史。

e）已采取的生物安保措施。

f）任何其他提供国家、地区或生物安全隔离区疫病情况的信息来源。

应充分说明证据来源。须说明选择检测样本单元的抽样策略。监测系统如比较复杂，应对系统进行充分说明，包括系统可能存在的任何偏差。可使用非随机调查结果作为申报无疫的依据，但前提是随后引入的偏差应有利于检测。

4. 统计方法

应按照本章的规定分析调查数据，并考虑下列因素：

a）调查方案设计；

b）检测方法或检测系统的敏感性和特异性；

c）预期患病率（或多阶段预期患病率）；

d）调查结果。

为证明无疫病的数据分析涉及估计概率值（α），即在无效假设下，感染以特定的感染率（s）（预期感染率）存在该群体中时所观察到的证据（监测结果）。产生证据的监视系统的置信度（相当于敏感性）等于$1-\alpha$。如置信度水平超过预先设定的阈值，则认为这些证据足以证明无感染。

监测系统所需的置信度水平（即当感染以特定水平存在时，该系统能够检测到感染的概率）必须等于或大于95%。

监测效能（即如确实无感染，该系统报告无感染的概率）可设置为任何数值，按照惯例，通常设置为80%，但可根据国家或地区的要求进行调整。

可采用不同的统计方法包括定量和定性方法计算概率α，只要是按照公认的科学原则，均可接受。

监测系统的置信度计算方法须以科学为基础，有明确的依据，包括参考已发表的文献。

监测数据的统计分析往往需假定群体参数或检测特性，这些假设通常基于专家意见、以往对相同或不同群体的研究、病原生物学知识等。这些假设的不确定性应在分析中加以量化和考虑（如在贝叶斯设置中的先验概率分布形式）。

证实无疫病监测系统置信度的计算是基于感染存在于群体中的无效假设，感染水平由预期患病率设定，最简单的情况是群体中的同质感染率。而更常见的是在一个复杂（如多层）群体结构中，需要一个以上的预期患病率，例如，动物水平上的感染率（一个养殖场中感染动物的比例）和群组水平上的感染率（一个国家、地区或生物安全隔离区中感染养殖场的比例）。还可考虑更进一步的群发层，这需要更多的预期患病率值。

计算中使用的预期患病率值应是《水生手册》有关章节（如可能）所指定的值。如某疫病无此值，则须说明选择预期感染率值的理由，并应基于以下原则：

- 在动物个体水平上，预期感染率基于群体中的感染生物学。如果感染已在群体中建立，其值等于在研究群体中所期望的最低感染率，并取决于在群体中的感染动力学和所研究群体的定义（可定义为在感染存在情况下的最大预期感染率）。

- 在动物水平上，一个合适的预期患病率值（如在网箱中感染动物的感染率）可为：

  - 介于1%～5%，适用于小部分群体中存在的感染，如传播缓慢或处于疫病暴发的早期阶段等；

  - 5%以上，具有高度传染性的疫病。

如果无法获得包括专家意见在内关于感染群体预期感染率的可靠信息，预期感染率应定为2%。

在群体水平上（如网箱、池塘、养殖场、村庄等），预期感染率通常反映监测系统实际检测到的感染。如群体规模大，而仅少量群体被感染（如在群体中只有一个单元被感染），一般难以检测到这种低限感染。了解疫病特性将有助于确定预期感染率，如预期感染率在疫病迅速蔓延时往往比较高。

如群发是在初级水平上（如一个地区内感染养殖场的比例），预期患病率值通常不大于2%。如选择一个更高的预期患病率值，则须说明理由。

如利用监测数据估算发病率和感染率，描述如动物单元、时间和地点等疫病发生情况，这些参数的计算应覆盖整个群体、特定时间段或相关亚群（如特定年龄组宿主的发病率）。发病率指在持续监测中发现的新感染病例比例，感染率指在某一特定时间点群体中感染个体的比例。计算这些参数须考虑检测方法的敏感性和特异性。

5. 群发感染

在一个国家、地区或生物安全隔离区内，感染通常以群发形式出现，而非在群体内均匀分布。群发感染可出现在不同水平（如池塘里的一群鱼、养殖场里几个池塘或一个区域里的一组养殖场）。除明显同质的群体外，设计监测方案和分析数据时，均须考虑群发情况，至少需考虑对特定动物群体和感染最具显著意义的群发水平。

6. 检测方法的特点

所有监测均需采用一种或多种检测方法，以检测当前或过去的感染情况。这些检测方法可以是实验室检测或渔民的观察结果。检测方法在群体水平上的性能以方法的敏感性和特异性表示，敏感性和/或特异性低下会影响监测结果分析，分析数据时应予以考虑。例如，在某种检测方法特异性不高的情况下，如群体无疫病或感染率非常低，则全部或大部分阳性结果均非真阳性，需进一步用高特异性的检测方法来判断阳性样本是否为真阳性。如在一个监测系统中采用一种以上检测方法（有时也称为使用系列检测或平行检测），需计算检测方法组合的敏感性和特异性。

所有计算均须考虑所使用的检测方法的性能水平（敏感性和特异性）。应具体说明计算中使用的敏感性和特异性数值，并应记录确定或估计这些数值的方法。检测方法的敏感性和特异性数值可能因不同群体和检测方案而异。例如，检测感染率较低的动物群体与检测垂死且有临诊症状的动物相比，前者的敏感性可能会低一些。另外，特异性会受到病原之间交叉反应的影响，病原在不同条件或不同地区可能会有所不同。在实际使用条件下评估检测方法性能最为理想，可降低不确定性。如未在实际条件下评估检测方法，可采用《水生手册》中的敏感性和/或特异性数值，但应把不确定性纳入结果分析。

混样检测指将多个个体的样本汇集成一个样本池，将其作为一个样本进行检测。在许多情况下，混样检测是可接受的方法。使用此方法时，应根据特定混样检测程序和样本池大小而确定或估计敏感性和特异性数值来解释检测结果。如可行，分析混样检测结果应采用基于统计学的公认方法且依据充分，包括已发表的参考文献。

应用于某一监测系统时，能否正确评估流行病学单元的卫生状态取决于整个采样过程，包括样本的选择、收集、处理和加工，以及实验室的实际检测性能等。

7. 多源信息

利用多个不同数据源同时证明不存在疫病的情况下，需分别分析每个数据源，并把每个数据源分析结果的置信度合并为合并数据源整体水平的置信度。

综合评估多个数据源的方法：

a）应为有效的科学方法且依据充分，包括已发表的参考文献；且

b）如可能，应考虑不同数据来源之间缺乏统计学独立性的问题。

在不同时期从同一国家、地区或生物安全隔离区收集到的监测数据（如每年一次的年度调查）可提供有关动物卫生状态的累积证据，利用这种累积证据可得出整体水平的置信度。然而，利用一项大规模调查或汇总同期多个随机或非随机调查数据，可在较短时间内获得同样水平的置信度。

分析间歇性或持续性收集的监测数据时，如可能，应结合数据收集时间，因为陈旧数据的价值相对较低。评估整体置信度水平也应将各数据源的数据敏感性、特异性和完整性考虑在内。

8. 抽样

抽样目的在于从目标群体中抽取子集单元，作为观察某些属性（这里指有无感染）的代表性样本，由此对整个群体状况做出判断。设计调查可能会涉及在不同层中抽样。在流行病学单元或更高单元水平上抽样时，需使用标准的概率抽样方法（如简单随机抽样）。虽然实际情况会受到不同环境条件和生产系统限制，但抽样方法仍需保证抽取的样本对于整个群体具有充分的代表性。

在流行病学单元水平以下（如个体动物）抽样时，抽样方法应保证样本具有代表性，但往往不易采集到真正具有代表性的个体动物样本（无论从一个池塘、网箱或养殖场）。为了提高发现感染病例的概率，取样时应倾向于采集已感染的动物，如选择垂死动物、处于易感阶段的动物等。

偏差抽样是在某一特定研究群体中取样，而该研究群体是目标群体的一个亚群，其感染概率与目标群体的感染概率不同。一旦明确界定了研究群体，仍需从该亚群中选出有代表性的样本。

对在各级水平上采用的抽样调查方法应依据充分且说明理由。

9. 样本量

计算样本量应采用有效的统计学方法，至少应考虑以下因素：

- 诊断检测或检测系统的敏感性和特异性；

- 预期患病率（或采用多阶段的预期患病率）；

- 预期的调查结果置信度。

此外，还应考虑其他一些因素，包括（但不限于）：

- 群体规模（可假设群体无穷大）；

- 所期望的调查预期效能；

- 敏感性和特异性的不确定性。

具体抽样要求应视具体疫病而定，需考虑相关疫病的特点、认可的宿主群体病原检测方法的特异性和敏感性。

FreeCalc[1]是一个根据各种参数值计算样本量的软件。下表提供了该软件的样本量计算范例，说明一类和二类错误为5%（即置信度95%和统计效能95%）时的样本大小。然而，这并不意味着在任何时候都能采用5%的一类和二类错误。例如，采用敏感性和特异性都是99%的测定方法时，应取528个样本，如其中9个或少于9个样本检测结果是阳性，而假定感染率是2%，则该群体仍可被视为无疫病，但需确定所有推测的假阳性属实。这意味着，以95%的置信度证明感染率低于2%。

在敏感性和特异性值未知的情况下（如《水生手册》未提供有关某疫病的任何可用资料），不应自动假定其为100%。所有阳性结果均应在调查报告里进行报告且加以论述，并尽力确保所有推测的假阳性属实。

10. 质量保证

调查应包括一个备有证明文件的质量保证体系，以确保实地调查和其他程序符合调查设计方案。这一质量保证体系可以是一个很简单的程序核查和基本校验系统，只要足以发现是否与调查设计有明显差异。

---

1 FreeCalc‐Cameron，AR是一个软件，用于计算样本量和分析调查结果以证明无疫。登录http://www.ausvet.com.au可免费下载。

假定感染率	检测敏感性（%）	检测特异性（%）	样品量	群体无疫时可能出现的最大假阳性数
2	100	100	149	0
2	100	99	524	9
2	100	95	1 671	98
2	99	100	150	0
2	99	99	528	9
2	99	95	1 707	100
2	95	100	157	0
2	95	99	542	9
2	95	95	1 854	108
2	90	100	165	0
2	90	99	607	10
2	90	95	2 059	119
2	80	100	186	0
2	80	99	750	12
2	80	95	2 599	148
5	100	100	59	0
5	100	99	128	3
5	100	95	330	23
5	99	100	59	0
5	99	99	129	3
5	99	95	331	23
5	95	100	62	0
5	95	99	134	3
5	95	95	351	24
5	90	100	66	0
5	90	99	166	4
5	90	95	398	27
5	80	100	74	0
5	80	99	183	4
5	80	95	486	32
10	100	100	29	0
10	100	99	56	2
10	100	95	105	9
10	99	100	29	0
10	99	99	57	2
10	99	95	106	9
10	95	100	30	0
10	95	99	59	2
10	95	95	109	9
10	90	100	32	0
10	90	99	62	2
10	90	95	123	10
10	80	100	36	0
10	80	99	69	2
10	80	95	152	12

第1.4.9条

对证明无疫的复杂非调查数据源的特殊要求

证明无疫状态可单独使用非结构性调查数据或结合其他来源数据。可采用不同方法分析这类数据，但这些方法须符合本章的规定。在可能的情况下，所采用的方法应考虑各个观测之间缺乏统计独立性等问题。

描述监测系统的分析方法可建立在分步概率的基础上，估算这些概率可通过下述方法：

1）采用有效的科学方法分析可利用数据；

2）或如无可利用数据，则使用建立在专家意见基础上、具有文献依据且科学有效的正式方法收集和综合的估计数据。

如分析中使用的估计值具有较大不确定性和/或变异性，应采用随机模型或其他等效技术来评估这种不确定性和/或变异性对最后置信度估计值的影响。

第1.4.10条

监测疫病分布与发生

监测被广泛应用于评估疫病的流行率和发病率，用以确定疫病发生与分布或其他重大卫生事件，并为做出是否实行控制和根除措施等决策提供帮助。开展监测对于动物及动物产品在受感染国家间的流动也具有重要意义。

与证实无疫病的监测不同，监测疫病分布与发生通常是为了收集动物卫生相关数据，如：

- 野生动物或养殖动物中疫病感染率或发病率；

- 患病率和死亡率；

- 疫病风险因素的频率及其量化值；

- 流行病学单元中变量的频率分布；

- 从发现疑似病例到实验室确诊和/或到采取控制措施间隔天数的频率分布；

- 养殖场生产记录等。

本条介绍了有关评估疫病发生参数的监测问题。

1.　目的

这种监测系统的目标是持续不断地提供某国家、地区或生物安全隔离区中疫病或感染发生和分布的评估证据，为国家或地区疫病控制方案、贸易伙伴进行定性和定量风险评估提供有关疫病发生的信息。

开展一次这样的调查即可提供有效证据，可与持续收集的数据结合使用。

2. 群体

必须明确界定流行病学单元群体。目标群体应包括国家、地区或生物安全隔离区内所有与监测结果相关的疫病易感物种所有个体。如某地区内一些地方已知无疫病，则需把资源集中在已知阳性地区，以便能够更精确地估测感染率，对无疫（即零感染率）地区仅需进行简单核实。

调查的设计取决于研究群体的规模和结构。如果群体相对较小，且认为具有均质感染风险，则可采用单阶段调查。

对于无法获得抽样框的较大群体或有可能出现疫病群发的情况下，需采取多阶段抽样方案。例如，多阶段抽样可先对养殖场或村庄进行取样，然后从这些养殖场或村庄中选择取样池塘。

在种群结构复杂（如多层群体结构）的情况下，可采取多层抽样，并对数据进行相应分析。

3. 证据来源

监测数据可能来源不同，包括：

a） 使用一种或多种病原检测方法的群体调查。

b） 其他非随机数据来源，如：

　　ⅰ）哨兵站点；

　　ⅱ）疫病通报和实验室调查记录；

　　ⅲ）学术研究和其他科学研究。

c） 病原生物学知识，包括环境、宿主群体分布、疫病地理分布、媒介分布和气候等。

d） 可能感染材料的进口历史。

e） 已采取的生物安保措施。

f） 任何其他提供国家、地区或生物安全隔离区疫病和感染情况的信息来源。

应充分说明证据来源。须说明选择检测样本单元的抽样策略。监测系统如比较复杂，应对系统进行充分说明，包括系统可能固有的任何偏差。支持地方性疫病感染率/发病率变化的证据应基于有效可靠的方法，以便在已知误差范围内做出准确评估。

4. 统计方法

应按照本章的规定分析调查数据，并考虑下列因素：

a） 调查方案设计；

b） 检测方法或检测系统的敏感性和特异性；

c） 调查结果。

用于描述疫病模式的监测系统旨在评估疫病感染率或发病率及其置信度区间或概率区间。区间大小表示评估的精确性，并与样本量有关。区间距越小越好，但需更大样本量和更多资源。群体间或时间点之间不同感染率的评估精确性和检测能力不仅取决于样本大小，还取决于群体的实际感染率或实际差异。因此，设计监测系统应事先估计/假设一个预期患病率或患病率的预期差异。

为了描述疫病发生情况，可对整个群体和特定时间的动物单元、时间和地点的量值进行计算，或针对根据群体特性确定的亚群（如特定年龄组的发病率）进行计算。发病率指在持续监测中在特定时间段发现的新感染病例比例，感染率指在某一特定时间点群体中感染个体的比例。计算这些参数须考虑检测方法的敏感性和特异性。

监测数据的统计分析往往需对群体参数或检测特征进行假设。这些假设通常基于专家意见、以往对相同或不同群体的研究结果、病原生物学知识、《水生手册》相应章节提供的信息等。须对这些假设的不确定性加以量化，并在分析时加以考虑（如贝叶斯设置中的先验概率分布形式）。

如监测目的是评估感染率/发病率或疫病模式的变化，统计分析应考虑到抽样误差。应仔细斟酌分析方法，并在规划和执行阶段向生物统计学者/定量流行病学者寻求咨询。

5. 群发感染

在一个国家、地区或生物安全隔离区内，感染通常以群发形式出现，而非均匀地分布在群体中。群发可出现在不同水平（如池塘里的一组鱼、养殖场里的几个池塘或一个区域里的一组养殖场）。除明显同质的群体外，设计方案和分析数据时，均须考虑群发情况，至少需考虑对特定动物群体和感染具有显著意义的群发水平。对于地方性疫病，明确群发群体的特性对于确保疫病调查和控制措施的有效性很重要。

6. 检测方法的特点

所有监测均需采用一种或多种检测方法，以检测当前或过去的感染情况。这些检测方法可以是实验室检测或渔民的观察结果。检测方法在群体水平上的性能以方法的敏感性和特异性表示，敏感性和/或特异性低下会影响监测结果分析，分析数据时须予以考虑。例如，在感染率很低的群体中，阳性结果中假阳性比例可能很大，除非使用的检测方法具有极高的特异性。在这种情况下，为确保检测结果的可靠性，往往使用一个高敏感性的方法进行初筛，然后采用高特异性的方法进行确认。

所有计算均须考虑到所使用的检测方法的性能水平（敏感性和特异性）。应具体说明计算中所用的敏感性和特异性数值，这些数值的确定或估算方法应有确切依据。检测方法的敏感性和特异性可能因不同群体和检测方案而异。例如，检测感染率较低的动物群体与检测垂死且有临诊症状的动物相比，前者的敏感性可能会低一些。另外，特异性会受到病原之间交叉反应的影响，病原在不同条件或不同地区可能会有所不同。在实际使用条件下评估检测方法性能最为理想，可降低不确定性。如未在实际条件下评估检测方法，可采用《水生手册》中的敏感性和/或特异性数值，但应把不确定性纳入结果分析。

混样检测指将多个个体的样本汇集成一个样本池，作为一个样本进行检测。在许多情况下，混样检测是可接受方法。使用此方法时，应根据该特定混样检测程序和样本池大小而确定或估计的敏感性和特异性数值来解释检测结果。如可行，分析混样检测结果应采用基于统计学的公认方法且依据充分，包括已发表的参考文献。

地方性疫病的监测结果将提供表观感染率的估计值（AP）。使用诊断敏感性（DSe）和诊断特异性（DSp）时，实际患病率（TP）可按照下面公式计算：

$$TP = (AP + DSp - 1)/(DSe + DSp - 1)$$

此外，还应注意，因检测方法、宿主或程序等原因，不同实验室结果可能会相互矛盾。因此，敏感性和特异性参数应根据特定实验室及所用程序进行验证。

7. 多源信息

如感染或疫病资料来自多个不同数据源，需分别对这些数据源进行分析，并分别显示结果。

在不同时期从同一国家、地区或生物安全隔离区采用相似方法收集到的监测数据（如每年一次的年度调查）可提供有关动物卫生状态及其变化的累积证据。可把这些累积证据合并起来（如使用贝叶斯方法），以更精确详细地评估疫病在群体中的分布情况。

地方性疫病的表观变化可能确实存在，但也可能是因其他影响检测能力的因素所引起。

8. 抽样

抽样目的在于从目标群体中抽取子集单元，作为观察某些属性（这里指有无感染）的代表性样本。设计调查可能会涉及在不同层中抽样。在流行病学单元或更高单元水平上抽样时，需使用标准的概率抽样方法（如简单随机抽样）。虽然实际情况受到不同环境条件和生产系统限制，但抽样方法仍需保证所抽取的样本对于整个群体具有充分的代表性。

在流行病学单元水平以下（如个体动物）抽样时，应采用以概率为基础的采样方法。采集一个真正以概率为基础的样本往往非常困难，因此，采用其他方法分析和解释结果应特别谨慎，有可能无法推论出抽样群体的状况。

对在各级水平上采用的抽样调查方法应依据充分且说明理由。

9. 样本量

计算样本量应采用有效的统计学方法，至少应考虑以下因素：

– （单一或组合）诊断检测方法的敏感性和特异性；

– 预期的群体感染率和发病率（或在多阶段设计中使用的感染率/发病率）；

– 预期的调查结果置信度；

– 预期的精确度（即置信度区间或概率区间）。

此外，还应考虑其他一些因素，包括（但不限于）：

– 群体规模（可假定群体无穷大）；

– 敏感性和特异性的不确定性。

具体抽样要求应视具体疫病而定，需考虑相关疫病的特点、认可的宿主群体病原检测方法的特异性和敏感性。

计算样本量可利用软件包，如Survey Tool Box（www.aciar.gov.au，www.ausvet.com.au）和WinPEPI（www.sagebrushpress.com/pepibook.html）。

在特异性（Sp）和敏感性（Se）均未知的情况下（如《水生手册》未提供有关某疫病的任何可利用资料），不应自动假定其为100%，而应咨询这方面的专家后再确定。

10. 质量保证

调查应包括一个备有证明文件的质量保证体系，以确保实地调查和其他程序符合调查方案。这一质量保证体系可以是一个很简单的程序核查和基本校验系统，只要足以发现是否与调查设计有明显差异。

第1.4.11条

监测方案范例

下面举例说明监测和证明无疫病的分析方法。举例说明的目的如下：

- 说明可采用的各种方法；

- 为设计具体监测系统提供实用指南和模式；

- 为开发和分析监测系统提供可利用的参考资源。

这些例子展示了可成功证明不存在某疫病的方法，但这些方法并非规定使用的方法。各成员可自选用不同方法，但这些方法须符合本章要求。

以下这些范例涉及调查方案的使用，旨在说明不同方案的设计、抽样计划、样本量计算和结果分析。目前正在开发使用复杂的非调查数据来源证实不存在疫病的其他方法，并将陆续公布[1]。

1. 例1：单一阶段结构性调查（养殖场无疫认证）

   a）背景

　　使用网箱从事淡水养鱼的某养殖企业建立了一个养殖场认证计划，各养殖场需分别证明没有某疫病（假定为疫病X）。该疫病的蔓延速度不是很快，常在冬季发生，生产周期末期阶段的成鱼受影响最严重。这些养殖场拥有2～20个养殖成鱼的网箱，每个网箱可容纳1 000～5 000尾鱼。

   b）目的

　　通过监测提供证据，表明养殖场无疫病X（涉及某国家或地区而不是某养殖场的无疫问题将在下一范例中说明）。

   c）方法

　　根据本章的建议，该认证方案制定了一套标准操作程序和无疫申报条件。这些程序和条件要求养殖场设计一项调查方案，调查应可在存在疫病的情况下，以95%的置信度发现疫情。如经调查未发现疫情，则只要养殖场实行一套最低要求的生物安保标准，即可认定养殖场为无疫。实行生物安保标准旨在防止疫病X进入养殖场（通过实施控制疫病X蔓延的具体方法），并确保一旦疫病进入养殖场就能被迅速发现（基于养殖场卫生记录，以及在出现疫情后迅速进行调查）。生物安保措施的有效执行情况每年由独立核查人员进行审计和评估。

   d）调查标准

　　根据本章的建议，为证明无疫病X病原感染而设立了以下调查标准：

     ⅰ）调查置信度为95%（即第一类错误＝5%）。

     ⅱ）调查效能设定为95%（即第二类错误＝5%，这意味着无疫病养殖场被感染的概率为5%）。

1　International EpiLab，丹麦，研究主题1：无疫。http://www.vetinst.dk/high_uk.asp?page_id=196

iii）目标群体是养殖场里所有的鱼。由于该疫病只感染生产周期末期阶段的成鱼，且只发生在冬季，所以研究群体定义为冬季的成鱼。

iv）疫病群发问题。因为按网箱分组，所以在网箱一级考虑群发现象完全合乎逻辑。然而，一个养殖场如被感染，往往发生在多个网箱，因此几乎无法表明有很强的群发性。此外，单个养殖场的网箱数量有限，因此很难在网箱水平上定义预期感染率（即通过调查能在该养殖场检测到受感染网箱的比例）。出于这些原因，决定将每个养殖场的全部成鱼视为单一的同质群体。

v）分层抽样也需考虑。为了确保抽样具有充分的代表性，决定以网箱为单位并按每个网箱群体比例分层抽样。

vi）动物水平上的预期感染率根据该疫病流行病学确定。该疫病不会迅速蔓延，但报告表明，在界定的目标群体里，如群体被感染，至少10%的鱼会被感染。最保守的做法是把预期感染率设为2%的低水平。可把感染率设为10%（会导致样本量大大减小），但主管部门不会相信在鱼群感染率为5%时仍检测不到疫病。

vii）采用基于检测抗原的酶联免疫吸附试验（ELISA），这涉及破坏性取样。目前在该国某些地方存在疫病X（因此需有养殖场一级的认证计划），这为评估ELISA在这些养殖场相似群体的敏感性和特异性提供了机会。最近一项研究（把组织学和组织培养相结合作为黄金标准）估计ELISA方法的敏感性是98%（95%置信区间为96.7%~99.2%），特异性为99.4%（99.2%~99.6%）。由于置信区间相对狭窄，决定利用这一点来评估敏感性和特异性，而不根据不确定性进行复杂的计算。

e）样本量

计算达到调查目的所需的样本量时，需考虑群体规模、检测性能、所需置信度和预期感染率。由于每个养殖场的群体相对较大，各养殖场群体总数的差异对计算出的样本量影响甚微，用于计算所有养殖场样本量的其他参数是固定的，因此，可计算出一个标准样本量（在这个群体中使用ELISA方法），并利用FreeCalc软件计算样本量。基于上述参数，计算出每个养殖场所需样本量是410尾鱼。此外，由于特异性不够强，这个样本量仍可能在一个没有感染的群体中检出5个假阳性，而主管部门不希望获得这些假阳性结果，所以需改进检测系统，增加一个确证阳性结果的检测。组织培养被选定为最合适的检测手段，其特异性被认为是100%，但由于生物培养较为困难，其敏感性只有90%。

由于使用了两种检测方法，所以应计算整个检测系统的性能，并根据系统性能重新计算样本量。

使用这种组合的检测方法（一个样本只有在用两种检测方法都是阳性结果时，方可确定为真阳性），该组合检测方法的特异性可按以下公式计算：

$$组合检测方法的特异性Sp = Sp1 + Sp2 - (Sp1 \times Sp2)$$

计算出组合检测的特异性是1 + 0.994 − （1 × 0.994）＝100%。

敏感性按照下面公式计算：

组合检测方法的敏感性Spe＝Se1×Se

计算出组合检测的敏感性是0.9×0.98＝88.2%。

根据这些新的性能数值计算出的调查样本量是169尾鱼。值得注意的是，改进检测的某些性能时（这里指提高特异性），通常会导致该检测的其他性能下降（这里指敏感性）。

但在这个范例中，由于改善了特异性而减小了样本量，足以抵消因敏感性下降带来的负面影响。

另需注意的是，使用一个特异性为100%的检测系统时，无论设计中使用的参数值如何，调查结果的有效性始终是100%。这是因为没有发生第二类错误的可能，即把无感染的养殖场认作感染养殖场。

计算样本量时，有必要核查群体规模对样本量的影响。样本量计算基于群体无限大，如群体较小，对样本量的影响见下表：

群体大小	样本量
1 000	157
2 000	163
5 000	166
10 000	169

从上述计算可发现，群体规模对样本量影响很小。为简便起见，无论养殖场成鱼数量如何，一律采用169尾鱼作为标准样本量。

f) 采样

采样应尽可能做到具有代表性。Survey Toolbox[1]软件就如何在不同情况下实现这一点做了全面说明。下面用一个养殖场的例子来说明。

某养殖场共有8个网箱，其中4个用于养成鱼。冬季调查时，在这4个网箱里分别养了1 850尾、4 250尾、4 270尾和4 880尾鱼，成鱼群体总数是15 250尾。

对整个群体进行简单随机抽样，有可能使从每个网箱抽取的样本量大致与每个网箱鱼的数量成比例。然而，按比例分层抽样可保证每个网箱按比例抽样，按各网箱鱼的数量占总群体数量的比例分配各网箱采样数。第一个网箱有1 850尾鱼，占养殖场成鱼总数15 250尾的12.13%，因此，应从第一个网箱中取总样本数的12.13%（即21尾鱼）。以此类推，其他三个网箱的采样量分别是47尾、47尾和54尾鱼。

确定每个网箱采样量后，需确定如何从1 850尾鱼的网箱中选出代表这个群体的21尾鱼，以下几种方法可供选择：

1　水生动物疫病调查工具箱（Survey Toolbox）实用手册和软件包。Cameron A.R.（2002），澳大利亚国际农业研究中心（ACIAR），Monograph No. 94, 375 pp. ISBN 1 86320 350 8.可从ACIAR（http://www.aciar.gov.au）获取印刷版，登录http：//www.ausvet.com.au可免费获取电子版。

ⅰ）如鱼可被单独处理，则可用随机系统抽样。例如，在收获时或在日常管理操作时（如分级或免疫接种）进行采样。

如采用简单系统抽样，即在处理鱼时按一定数量间隔挑选出一尾鱼。例如，从1 850尾鱼中挑选21尾鱼的采样间隔是1 850/21＝88，即从网箱里每取出88尾鱼，就取一尾鱼做样本。在这个例子里，有效保证随机性的做法是在1至88之间取一随机数（如使用随机数表）来选择第一尾鱼，之后取每第88尾鱼作为样本。

ⅱ）如鱼不能被单独处理（最常见也是最不易管理的情况），则必须从网箱里捕获一些鱼作为样本。应采用最有效和最实际的捕鱼方式，但应尽力设法确保样本具有代表性。在这个例子中，用网在同一地点多次捕捞能很方便地捕获21尾鱼，且是最容易捕获的鱼（可能是小鱼），但这种做法并不可取。一种增加样本代表性的方法是在网箱的不同方位采样，即分别在网箱的各端、各面、中间、拐角处采样。此外，鱼之间如有差异，则应设法捕捞到不同的鱼（如小鱼、大鱼均需捕捞）。

这种采样方法并非理想的随机抽样，但由于随机抽样存在实际困难，只要努力做到增加样本的代表性并证据充分，就是可以接受的。

g）检测

样本的收集、处理和检测需采用符合认证方案和《水生手册》要求的标准化程序进行。检测规程规定，任何ELISA检测阳性样本都需进行组织培养，组织培养的阳性结果表明是真阳性样本（证明养殖场确有这种疫病）。这个规定必须严格遵守。对组织培养发现的阳性不可重新检查，除非在检测规程里特别指定需做进一步检测。这种检测结果将被纳入对检测系统的敏感性和特异性评估（从而包括对样本量的评估）。

h）分析

如在计算得出的样本量即169尾鱼中没有发现阳性结果，则调查置信度为95%。可运用上面提及的FreeCalc软件分析结果来确认（软件计算的置信度为95.06%）。

在某些情况下，调查可能没有完全按计划进行，实际采样量少于目标采样量，而养殖场规模可能也较小。在这种情况下，建议按养殖场实际情况分析养殖场数据。例如，如从一个有2 520尾鱼的养殖场采集165个样本，则调查置信度仍是95%。如只采集160尾鱼，置信度则为94.5%。如95%置信度是调查的刚性指标，则这项调查未达到目标，需有更多证据。

2. 例2：两阶段结构性调查（国家水平上的无疫状态）

a）背景

某国的目标是宣告其甲壳动物无疫病Y。该国甲壳动物养殖以分布在村庄周围的众多小池塘为主。Y疫病具有高度传染性，在生产周期的中后期会造成大量死亡，感染动物在几天内发病死亡。患病动物几乎无特异症状，池塘感染后如不及时抢收，会出现大规模死亡。Y疫病常在夏末流行，但也可在一年中的任何时候发生，偶尔也会出现在生产周期早期。该国实验室和基础运输设施资源有限，但有一个相对庞大的政府结构和由水产业官员组成的全面网络。

b） 目的

目的是确定国家无疫病Y状态。监测系统既需符合本章要求，还需能在这种小农生产系统中切实可行。

c） 方法

为收集无疫证据，水产养殖主管部门决定采用两阶段结构性调查方案（村庄抽样为第一级，池塘采样为第二级）。鉴于难以从大量养殖场采样送实验室检测，因此开发了一个联合检测系统，以尽量减少成本昂贵的实验室检测。

在该调查中，池塘作为观察和分析单元，而不是动物个体。因此诊断建立在池塘水平上（感染或非感染池塘），而不是动物水平上。

因此，调查是证明村庄未被感染（对村庄随机抽样，并在村庄一级加以诊断）。实际上，用来进行村级诊断的检测方法是证明该村无池塘感染的另一项调查手段，即在池塘层面进行检测（即渔民观察，必要时实验室进一步检测）。

d） 调查标准

ⅰ） 调查置信度定为95%，检测效能定为95%（但如检测系统特异性像上例一样被证实达到近100%的话，检测效能很可能就是100%）。

ⅱ） 目标群体是该国研究期间所有养虾池塘，研究群体与目标群体相同，交通困难的偏远地区除外。因为疫情可能发生在一年中的任何时间和生产周期的任何阶段，所以不针对某一特定时间或年龄对群体做进一步定义。

ⅲ） 采用三种检测方法。首先是渔民观察，确定是否在某池塘发生虾大量死亡。如发现大量死亡，则需进行第二种检测。第二种检测方法是聚合酶链式反应（PCR），如结果阳性，再进一步做疫病传播实验。

ⅳ） 渔民观察是一种检测方法，以观察到大量死亡作为存在疫病Y的证明。但因其他疫病也可造成大量死亡，所以该观察检测缺乏特异性。此外，存在疫病Y而又不引起大量死亡的情况非常少见，因此，该观察检测相当灵敏。病例标准定义是引发大规模死亡（例如，一周内观察到某池塘虾群死亡20%以上）。依此定义，发生大量死亡时，渔民能够对每个池塘一一进行"诊断"。过于敏感的渔民可能会在只有少量死虾时就判定发生大规模死亡（假阳性，导致特异性降低）。相反，少数渔民无法判断虾死亡率，从而导致敏感性降低。

为了量化渔民观察虾大量死亡事件的敏感性和特异性，把渔民观察作为疫病Y的检测方法，需单独进行一项研究。即针对被认为是无疫群体中发生大规模死亡事件的回顾性研究，同时向渔民介绍几个池塘发生虾类死亡的情景模拟，以评估渔民准确判断大规模死亡的能力。通过综合分析这两方面的结果，渔民报告大量死亡事件作为疫病Y检测方法的敏感性是87%，特异性是68%。

ⅴ） 当渔民发现某池塘出现大量死亡时，应按照规定采集垂死虾样本，收集20尾虾的组织样本，混合后做PCR检测。实验室研究证明，从混有一只感染虾的20尾虾样本池中，

PCR检测到阳性的敏感性是98.6%。一项检测阴性样本的类似研究表明，PCR检测偶尔会出现阳性结果，原因或由于实验室污染，或存在其他来源的非活性遗传物质（怀疑来自以虾为原料的饲料）。估计PCR试验的特异性为99%。

ⅵ）其他国家发表的研究表明，疫病传播实验（即第三种检测）的敏感性为95%，部分原因是接种材料所含病原量不定。认可的特异性是100%。

ⅶ）根据这些数据，按照例子1中提出的公式，计算综合检测系统的敏感性和特异性。先计算前两个检测方法的敏感性和特异性，再利用前两个检测方法的结果计算与第三个检测方法的综合效果。结果是敏感性为81.5%，特异性为100%。

ⅷ）预期感染率应在两个层面进行计算。首先，确定池塘水平的预期感染率（如有疫病，村里池塘的感染比率）。邻国的经验表明，相互紧靠的池塘会被迅速感染，疫病感染村的池塘感染率低于20%是很罕见的。为谨慎起见，采用5%为预期感染率。村级第二个预期感染率值（即受感染村庄的比例）可通过调查确定。可设想疫病在局部地区持续流行，未迅速蔓延到该国其他地区，所以感染率值定为1%，这被认为是调查设计中预期感染率的最低值。

ⅸ）根据政府官方记录，该国共有65 302个村庄。根据水产养殖主管部门记录，其中12 890个村庄有虾池塘。这些数据是通过五年一次的农业普查得到的，并根据水产业官员的报告每年更新一次。没有关于每个村庄虾池塘数量的记录。

e）样本量

在两个层次计算样本量，首先是需要采样的村庄数，其次是需要采样的池塘数。村庄样本数取决于鉴别村庄感染检测方法的敏感性和特异性。对每个村子进行的检测其实属于另一项调查，其敏感性等于置信度，而特异性等于村庄一级的检测效能。在村庄调查中，有可能通过改变样本大小（如需检测的池塘数目）来调整置信度和检测效能，这意味着在一定程度上可确定需达到的敏感性和特异性。

这给样本计算提供了灵活性。如希望第一阶段样本量较少（如少量村庄），则需较高的敏感性和特异性，在每个村庄检测较多的池塘。池塘数量偏少会导致敏感性和特异性降低，因此就需要检测较多的村庄。在软件Survey Toolbox中描述了确定第一和第二阶段最佳组合（成本最低）的抽样方法。

另一个问题是，每个村庄的池塘数量不同。为在每个村庄检测得到相同（或相似）的置信度和检测效能（敏感性和特异性），样本量可能需有所不同。主管部门依据每个村的池塘总数，编制一个样本量表，以决定每个村庄所需检测的池塘数。

确定样本量的可能方法举例如下：

村级调查的目标敏感性（置信度）是95%，目标特异性是100%。使用FreeCalc软件和1%预期感染率（即1%或更多的村庄感染疫病时可查出疫情），计算出第一阶段样本量为314个村庄。对每个村庄采用上述综合检测系统，敏感性为81.5%，特异性为100%。根据这些数字编制下表，列出为达到95%敏感性需采样的池塘数量。

群体大小	采样数量
30	29
40	39
60	47
80	52
100	55
120	57
140	59
160	61
180	62
200	63
220	64
240	64
260	65
280	65
300	66
320	66
340	67
360	67
380	67
400	67
420	68
440	68
460	68
480	68
500	68
1000	70

f ） 抽样

第一阶段抽样是选择村庄，使用随机数和水产养殖主管部门提供的有虾塘的村庄名单抽样框。在电子数据表中把每个村庄从1到12890编号，用一随机数表（如Survey Toolbox中的表格）或由生成随机数软件（如EpiCalc[1]）生成被检村庄。

第二阶段抽样是在每个村庄随机选择池塘。这需要一个抽样框或村中所有池塘清单。水产养殖主管部门启用培训过的地方渔业官员来协调调查。官员走访每个被选定的村庄，召集村里所有渔民开会，询问渔民所拥有的池塘数量，编制渔民池塘数目表格。然后用简单随机抽样方法从这个表格中选出适当数量的池塘（在29和70之间，从上表可看出这取决于村中池塘数）。选择随机数可使用软件（如Survey Toolbox中的随机动物方案）生成，或用随机数字表或投掷十面骰子进行人工选择。Survey Toolbox软件对此进行了详细描述。通过这

1　http://www.myatt.demon.co.uk/epicalc.htm

个选择过程确定业主及其名下的第几号池塘（例如史密斯先生的第三号池塘），随后根据业主自己编排的池塘编号辨认选中的池塘。

g) 检测

确定采样池塘后，开始对其开展实际调查。渔民开始在整个生产周期对池塘进行观察。当地水产养殖主管官员每周走访这些渔民，查看是否在选定池塘发生大规模死亡。如出现大规模死亡（即第一种检测方法结果阳性），取20尾垂死虾送交实验室检查（首先进行PCR检测，如阳性，则进一步进行疫病传播试验）。

h) 分析

分析工作分两阶段进行。首先，分析池塘结果，以确保达到所需置信度水平。如样本量符合原定目标（且均为阴性），则每个村庄结果的置信度应等于或大于95%。其次，分析每个村庄的结果，以提供全国层面的置信度水平。同样，如样本量符合原定目标（即被检村庄数），置信度应大于95%。

3. 例3：立体采样和采用低特异性的检测方法

a) 背景

某国牡蛎养殖业以筏式养殖为主，23个养殖区分布在海岸沿线。在其他国家类似地区，疫病Z在夏末秋初引起牡蛎死亡。在疫病暴发期间，牡蛎感染比例很大，但即使无疫病暴发，怀疑病原仍可能以相对较低的感染率存在。

b) 目标

国家主管部门希望证明本国无疫病Z。如检测发现疫情，则调查的一个次要目标是在沿海地区收集证据，以进行区带划分。

c) 方法

因可能存在隐性感染，仅通过临诊观察来监测疫情暴发是不够的，所以主管部门决定对疫病开展两阶段监测调查，并在调查过程中采集牡蛎样本，送交实验室检测。调查的第一阶段是选择养殖港湾。由于为地区划分提供证据是调查的目标之一（如在任何一港湾发现疫病），决定采用普查的方法从每个港湾采样。这需要对23个港湾逐一调查，进行23项调查。在采样方法上有几种选择，或在收获、销售时抽样，或把牡蛎养殖场作为抽样或分层的对象。但由于病原活动高峰期并不在收获期，且在养殖场抽样会把港湾内大量野生牡蛎排除在外，因此，决定利用立体采样方法，模拟简单随机抽样，从港湾的整个牡蛎群体采样。

d) 调查

i) 目标群体是每个港湾的所有牡蛎，研究群体是夏末秋初处于疫病高风险时期的牡蛎。野生和养殖牡蛎均易感，均包括在研究群体中，但感染风险可能不同（但未知）。如下所述，采样以站点地图为基础，把牡蛎群体所在地区与其地理位置对应起来，更准确地描述研究群体。

ⅱ）仅在牡蛎一级需要预期感染率值（因为对港湾实行普查）。尽管通常认为这种疫病在暴发期间感染率很高，但考虑到病原可能持续存在而无临诊表现，故采用较低的流行率，选定为2%。

ⅲ）检测方法为组织病理学免疫染色技术。这个方法由于非特异性染色，偶尔会产生假阳性，但非常敏感。已发表的研究表明，其敏感性为99.1%，特异性为98.2%。目前尚无其他实用的检测方法。这意味着不能明确区分真假阳性，任何规模的调查都会存在少量假阳性（即1.8%）。

ⅳ）置信度设为95%，检测效能为80%。在前面两个例子中，联合采用了多种检测方法，假定特异性是100%，有效性也是100%。而这里由于特异性不够高，有可能错误地将无疫病的港湾误认为已感染，因此检测效能不是100%。选择一个相对较低的数值（80%）意味着某港湾未被感染时，有1/5的可能性会被错判为已感染，但这样做能减少样本量，显著降低调查成本。

e）样本量

假设抽样程序将参照简单随机抽样进行，样本量（即每个港湾抽取的牡蛎样本数量）可通过FreeCalc进行计算。假设群体规模（每个港湾的牡蛎数量）非常大，用上述敏感性、特异性和预期感染率的数据，计算出样本量是450。根据FreeCalc报告，在此样本规模和检测敏感性基础上的假阳性低于10时，仍可得出该群体无感染的结论。这是因为如群体感染率为2%或更高，可预计从450个样本中检到的阳性样本数应大于10。事实上，如某群体感染率是2%，应出现至少9个真阳性（450×2%×99.1%）和8个假阳性（450×98%×1.8%），共17个阳性结果。

这说明，在别无选择只能使用一个特异性不高的检测方法时，概率论和足够的样本数量可有助于区分真假阳性。

f）抽样

抽样目的是收集能代表整个港湾状况的450个牡蛎样本。简单随机抽样需要建立一个包括所有牡蛎的抽样框（这一点不可能做到），而系统抽样（至少在理论上）需要能够把所有牡蛎排队（也不可能做到），所以主管部门决定使用近似于简单随机抽样的立体采样法。立体采样涉及选择随机点（通过坐标定义），然后在选定点附近挑选牡蛎。为避免选到许多附近无牡蛎的随机点，应首先绘制港湾地图（水产养殖主管部门已有牡蛎租赁养殖地区分布的数字地图），并根据当地人的经验，在地图上标出野生牡蛎特别集中的地区，然后用产生成对随机数的方法确定牡蛎地区检测点的坐标。虽然也考虑过其他方法（包括用绳子标记间隔距离，确定一个横断面，然后收集每条绳索附近的牡蛎），但最后采纳的是随机选取坐标。

调查小组先乘船访问每一个点（利用GPS全球定位系统），从群体密集地区选择牡蛎有多种方法，但需注意保证随机性。调查人员采用一种简单办法，即当GPS接收机指示已到达某取样点时，调查人员朝空中扔出一块石头，然后选择掉落点附近的牡蛎。凡牡蛎是垂直分布的地方（如野生牡蛎沿垂直面生长），根据牡蛎所在深度分步采样，首先采集一个在水面上的牡蛎，然后采集一个位于一半深度的牡蛎，最后从船上能够到达的最深处采集一个牡蛎。

这种做法的缺点是容易漏掉牡蛎密集地区而产生偏差，因此，需在每个取样点对牡蛎相对密度进行评估，以对结果进行加权处理（参见Survey Toolbox中的详细说明）。

g) 检测

按照标准化程序采集、处理和分析样本。结果分为真阳性（高特异性强染色，可能与组织损伤有关）、可能阳性（特异性弱染色）和阴性。

h) 分析

如检测方法特异性不高，解释结果所依据的假设是为了得出群体无感染的结论，任何鉴定出的阳性结果均为假阳性。因为样本量为450，做出该群体无感染的结论时，可预期最多会出现10个假阳性。但如有合理证据表明确实有一个真阳性，该群体就不能被认为无疫，这就是阳性结果分为真阳性和可能阳性的原因。如有任何明确的阳性结果，港湾群体则须视为已感染。由于可能阳性中包含假阳性，因此10个以内的假阳性是可接受的。利用FreeCalc根据检测（推测）到的假阳性数量计算实际置信度。例如，如从某港湾检测到8个可能阳性结果，则这个调查的置信度是98.76%；如检测发现了15个可能阳性，则置信度只有61.9%，表明该港湾可能被感染。

i) 讨论

通常可有把握地假定一个证明某地无疫的监测系统特异性是100%。这是因为对任何可疑情况均进行调查，直到最后下结论。如果确定病例为真阳性，说明疫病确实存在，则不能宣告无疫。例3介绍的情况不同，因缺乏适当检测手段，致使监视系统特异性达不到100%。这种情况可能并不多见，但该实例阐明了处理这类问题的方法。在实践中，面对少量（但统计学上可接受的）阳性结果，有关某国（或港湾）无感染的结论通常需获得进一步的证据（如无临诊症状）。

_____

注：于2008年首次通过，于2016年最新修订。

第1.5章　易感物种界定标准

第1.5.1条

目的

在下文每一疫病章节第×.×.2条中，列出了已发现的易感水生动物种类。每一疫病章节的建议只适用于该章第×.×.2条所列物种。

本章旨在为确定哪些物种可在本法典每一疫病章节的第×.×.2条中被列为易感物种提供标准。

第1.5.2条

范围

如某水生动物物种发生自然病例或模仿自然传播途径进行实验性暴露证明病原在动物体内出现增殖或发展，则可认为该水生动物物种易受病原感染。易感性包括临诊或非临诊感染。

在本法典每一疫病章节将某一物种列为易感物种时，应按照第1.5.3条的规定，证据确凿。如符合第1.5.9条的标准，可列出高于物种的分类学级别。

物种可能存在的易感性也是重要信息。根据第1.5.8条的规定，此信息包含在《水生手册》相关疫病章节的第2.2.2条"易感性证据不够充分的物种"中。

第1.5.3条

方法

评估物种对特定病原是否易感的三阶段分析方法：

1）　确定传播途径是否为自然感染途径（如第1.5.4条所述）；

2）　确定病原是否已被充分鉴定（如第1.5.5条所述）；

3）　确定是否有证据表明病原的存在已引发感染（如第1.5.6条所述）。

第1.5.4条

第一阶段：确定传播途径是否为自然感染途径

传播途径证据分类为：

1）　自然发生：指无实验干预而发生感染，如野生或养殖种群感染；或

2）　非侵入性实验程序：指与已感染的宿主同处、浸泡感染或摄食感染；或

3）　侵入性实验程序：指注射、暴露于非自然的高剂量病原，或暴露于在自然或养殖环境中宿主不会遇到的应激因素（如温度）。

需考虑实验条件（如接种、感染剂量等）是否模拟疫病传播的自然途径，还应考虑环境因素，因为这些因素可能会影响宿主的抵抗力或病原的传播。

第1.5.5条

第二阶段：确定病原是否已被充分鉴定

应按照《水生手册》相关疫病章节中的第4点（确诊标准）中所述方法或其他经证明等效方法对病原进行鉴定和确认。

第1.5.6条

第三阶段：确定是否有证据表明病原的存在已引发感染

确定感染应采用下列标准组合（参见第1.5.7条）：

A.　病原在宿主体内繁殖，或病原在宿主体内或体表进行某阶段发育；

B.　从受检易感物种中分离到活病原，或通过年幼个体传播实验证实其感染性；

C.　出现与感染有关的临诊症状或病理变化；

D.　病原所在部位与预期的靶组织相吻合。

采用何种证据证明感染取决于所考虑的病原和潜在宿主物种。

第1.5.7条

评估结果

将一个物种列为易感物种应以确凿证据为依据。应提供以下证据：

1 ） 根据第1.5.4条的规定，通过自然途径感染或模拟自然途径感染的实验进行传播；

且

2 ） 按照第1.5.5条的规定，已对病原进行了鉴定和确认；

且

3 ） 根据第1.5.6条标准A至D，有证据表明潜在宿主物种感染了病原。只要有符合标准A的证据就足以确定感染。如没有证据证明符合标准A，则至少需符合标准B、C、D中的两项，才能确定感染。

第1.5.8条

易感性证据不够充分的物种

根据上述第1.5.2条的规定，决定在本法典每一疫病章节将某一物种列为易感物种时，应基于确凿的证据。

然而，应用第1.5.7条标准进行鉴定后，如证明某物种具有易感性的证据不完整，仅有部分证据可证明其易感性，则需将这些物种列入《水生手册》相关疫病章节的第2.2.2条"易感性证据不够充分的物种"。

如仅有部分证据证明某物种的易感性，主管部门应在实行进口卫生措施之前，根据第2.1章的建议，进行相关风险评估。

第1.5.9条

按属或更高分类学级别列出易感物种

一些病原的宿主物种特异性较低，可跨多个类群感染多个物种。如果这些病原在3个或3个以上类群中都至少有一种易感物种，则可使用本条对其进行评估。根据本条，可将易感物种按属或更高分类学级别列入本法典每一疫病章节的第×.×.2条。

1 ） 如病原宿主物种特异性较低，仅在以下情况下，方可决定以属或更高分类学级别划分易感物种：

a ） 应用第1.5.7条所述标准进行鉴定后，在分类学级别内发现一种以上的易感物种；

且

b ） 在分类学级别内没有发现非易感物种；

且

c ） 在a）和b）证据支持下，按照分类学级别最低层次进行划分。

2）非易感物种的证据包括：

　　a）在已知存在病原且此病原可引发与之共处易感物种感染的自然环境中，暴露于该病原的物种未被感染；

　　或

　　b）通过适当设计的实验程序，使暴露于病原的物种不发生感染。

―――――――――――――

注：于2014年首次通过，于2019年最新修订。

第2篇
风险分析

第2.1章 进口风险分析

第2.1.1条

前言

进口水生动物及水生动物产品会给进口国带来一定程度的疫病风险。这种风险可能是由一种或几种疫病或感染所致。

进口风险分析的主要目的是为进口国提供客观和公正的方法，评估进口水生动物、水生动物产品、水生动物遗传材料、饲料、生物制品和病料所带来的疫病风险。无论商品来源于水生动物还是陆生动物，风险评估的原则和方法是相同的。风险分析应透明，这相当必要，以向出口国提供施加进口条件或拒绝进口的明确理由。

风险分析的透明度至关重要，因为数据往往是不确定或不完整的。如没有完整的文件记录，则可能造成无法分清风险分析是基于事实还是分析者的判断。

本法典侧重于概括介绍必要的基本步骤，本章就为国际贸易进行透明、客观和合理的风险分析提出建议和原则，但未提供进行风险分析的详细方法。本章所述风险分析包括危害确认、风险评估、风险管理和风险交流（图1）。

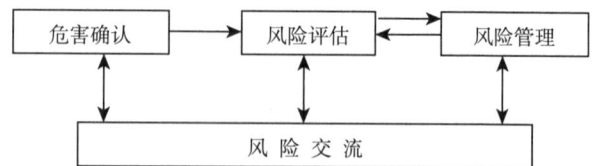

图1 风险分析的四个组成部分

风险评估是风险分析的一个组成部分，可用于定性或定量估算与危害相关的风险。许多疫病特别是本法典所列的已具备完善国际认同标准的名录疫病，对其可能的风险已有广泛共识。在这种情况下，大多仅需定性评估。定性评估无需数学建模，往往是常规决策中使用的评估类型。任何一种进口风险评估方法均无法适用于所有情况，因此，不同情况下应使用不同方法。

水生动物和水生动物产品进口风险分析通常需考虑对出口国水生动物卫生机构、地区划分体系、动物卫生监测体系的评估结果，这些内容将在本法典其他章节中介绍。

第2.1.2条

危害确定

危害确定指对进口商品中可能产生不良后果的病原的确认过程。

确认的危害指与进口动物或动物源性商品有关且可能存在于出口国的危害。有必要确认在进口国是否已存在该危害、是否为OIE名录疫病、进口国是否已实施相应控制或根除计划，并确保进口措施没有比其国内贸易限制措施更严格。

危害确定是一个分类过程，确定生物因子是否具有危害性。如果危害确定没有确认进口具有潜在危害，则风险评估即可就此终止。

对出口国的水生动物卫生机构、疫病监测和控制计划及地区划分体系的评估，是评估出口国水生动物种群中危害因子存在与否的重要内容。

进口国可根据本法典建议的相应卫生标准决定是否准许进口，而无需进行风险评估。

第2.1.3条

风险评估原则

1）风险评估应灵活处理现实中的各种复杂情况，任何一种方法均不可能适用于所有情况。风险评估应可适应各种水生动物商品、对进口可能造成的多重危害、每种疫病的特性、检测与监测体系、暴露情况以及资料类型和信息量。

2）定性风险评估方法和定量风险评估方法均有效。

3）风险评估应以最新科学信息为基础，保证证据充分，并附有引用的科技文献和其他资料，包括专家意见。

4）应确保风险评估方法的一致性和透明性，以确保做出公平、合理、一致的决策，并便于各利益相关方的理解。

5）风险评估应说明不确定性、所做假设及其对最终风险评估结果的影响。

6）风险随商品进口量的增加而加大。

7）应在获得更多信息时对风险评估进行更新。

第2.1.4条

风险评估步骤

1. 入境评估

入境评估指描述贸易进口将病原引入特定环境的生物学途径，并以定性（文字描述）或定量（数值）的方式估计这一过程的发生概率。入境评估描述每种潜在危害（病原）在每一组与数量和时间有关的特定条件下的入境概率，以及入境概率因各种活动、事件或措施而可能发生的变化。入境评估所需信息列举如下：

    a) 生物学因素

        – 水生动物的种类、品系或基因型和年龄；

        – 病原株；

        – 感染和/或污染的组织部位；

        – 疫苗接种、检测、治疗和隔离检疫。

    b) 国家因素

        – 发病率或流行率；

        – 出口国的水生动物卫生机构、疫病监控计划及地区划分体系评估。

    c) 商品因素

        – 商品状态（活体或非活体）；

        – 进口商品数量；

        – 易污染性高低程度；

        – 各种加工方法对商品中病原的影响；

        – 贮存和运输对商品中病原的影响。

如入境评估表明无明显风险，即可终止风险评估。

2. 暴露评估

暴露评估指描述进口国的人群和动物暴露于危害（这里指病原）的生物学途径，并以定性（文字描述）或定量（数值）的方式估计暴露发生概率。

估计潜在危害的暴露概率需结合特定暴露条件，如数量、时间、频率、持续时间和途径，以及动物和人群的数量、动物种类及其他特征等。暴露评估所需信息列举如下：

    a) 生物学因素

        – 病原特性（如毒力、致病性和存活参数）；

        – 宿主基因型。

    b) 国家因素

        – 潜在载体或中间宿主；

        – 水生动物统计学资料（如已知易感物种及其分布）；

        – 人群和陆生动物的统计学资料（如是否存在食腐动物或食鱼鸟）；

        – 习俗和文化风俗；

        – 地理和环境特征（如水文数据、温度范围、水道等）。

    c) 商品因素

        – 商品状态（活体或非活体）；

        – 进口商品数量；

        – 进口水生动物或产品的预期用途（如家庭消费、繁殖、水产饲料成分或直接用作水产

　　　　饲料或鱼饵）；

　　　　– 废弃物处置措施。

　　如暴露评估表明无明显风险，即可在这一步终止风险评估。

3.　后果评估

　　后果评估描述暴露于某生物因子及其后果之间的关系。暴露与后果之间应存在一个因果关系，暴露会产生不利的健康或环境后果，导致社会经济方面的后果。后果评估描述给定暴露的潜在后果，以定性（文字描述）或定量（数值）的方式评估发生的可能性。后果包括：

　　a）　直接后果

　　　　– 水生动物感染、发病，生产损失及养殖场关闭；

　　　　– 公共卫生后果。

　　b）　间接后果

　　　　– 监测和控制方面的开支；

　　　　– 赔偿损失开支；

　　　　– 潜在贸易损失；

　　　　– 对环境造成不良甚至可能是不可逆转的后果。

4.　风险评估

　　风险评估指综合入境评估、暴露评估和后果评估的结果，制定出与开始时就确定的危害相关风险的总体措施。因此，风险评估需考虑从确定危害到产生不良后果的全部风险路径。

　　定量评估的最终结果可能包括：

　　– 估算一定时期内卫生状态可能受到不同程度影响的水生动物种群、水产养殖场或人群的数量；

　　– 概率分布、置信区间及其他产生评估不确定性的因素；

　　– 描述所有模型输入值的方差；

　　– 敏感性分析，根据各输入值对风险评估结果偏差的影响程度进行排序；

　　– 模型输入值之间的依赖性及相关性分析。

第2.1.5条

风险管理原则

1）　风险管理是为解决风险评估中所确定的风险而决定并执行相关措施的过程，同时确保把对贸易的不利影响降至最低。其目标是合理管理风险，确保国家尽量减少疫病发生概率或频率并减轻其后果，同时开展正常的商品进口业务，履行国际贸易协议规定的各项义务。

2） OIE制定的国际标准应作为风险管理的首选卫生措施，执行这些卫生措施应符合相关标准所需
达到的目的。

第2.1.6条

风险管理的组成部分

1） 风险评价：将风险评估中预计的风险与所建议的风险管理措施预期降低的风险进行比较的
过程。

2） 备选方案评价：指为降低进口引起的风险确定采取的措施并评估其有效性及可行性的过程。有
效性指备选方案在何种程度上可降低产生卫生和经济不良后果的概率及其严重程度。备选方案
的有效性评价是一个需多次反馈的迭代过程，需与风险评估相结合，与可接受的风险水平进行
比较。可行性评价通常侧重于影响风险管理措施实施的技术、行动及经济因素。

3） 实施：指贯彻执行风险管理决策、确保风险管理措施落实到位的过程。

4） 监控及评审：指不断审查风险管理措施以保证取得预期结果的过程。

第2.1.7条

风险交流原则

1） 风险交流指在风险分析期间收集潜在受影响方和利益相关方关于风险和危害的信息和意见，并
向进出口国决策者和利益相关各方报告风险评估结果并建议风险管理措施。这是一个多方参
与、重复反馈的过程，最好从启动风险评估时就进行信息交流并贯穿整个过程。

2） 风险交流策略应在每次启动风险分析时制定。

3） 风险交流应是公开、互动、反复和透明的信息交流过程，并可在决定进口之后继续进行。

4） 风险交流主要参与者包括出口国主管部门及其他利益相关方，如国内水产养殖场业主、钓鱼爱
好者或专业渔民、野生动物保护团体、消费者保护协会及国内外产业集团等。

5） 风险交流也应包括风险评估中的模型假设及其不确定性、模型输入值和风险估算。

6） 风险分析中的同行审查是风险交流的重要组成部分，以便做出科学的评价，确保获取最可靠的
现有资料、信息、方法和假设。

注：于1995年首次通过，于2016年最新修订。

第 3 篇

水生动物卫生机构质量

第3.1章　水生动物卫生机构质量

第3.1.1条

水生动物卫生机构的质量取决于诸多因素，包括伦理、组织、立法、规章及技术等方面的基本原则。不论各国的政治、经济或社会状况如何，水生动物卫生机构均应遵循一些基本原则。

OIE成员的水生动物卫生机构遵循这些基本原则极为重要，因为这关系到建立并维持其他成员对其水生动物卫生状态的信任感和对其国际水生动物卫生证书的信任度。

本章第3.1.2条介绍了这些基本原则。评估水生动物卫生机构需考虑的其他因素在本法典相关章节中（如通报、认证原则等）另有描述。

衡量水生动物卫生机构提供服务的能力，以及按照本国水生动物卫生立法和规章监控水生动物疫病的能力，可依据本章第3.1.3条和第3.1.4条所述一般原则进行评估或审查。

本章第3.1.5条阐述了建立在自愿原则基础上由OIE专家对水生动物卫生机构进行评估的程序。

第3.1.2条

质量管理基本原则

水生动物卫生机构应遵循如下原则，以确保其工作质量：

1.　专业判断

　　水生动物卫生机构应保证其工作人员具有专业资质、科学知识及经验，有能力做出正确的专业判断。

2.　独立性

　　应保证水生动物卫生机构的工作人员免受任何来自商业、经济、上级领导、政治或其他方面的压力，在做出判断或决定时不受到外界干扰。

3.　公正性

　　水生动物卫生机构应保持公正，特别是保证与其工作相关各方均可获得公平合理的服务。

4.　廉正性

　　水生动物卫生机构应保证每位工作人员始终保持高度的廉正作风，及时发现、记录并纠正任何舞弊、受贿或造假行为。

5. 客观性

水生动物卫生机构应时刻保持客观、公正和公开的工作作风。

6. 水生动物卫生立法及法规

水生动物卫生立法及法规是支撑良好管理的基本要素，也为水生动物卫生机构重点工作提供法律依据。

相关立法及法规应具有灵活性，以便根据情况变化做出等效判断和有效应对。尤其是针对水生动物移动控制及追溯、水生动物疫病控制及报告系统、流行病学监测、流行病学信息交流等工作，应明文规定各主管部门的职责与组织结构。

7. 组织概况

水生动物卫生机构应通过适当的立法及法规、充足的财力以及有效的组织，来证明其有能力预测需求，掌控水生动物卫生措施的制定和实施，以及有能力开展国际水生动物卫生认证工作。

水生动物卫生机构应根据本法典相关规定，建立有效的水生动物疫病监测、诊断和通报系统，对全国范围内可能发生的疫病进行监测。水生动物卫生机构应不断提高水生动物卫生信息系统及水生动物疫病控制工作的绩效。

水生动物卫生机构应明文规定国际水生动物卫生证书签发机构的职责与组织架构（尤其是指挥体系）。

应详细描述水生动物卫生机构中每一个会影响到其工作质量的职位。岗位描述中应包含对学历、培训、专业知识及工作经验的要求。

8. 质量政策

水生动物卫生机构应明文规定与质量有关的政策、目标及承诺，并确保机构中各层级均能理解、实施并维护这些政策。如条件允许，可根据业务类型、范围和工作量建立相应的质量体系。本章提供的建议描述了一个质量参考体系，供建立质量体系的OIE成员借鉴。

9. 程序与标准

水生动物卫生机构应为所有相关活动和设施的供应方制定适当的程序与标准。这些程序与标准可涉及以下方面：

a）工作计划和管理，包括国际水生动物卫生认证工作；

b）预防、控制及通报疫病暴发；

c）风险分析、流行病学监测及地区划分；

d）做好可能对水生动物卫生和养殖鱼类福利产生影响的灾害应急准备；

e）检查及采样技术；

f）水生动物疫病诊断检测；

g）疫病诊断或预防用生物制品的制备、生产、注册及管控；

h）边境控制及进口管理；

i)   消毒;

j)   水生动物产品中病原的灭活处理。

凡是本法典或《水生手册》已明文规定的相关标准,水生动物卫生机构在实施水生动物卫生措施和签发国际水生动物卫生证书时,均应遵守这些标准。

10. 信息、投诉及申诉

水生动物卫生机构应对其他成员水生动物卫生机构或其他主管部门提出的要求做出答复,特别是确保及时处理对方提出的任何信息要求、投诉或申诉。

应保留所有投诉、申诉以及水生动物卫生机构相关行动的记录。

11. 档案管理

水生动物卫生机构应拥有适应其工作需要的可靠和及时更新的档案管理系统。

12. 自我评估

水生动物卫生机构应定期进行自我评估,特别是应审查既定目标的实现情况,评估其机构部门的效率,检查资源配给是否充足。

本章第3.1.5条介绍了在自愿原则基础上由OIE专家评估水生动物卫生机构的程序。

13. 交流

水生动物卫生机构应建立有效的内部和外部交流机制,以确保其行政与技术人员及其工作相关各方之间的信息交流。

14. 人力与财力资源

主管部门应确保为有效开展上述工作安排充足资源。

第3.1.3条

根据本法典规定,OIE成员应承认其他成员有权对其水生动物卫生机构进行评估或要求对这些机构进行评估,前提是提出评估要求的成员是该国水生动物商品的实际或潜在进口国,且/或该评估是风险分析程序中的一个环节,用以确定或重审相关贸易卫生措施。

成员有权期待评估方以客观和透明的方式对其水生动物卫生机构进行评估。进行评估的成员应可对评估后采取任何措施的理由加以说明。

第3.1.4条

OIE成员如希望对另一成员的水生动物卫生机构进行评估,应书面通知对方,并保证对方拥有充足的准备时间来满足所提要求。通知中应说明评估目的和所需具体信息。

　　成员接到其他成员要求开展水生动物卫生机构评估的正式通知并就评估程序与标准达成双边协议后，应尽快按照对方要求提供有意义的准确信息。

　　评估过程应考虑到本章第3.1.1条和第3.1.2条中规定的基本原则和其他质量因素，还应考虑第3.1.1条中所述的相关各国所关注的特殊质量情况。

　　在任何情况下，在获得相关信息后4个月内，开展评估的成员应尽快以书面形式将结果反馈给被评估的成员。评估报告应详述所有会影响贸易前景的调查结果。如有要求，进行评估的成员应根据要求详细说明评估的所有要点。

　　如两个成员就水生动物卫生机构评估过程或结论发生争议，应参考第3.1.3条规定的程序予以解决。

第3.1.5条

在OIE主持下由OIE专家协助进行评估

　　OIE已制定成员水生动物卫生机构评估程序。成员可向OIE提出对其水生动物卫生机构进行评估的要求。

　　OIE成员全体代表大会可审批通过一份专家名单，以推动评估程序顺利进行。根据评估程序，OIE总干事从该名单中推荐一名或数名专家。

　　OIE专家参照《OIE兽医机构效能评估工具》和/或《水生动物卫生机构效能评估工具》（OIE PVS工具：水生动物），对OIE成员的水生动物卫生机构进行评估。

　　评估专家在与被评估方的水生动物卫生机构商讨后撰写评估报告。评估报告呈交OIE总干事，经成员同意后，由OIE公布。

―――――――――――――

注：于2009年首次通过，于2014年最新修订。

第3.2章 交　　流

第3.2.1条

总则

一般来说，交流指在个人、不同机构及公共团体之间进行信息交换，以便提供信息、指导、行动动员等。科学和技术交流需根据具体情况、目的、对象调整信息。

水生动物卫生机构应充分认识到交流是一项重要工作，应纳入工作日程，对其良好运作至关重要。有效的交流需要有机结合水生动物卫生工作与交流技巧。水生动物卫生机构与兽医机构之间的交流尤为重要（特别是在各自为独立单位的情况下）。

交流应是水生动物卫生机构所有工作中不可或缺的组成部分，涉及动物卫生（监测、早期检测、快速反应及疫病防控）、水生动物福利、兽医公共卫生（食品安全、人畜共患病）及兽药等各个领域。

本章以交流工作为主题，为帮助水生动物卫生机构建立交流体系、制定交流策略及其实施计划以及评估交流质量提供指导性建议。

第3.2.2条

交流原则

1）　水生动物卫生机构应有权并具备相应能力就其所负责的工作进行宣传交流。

2）　应有机地结合水生动物卫生专业技术与交流技巧。

3）　进行交流应有的放矢，遵循透明、一致、及时、均衡、准确、真实、可产生共鸣等基本原则，并遵循水生动物卫生机构质量基本原则（第3.1.2条）。

4）　交流应持续不断地进行。

5）　水生动物卫生机构应负责制定、实施、监督、评估及修订其宣传交流策略和实施计划。

第3.2.3条

定义

交流：指水生动物卫生机构就其职权范围内的任何事宜，以互动形式向个人、机构、公共团体提供信息、指导和动员等。

　　危机：指水生动物卫生机构职权范围内出现需立即采取行动的重大威胁、困难或不确定因素。

　　危机交流：指发生危机时，在有限时间内提供未必完整但尽可能准确的信息的交流过程。

　　暴发交流：指疫情暴发时的交流过程，包括疫病通报。

第3.2.4条

交流体系

制定、实施及评估交流体系时，除需遵循上述交流原则外，还应结合第3.1章的内容开展以下工作：

1. 制定组织机构图，注明负责交流工作的人员与主管部门之间通过包括专门交流部门或专职负责人在内的指挥链直接联系

2. 人力资源

　　a）职责明确且沟通便利的官方交流联络点；

　　b）交流部门岗位描述，包括任务及职责；

　　c）拥有数量充足且具备交流知识、技巧、能力的合格人员；

　　d）不断给负责交流工作的人员提供相关培训及深造机会。

3. 财力及物力

　　a）明确相关预算，提供充足资金；

　　b）提供必要的物力资源，保证负责交流工作的人员顺利完成任务，如为其配备适宜的办公场所、办公用品及包括信息技术和互联网在内的技术设备。

4. 交流体系管理

　　a）交流人员的任务及职责

　　　　ⅰ）向主管部门汇报工作；

　　　　ⅱ）通过向主管部门提供有关交流工作的建议和专家评价，参与决策过程；

　　　　ⅲ）负责交流策略计划、实施计划及相关标准操作程序（SOP）的制定、执行及评估；

　　　　ⅳ）作为水生动物卫生机构交流事宜联系人；

　　　　ⅴ）为水生动物卫生机构提供交流培训，并协调培训工作。

　　b）交流策略计划

　　　　设计良好的交流策略计划应符合并支持水生动物卫生机构的整体战略计划，并获得管理层的支持及投入。交流策略计划应可满足整个机构所有高层次长期交流目标。

应监督并定期审查交流策略计划，确定可衡量的绩效目标及评估技术，衡量交流工作的有效性。

交流策略计划应考虑各种不同类型的交流，如日常交流、风险交流、暴发交流及危机交流等。交流工作应能帮助个人、受影响方或利益相关方、社区或公众做出最合理的决定，并帮助他们了解政策及决策依据。

有效实施交流策略计划可增加公众及利益相关方对工作的了解和认识，更深入了解水生动物卫生机构的作用及任务，提高水生动物卫生机构的知名度和可信度，增进人们对其决策的理解和接受，从而改变人们的认识、态度或行为。

c) 交流工作计划

交流工作计划应基于对具体问题的评估，并应明确目标及受众，如员工、合作伙伴、利益相关方、媒体及公众等。

每项交流工作计划应包括一系列计划周密的行动，利用可用资源及各种技术、工具、信息及渠道，在规定时间内实现预期目标。

注：2012年首次通过。

第 4 篇

疫病预防与控制

第4.1章   地区划分和生物安全隔离区划分

第4.1.1条

引言

在整个国家范围内建立并维持某疫病（尤其是较难控制输入的疫病）的无疫状态会有一定困难，但成员可在其境内建立并维持具有特定水生动物卫生状态的动物亚群。将这些动物亚群分隔开来可采取自然或人为的地理屏障，或在某些情况下通过采用适当的管理措施。

地区划分和生物安全隔离区划分指成员根据本章条款，在其境内确定具有特定水生动物卫生状态的动物亚群，用以控制疫病或进行国际贸易。生物安全隔离区划分适用于根据相关生物安保管理方法确定的动物亚群，而地区划分则适用于以地理划分的动物亚群。在实践中，空间因素和规范管理在这两个概念中具有重要作用。

本章旨在协助OIE成员利用生物安全隔离区划分和地区划分的原则，在其境内建立并维持不同动物亚群。实施这些原则应结合相关疫病章节推荐的措施。本章还介绍了贸易伙伴间认可这类动物亚群的程序。执行该程序的最佳做法是贸易伙伴首先明确各项参数，并在疫病暴发前就采取必要措施以达成协议。

进行动物或动物产品贸易前，进口国需确认本国水生动物卫生状态得到合理保护。在大多数情况下，制定进口条例在一定程度上取决于对出口国边境及境内卫生措施有效性的判断。

地区划分和生物安全隔离区划分不但有利于国际贸易安全，还有助于成员在其境内控制或根除疫病。地区划分可促进更有效地利用资源，而生物安全隔离区划分可利用生物安保措施将动物亚群与其他家养或野生动物分隔开，这是地区划分（地理分隔）无法实现的。疫情暴发后，即使地理位置复杂，生物安全隔离区划分可使成员利用亚群间流行病学关联或统一的生物安保措施，促进疫病控制和/或贸易恢复。

地区划分和生物安全隔离区划分可能不适用于所有疫病，但对于适用的疫病均需制定不同的分隔要求。

疫情过后成员如希望恢复地区或生物安全隔离区的无疫状态资格，应遵守本法典相关疫病章节的规定。

第4.1.2条

总则

出于国际贸易目的而在境内进行地区或生物安全隔离区划分的出口国主管部门，应根据本法典相关章节中建议的措施（包括关于水生动物监测、标识和追溯的措施），明确界定亚群。出口国主管部门应可向进口国主管部门说明其地区或生物安全隔离区内水生动物特定卫生状态的依据。

建立和维持地区或生物安全隔离区的水生动物特定卫生状态应与具体情况相适应，并取决于疫病流行病学特点、环境因素、疫病传入与定植风险以及适用的生物安保措施。出口国应通过官方渠道向进口国提供详细的文件记录，证明已实施了本法典中关于建立和维持此类地区和生物安全隔离区的建议。

出口国如实施了本法典推荐的措施，且其主管部门证明情况属实，进口国应认可此类地区和生物安全隔离区。进口国如有合理科学依据并履行了本章第5.3.1条所述义务，可采取更高级别的保护措施。

多个成员如共享某地区或某生物安全隔离区，各成员的主管部门应共同确定并履行各自的职责。

出口国应对以国际贸易为目的而建立和维持的地区和生物安全隔离区所需资源进行评估，包括人力和财力资源，以及水生动物卫生机构的技术能力，包括疫病监测和诊断能力。对于生物安全隔离区而言，还应包括相关行业的技术能力。

第4.1.3条

地区或生物安全隔离区（包括保护区）的界定原则

结合上述内容以及地区和生物安全隔离区的定义，OIE成员界定地区和生物安全隔离区应依据以下原则：

1）应由水生动物卫生机构根据地区的定义划定地区范围，并通过官方渠道予以公布。

2）可在无疫国或地区建立保护区，以保持区内水生动物的卫生状态，免受相邻国家或地区水生动物不同卫生状态的影响。为防止病原输入，应基于疫病流行病学采取措施，包括加强移动管控和疫病监测，以及接种疫苗、提高防病意识等。

可在整个无疫区或在无疫区内和/或区外指定范围内应用这些措施。

3）应由水生动物卫生机构根据相关标准（如与生物安保有关的管理标准和养殖规范）界定生物安全隔离区，并通过官方渠道予以公布。

4）应可通过明确的流行病学隔离措施，将属于此类亚群的水生动物与其他水生动物和所有其他有疫病风险的事物相区别。

5）水生动物卫生机构应详细记录在地区或生物安全隔离区为确保辨别亚群而采取的措施，如登记所有水产养殖场，并通过生物安保计划建立和维持其水生动物卫生状态。用于建立和维持该地区和生物安全隔离区内水生动物特定卫生状态的措施应因地制宜，取决于疫病流行病学特点、环境因素、邻近地区水生动物卫生状态、适用的生物安保措施（包括移动控制、自然和人为屏障、水生动物空间隔离、商业管理和养殖规范）和监测工作等。

6） 对于生物安全隔离区而言，生物安保计划应规定相关企业或行业和水生动物卫生机构间的伙伴
关系及各自的责任，包括水生动物卫生机构对该隔离区实行的监督措施。

7） 对于生物安全隔离区而言，生物安保计划应规定日常运作程序，以提供明确的证据证明所实施
的监测和管理规范能够满足生物安全隔离区的要求。除水生动物流动监控信息外，该计划还应
包括生产和繁殖记录、饲料来源、追踪系统、监测结果、外来人员出入日志、发病率和死亡率
记录、用药、免疫、饮水供应及污水处理、人员培训及其他评估风险降低程度所需标准。所需
信息根据所涉及的水生动物种类和疫病可能会不同。生物安保计划还应说明如何对这些措施进
行审计，以确保定期重新评估风险，并相应调整措施。

8） 根据上述内容，本法典第8篇到第11篇的建议可适用于地区和生物安全隔离区内的相关动物
亚群。

———————————

注：于1995年首次通过，于2010年最新修订。

第4.2章　生物安全隔离区划分的应用

第4.2.1条

引言及目标

基于本法典第4.1章的内容，本章中的建议为在国家或地区范围内应用和认可生物安全隔离区提供一个结构性框架，并作为疫病管理工具，促进水生动物和水生动物源性产品贸易。

在整个国家范围内建立和保持无疫状态应是所有OIE成员的最终目标。实现这一目标绝非易事，尤其是在疫病存在于野生水生动物中或极易跨国传播的情况下。对于许多疫病，OIE成员传统上应用地区化管理的理念，在国内建立和维持具有不同卫生状态的动物亚群。

地区划分和生物安全隔离区划分的本质区别在于，地区划分基于地理界限，生物安全隔离区则主要基于管理体系和生物安保措施，而空间因素和良好管理均在其中发挥作用。

生物安全隔离区划分的基本要求是实施和记录管理措施和生物安保措施，以形成动物亚群功能性分隔体系。

例如，在感染国或感染地区内的一个水产养殖场采取适当的生物安保措施和管理，从而达到疫病或病原感染的可忽略风险等级。生物安全隔离区的概念将"风险边界"扩展到地理分界之外，并考虑到所有流行病学因素，有助于在动物亚群间建立针对特定疫病的有效分隔机制。

在无疫国或无疫地区，应在疫病暴发前建立生物安全隔离区。在疫病暴发时，或在感染国/疫区中，建立生物安全隔离区可起到促进贸易的作用。

出于国际贸易的目的，生物安全隔离区应纳入国家主管部门职责范围内。为达到建立生物安全隔离区的目的，成员遵守本法典第1.1章和第3.1章的规定是重要的先决条件。

第4.2.2条

生物安全隔离区界定原则

建立生物安全隔离区可针对一种或几种疫病。应明确界定生物安全隔离区，指明其中各个组成部分的位置，包括所有设施和厂房（如产卵场、孵化场、苗种场、养成池、屠宰场、加工厂等）及其相互之间的关系，且应说明它们对将区中水生动物与另一生物安全隔离区不同卫生状态的动物亚群进行流行病学区分所起的作用。生物安全隔离区界定应考虑疫病的流行病学因素、区中水生动物种类、生产系统、生物安保措施、基础设施和监测工作等。

第4.2.3条

将生物安全隔离区与潜在感染源分隔

生物安全隔离区的管理部门应能向水生动物卫生机构提供以下证明材料:

1. 生物安全隔离区内影响生物安保状态的物质或空间因素

虽然建立生物安全隔离区主要基于管理和生物安保措施,但仍有必要检查地理因素,以确保功能性边界切实起到隔离作用,将隔离区中的水生动物与邻近具有不同卫生状态的动物种群分隔开。应结合生物安保措施考虑以下因素,在某些情况下,这些因素可能会改变通过常规生物安保和监控措施所获得的可信度:

　　a) 邻近地区的疫病状态,以及与生物安全隔离区存在流行病学关联地区的疫病状态;

　　b) 地理位置最近的流行病学单元或其他流行病学有关场所的位置、疫病状态和生物安保措施。应考虑与以下场所的距离和隔离情况:

　　　　i) 紧靠生物安全隔离区的卫生状态不同的水生动物种群,包括野生动物及其迁徙路线;

　　　　ii) 屠宰厂和加工厂;

　　　　iii) 展会、钓鱼场所、鱼类市场、活鱼餐厅和其他水生动物集中点。

2. 基础设施因素

生物安全隔离区内有关场所及其结构会影响生物安保措施的有效性。应考虑以下设施:

　　a) 供水系统;

　　b) 有效的实体隔离系统;

　　c) 控制人员出入的设施;

　　d) 控制车辆和船只出入的设施,包括清洗和消毒程序;

　　e) 装卸设备;

　　f) 引进水生动物的隔离设施;

　　g) 物资和设备的引进程序;

　　h) 饲料和兽药的存储设施;

　　i) 水生动物废弃物的处理系统;

　　j) 防止暴露于污染物、病原机械性和生物性载体的措施;

　　k) 饲料供应及其来源。

3. 生物安保计划

生物安全隔离区管理是否完善有赖于生物安保措施,因此应制定和全面落实生物安保计划,并进行监督。

生物安保计划应详细描述以下内容:

a）　相关病原在该生物安全隔离区内的潜在传入和传播途径，包括水生动物移动、野生水生动物、潜在病原载体、车辆、人员、生物制品、设备、污物、饲料、流水、排水系统或其他途径。同时也应考虑病原在环境中的存活力。

b）　各途径的关键控制点。

c）　在每个关键控制点上所采取的减少暴露措施。

d）　标准操作程序，包括：

ⅰ）实施、维护风险缓解措施且监控遵守情况；

ⅱ）采取纠正措施；

ⅲ）核查规程；

ⅳ）保存记录。

e）　暴露等级发生变化时的应急预案。

f）　向主管部门报告的程序。

g）　工作人员教育培训计划，以确保所有相关人员充分掌握生物安保原则及具体操作。

h）　适当的监测计划。

在任何情况下都应提交充足证据，根据已确定的各传播途径风险等级评估生物安保计划的有效性。这些证据的结构应遵循危害分析与关键控制点（HACCP）原则。应至少每年重新评估生物安全隔离区内所有操作的生物安保风险等级，并记录在案。应根据评估结果，采取有文字记录的具体缓解措施，以降低病原进入生物安全隔离区的可能性。

4. 可追溯系统

有效可追溯系统是评估生物安全隔离区管理是否完善的先决条件。虽然难以对水生动物进行个体识别，但主管部门仍应尽量保证其可追溯性，以便记录和核查水生动物历史和移动情况。

所有进出生物安全隔离区的水生动物均应记录在生物安全隔离区的文件中，必要时应根据主管部门批准的风险评估进行记录。生物安全隔离区内动物移动无需经过审批，但应记录在生物安全隔离区的相关文件里。

第4.2.4条

文件记录

文件记录应能提供明确的证据，表明该生物安全隔离区中始终有效执行生物安保、监测、追溯和管理等方面的措施。除动物移动信息外，文件中还应包括生产单位（如网箱、池塘）记录、饲料来源、实验室检测、死亡记录、来访登记、发病史、供水和尾水处理、药物治疗和疫苗接种记录、生物安保计划、培训材料及排除存在疫病所需的任何其他标准。

应记录生物安全隔离区目标疫病的历史状况，并可证明符合本法典中关于无疫区的要求。

此外，申请生物安全隔离区认可应向主管部门提交一份水生动物卫生基准报告，说明是否存在OIE名录疫病。该报告应定期更新，以反映生物安全隔离区内水生动物卫生现状。

应提供免疫接种记录，包括接种的水生动物群、疫苗类型和接种频率，用于解释监测数据。

文件记录的保存时限可能根据生物安全隔离区内不同动物和疫病种类而异。

所有相关信息均应以透明的方式记录下来，并方便查阅，便于主管部门进行审查。

第4.2.5条

病原或疫病监测

监测系统应符合第1.4章关于监测的规定，如有监测生物安全隔离区目标疫病的相关建议，还应遵循这些建议。

如生物安全隔离区暴露于目标疫病病原的风险增大，应重审并记录内部和外部监测系统的敏感度，必要时应加强监测力度。同时，应重新评估现行生物安保措施，必要时予以加强。

1. 内部监测

内部监测应包括收集和分析疫病或感染数据，以便主管部门确认生物安全隔离区里所有养殖场中的动物亚群是否都符合该隔离区规定的卫生状态。

有必要建立一个确保能早期检测病原进入动物亚群的监测系统。可根据生物安全隔离区目标疫病种类采用不同监测策略，以便达到确保无疫状态所需的置信度。

2. 外部监测

生物安全隔离区采用的生物安保措施应与生物安全隔离区病原暴露水平相当。外部监测有助于在已确认的疫病传入生物安全隔离区途径上，鉴定病原暴露水平是否出现显著变化。为达到以上目标，需适当结合目标监测和被动监测。根据第1.4章的建议，基于风险因素评估的目标监测可能是最有效的监测方法。目标监测尤其应包括紧靠生物安全隔离区的流行病学单元，或与之有潜在流行病学关联的流行病学单元。

第4.2.6条

诊断能力和诊断程序

应由官方指定实验室进行样本检测。所有实验室检验方法及程序均须符合《水生手册》关于具体疫病的建议。负责检测的实验室均应设立可向主管部门迅速报告疫病诊断结果的程序。必要时，检测结果应送交OIE参考实验室进行确认。

第4.2.7条

紧急应对和通报

早期检测、诊断、通报和快速应对对于尽可能减轻疫病暴发的后果至关重要。

在生物安全隔离区内发现目标疫病疑似病例时，应立即暂时取消其无疫状态资格。如确诊，应立即撤销其无疫状态资格，并按照第1.1章的规定通知进口国。

如发生第4.2.4条动物卫生基准报告中未提及的疫病，该生物安全隔离区的管理者应通知主管部门，并着手检查生物安保措施是否存在漏洞，并将结果报告主管部门。如经检查发现生物安保措施确实存在漏洞，即便没有暴发疫病，也应暂时吊销其出口许可。仅在采取了必要措施且恢复原有生物安保水平，并经主管部门重新批准后，方可恢复该生物安全隔离区的无疫状态资格。

生物安全隔离区周边地区目标疫病状态发生变化而导致该生物安全隔离区所面临的风险改变时，主管部门应立即重新评估生物安全隔离区的状态，并考虑是否需采取额外的生物安保措施，以确保维持生物安全隔离区的完整性。

第4.2.8条

监督和控制生物安全隔离区

应按照本法典第3.1章关于水生动物卫生机构质量的规定，明确记录水生动物卫生机构的职权、组织和基础设施（包括实验室），以确保生物安全隔离区的完整性。

主管部门拥有批准、暂停和撤销生物安全隔离区状态资格的最终决定权。主管部门应持续监督本章所述维护生物安全隔离区状态所有重要规定的遵守情况，并确保进口国可随时获取所有相关信息，发生任何重大变化均应向进口国通报。

注：于2010年首次通过，于2016年最新修订。

第4.3章　水产养殖场和设备消毒

第4.3.1条

目的

为规划和实施消毒程序提供建议，防止病原的引入、定植或传播。

第4.3.2条

范围

本章介绍了关于在日常生物安保工作和紧急应对过程中对水产养殖场和设备进行消毒的建议，为消毒工作的基本原则、规划和实施消毒方案提供指导。

关于病原灭活的具体方法，请参阅《水生手册》疫病章节。

第4.3.3条

说明

消毒是一种水产养殖防疫手段，也是一项生物安保措施，主要用于防止水产养殖场或生物安全隔离区输入或输出目标病原及其传播。在紧急应对疫情期间，实施消毒措施可用于维持疫病控制区的状态，以及在染疫水产养殖场中消灭疫情（扑杀程序）。消毒策略的选择和执行取决于消毒目的。

防止病原传播应尽可能通过切断传播途径而不是消毒。例如，难以消毒的物品（如手套、潜水和捕捞设备、绳索和网）应专门用于特定场所，而不是加以消毒后在生产单位或水产养殖场之间流动使用。

第4.3.4条

一般原则

消毒是使用物理和化学手段去除有机物质、破坏或灭活病原的结构化程序，应包括规划和实施两个阶段，并需考虑潜在的方案选择、效果和风险。

消毒方案的选择取决于预防、控制或根除疫病的总体目标。根除疫病通常需将所有水生动物清塘，并对水产养殖场和设备消毒，而控制疫病则以限制疫病在养殖场内和养殖场之间传播为主。尽管不同目标可采用不同方法，但下述一般原则适用于所有情况。

1）消毒程序应包括以下阶段：

　　a）清洁和洗涤

　　　首先需清洁物品表面和设备，清除固体废物、有机物（包括生物污垢）和化学残留物，这些物质可能会降低消毒剂的功效。清洁剂也可分解生物膜。所用清洁剂应与消毒剂、待处理表面相适宜。清洁后应排干多余的水。施用消毒剂前应对所有物品表面和设备进行检查，确保没有残余有机物。

　　　处理水时，水中悬浮固体也可能会降低某些消毒剂的功效，应通过过滤、沉降、凝结或絮凝等多种方法加以去除。

　　　生物膜（通常又称为黏液）是附着在物体表面上的微生物和胞外聚合物薄膜，生物膜会使消毒剂对嵌入物体表面的微生物失去作用。为达到消毒效果，施用消毒剂前需进行清洁和洗涤以去除生物膜。

　　　对产生的所有废物应以生物安保方式进行处理，因为其中可能含有活性病原，如不加以控制，有可能造成感染传播。

　　b）施用消毒剂

　　　在该阶段使用适用的化合物或采用物理过程灭活病原。

　　　应考虑需消毒的材料类型和消毒剂的使用方式。坚硬的非渗透性材料（如抛光金属表面、塑料和涂漆混凝土）可与消毒剂直接接触而易彻底清洁，传染物很少残留在缝隙中。物体表面如受到腐蚀出现凹陷或油漆剥落，则会降低消毒效果，因此需维护物品表面和设备。消毒渗透性表面和材料（如编织材料、网和土壤）因表面积较大，化学品不易渗透，且可能存在残余有机物质，需较高浓度的消毒剂，并加长作用时间。

　　　所选方法应确保所有物品表面在规定作用时间内与消毒剂充分接触。应有规律地添加消毒剂（如采用网格方式），确保物品表面被覆盖充分，作用时间充足。操作时应从上至下，并从低污染区域向高污染区域依次进行。某些设备仅需用消毒剂冲洗表面即可。对垂直表面进行消毒应注意确保在消毒剂流干之前所需作用时间足够，并可能需再次消毒或添加相容的发泡剂，增加物品表面对消毒剂的附着力。

　　　管道和生物过滤器消毒应使管腔内充满消毒剂溶液，与材料所有表面充分接触。不易接触的部位和复杂设备需采用熏蒸或雾化法进行消毒。

　　c）清除或灭活消毒剂

　　　为避免对水生动物的毒性、腐蚀设备和环境污染，需清除或灭活化学残留物。方法包括：冲洗表面、稀释至可接受的水平、化学制剂灭活处理等，或空置一段时间，使活性化合物失活或消散。这些方法可单独使用或联合使用。

2）应按照相关法规使用消毒剂。消毒剂可能对人类、水生动物和环境卫生构成风险，应按照规定和制造厂家的说明储存、使用和处理化学消毒剂。

3）对消毒应进行有效管理，保证消毒剂剂量符合标准，确保消毒效果。根据不同的消毒工艺和目标病原，可采用不同的消毒管理方式。例如测定活性剂含量（如残余氯含量），或通过指示剂反应（如监测氧化还原反应）间接测量活性剂含量，或使用指示细菌（如异养细菌平板计数）测量消毒效果。

对于进行了排塘和消毒的养殖场所，可考虑在重新养殖前使用哨兵群。哨兵群应对病原易感，且应暴露在如存在病原则利于表现出临诊症状的条件下。

4）水产养殖场所应保存消毒过程记录，记录详略程度应足以进行消毒方案评估。

第4.3.5条

规划

应制定一项消毒计划，其中包括传播途径评估、待消毒材料类型、需灭活病原、卫生安全防控措施以及进行消毒的环境，还应包括确定消毒效果的机制。应定期审查消毒计划，确保消毒过程的有效和高效。对消毒计划的任何更改也应记录。

进行规划时应评估消毒最有效的关键控制点。依据病原传播的潜在途径和污染的相对可能性来制定消毒优先事项。为了对含有病媒的设施（如池塘）进行有效消毒，应在消毒过程中排除、清除或销毁病媒。

如可行，应编制消毒物品清单，对建筑材料、表面孔隙率、耐化学品性进行评估，并考虑是否便于消毒，然后针对每个物品确定消毒方法。

消毒前应评估每种设备所需清洁程度。如出现固体和颗粒物重度污垢，应特别注意清洁过程和所需资源。物理或化学清洁工艺应与消毒剂相匹配。

应根据待处理的物品类型和数量以及如何管理废物，对人员、设备和需消毒的材料进行评估。

在规划阶段应考虑控制水流和水量的能力，这取决于养殖场类型（再循环、流动和开放系统）。可参照本法典第4.3.11条所述各种方法对水进行消毒。

第4.3.6条

紧急应对行动中的消毒问题

消毒是紧急应对行动的重要组成部分，用以支持疫病控制工作，如染疫养殖场的隔离检疫和扑杀措施等。由于疫病风险水平高（重大疫情）、高载量病原、大量潜在的感染水生动物和废物、大面积需消毒区域和大量受污染的水，紧急应对行动中采用的消毒方法不同于常规生物安保措施中使用的方法。规划消毒计划时应考虑到这些情况，将风险评估纳入其中，还应包含消毒效果管理方法。

紧急应对行动应侧重于阻断传播途径，而不是依靠消毒。除非已进行有效消毒，否则不应将设备从感染场移出。在某些情况下，难以消毒或污染可能性大的器材可能需以生物安保的方式处理，而不是消毒。

第4.3.7条

消毒剂种类

水产养殖常用的消毒剂种类如下：

1. 氧化剂

大部分氧化剂作用相对较快，对多种微生物是有效的消毒剂。氧化剂易被有机物灭活，因此应在有效清洁后使用。由于有机物会消耗氧化剂，氧化剂的初始浓度（负荷剂量）可能会迅速下降，使有效剂量（残留剂量）难以预测。因此，应持续检查残留剂量水平，确保在规定时间内将氧化剂浓度保持在最低有效浓度之上。

氧化剂可能对水生动物有毒，使用完毕后应将氧化剂清除或灭活。

常见氧化剂包括氯化合物、氯胺-T、碘分子、过氧化合物、二氧化氯和臭氧。

2. pH调节剂（碱和酸）

调节pH可通过碱性或酸性化合物。使用pH调节剂的优点包括易于确定浓度，不会被有机物灭活，且还可用于其他消毒剂无法使用的地方，如管道或生物过滤器表面。

3. 醛

醛类的作用是使蛋白质变性。甲醛和戊二醛是水产养殖场消毒常使用的醛类化合物，对多种生物体均非常有效，但消毒接触时间较长。醛类在有机物存在下仍保持活性，腐蚀性微弱。戊二醛是用于冷消毒的液体灭菌剂，特别适用于不耐热的设备。甲醛是适用于雾化或熏蒸消毒的消毒剂。

4. 双胍类

在多种双胍类中，最常用的是氯己定。这类消毒剂在硬水或碱性水中无效，对许多病原的消毒效果也不如其他类型消毒剂。但这些化合物相对来说无腐蚀性，比较安全，因此常用于皮肤表面和精密仪器的消毒。

5. 季铵化合物（QACs）

季铵化合物的生物杀伤力易变且具有选择性。它们对一些植物细菌和真菌有效，但对所有病毒无效。季铵化合物对革兰氏阳性菌作用力强，对革兰氏阴性菌作用缓慢，一些菌株还表现出抗性，对孢子无效。季铵化合物的优点是无腐蚀性，并具有增强与表面接触的润湿性能。季铵化合物可能对水生动物有毒，应在消毒完毕后将其从表面清除。

6. 紫外线（UV）照射

对于水产养殖场可控制水流的再循环系统或流水系统，紫外线照射是处理进出水的可行方案。使用紫外线照射应首先将水过滤，因为水中悬浮杂质会降低紫外线的强度，而使消毒效果降低。

7. 热处理

病原对热处理的敏感性差异很大。在大多数情况下，湿热比干热更有效。

8. 干燥

干燥对于敏感病原可能是有效消毒措施，可用于不适用其他消毒方法的情况下，或作为其他消毒方法的辅助方法。

如物品可完全脱水，干燥便是一种消毒方法，因为完全脱水可杀死多种病原。但在某些情况下，水分含量可能难以监测，有效性会因温度和湿度等环境条件的不同而异。

9. 联合消毒法

联合使用具有协同作用的不同消毒方法，可更有效地灭活病原。例如：

a）阳光直射结合干燥作为联合消毒法具有三种潜在的消毒作用，即紫外线照射、加热和干燥。该方法没有成本，可在其他方法之后使用；

b）臭氧和紫外线照射经常联合使用，其作用方式不同且可相互促进。紫外线照射还具有去除水中臭氧残留物的优点。

化学试剂或洗涤剂同时使用可能会发生拮抗作用。

第4.3.8条

消毒剂选择

选择消毒剂应考虑以下几点：

– 对病原的功效；

– 有效浓度和接触时间；

– 测定有效性的能力；

– 需消毒物品的性质和受损可能性；

– 与用水类型（如淡水、硬水或海水）相匹配；

– 是否具备消毒剂和设备；

– 易于使用；

– 有机物去除能力；

– 成本；

– 残留物对水生动物和环境的影响；

– 工作人员的安全。

第4.3.9条

水产养殖场和设备的类型

水产养殖场和设备各具特点，差别很大。以下介绍关于有效消毒不同类型水产养殖场和设备的注意事项。

1. 池塘

池塘一般很大，底部常是土质或有塑料衬垫，水量大，使消毒前的清洁工作非常困难，且高含量有机物也会影响许多化学消毒剂的效力。消毒前应将池塘中的水排干，并尽可能去除有机物。水和有机物应以生物安保的方式进行消毒处理。土质池应彻底干燥，施用石灰化合物提高pH，帮助灭活病原。对无衬垫的池塘进行塘底翻耕，也有助于石灰化合物混合和干燥。

2. 水箱

所用消毒方法类型取决于水箱材质（如玻璃纤维、混凝土或塑料）。无涂层混凝土水箱容易受到酸的腐蚀和高压喷雾器的潜在损害。这类水箱多孔，因此需与化学品作用更长时间来确保消毒效果。塑料、油漆和玻璃纤维水箱更易消毒，因为其表面光滑无孔，便于彻底清洁，且耐大多数化学品腐蚀。

消毒前应将水箱中的水排干，尽可能去除有机物。水和有机物应以生物安保的方式进行消毒。箱式设备应拆下单独清洁和消毒，并清除所有有机废物和杂质。水箱表面清洗应使用高压喷雾器或清洁剂机械擦洗设备，去除藻类和生物膜等污垢。可使用热水增强清洁效果。使用消毒剂前应将多余清洁用水排出，并进行消毒或以生物安保的方式处理。

消毒垂直表面时，应注意确保消毒剂作用时间充足。消毒后应冲洗水箱，除去所有残留物并使其完全干燥。

3. 管道

由于很难接触管道内部，管道消毒可能会很困难。选择消毒方法时应考虑管道材质。

清洁管道可使用碱性或酸性溶液或泡沫抛射管清洁系统。为保证清洁效果，必须除去生物膜，然后冲掉产生的颗粒物并彻底清洗。

管道清洁完毕后，可使用化学消毒剂或热水循环处理。所有步骤均需将管道完全充满以处理内表面。

4. 笼网和其他纤维材料

网箱养殖的网具通常很大，难以处理。通常由易挂住有机物和水分的纤维材料制成，有大量生物污垢。网具因受污染可能性大且难以消毒，应专用于某水产养殖场或某区域。

把网具从水中取出后应直接运送到清洗地点。消毒前应彻底清洁网具，去除有机物质，利于化学消毒剂渗透。网具清洁最好先去除粗糙生物污垢，再用清洁剂清洗。水和有机物应以生物安保的方式处理。

清洁后可将网具完全浸入化学消毒剂或热水中消毒。作用时间应足以使消毒剂或热水渗透到网材中。此过程可能会对网的强度产生不利影响。决定应用何种处理方法须考虑到这一点，以确保网具完好。消毒后，应在网具充分干燥后再储存，因为如果把未干透的网卷起来储存，剩余水分会增加病原存活。

其他纤维材料如木材、绳索和浸渍网具有与笼网类似特征，对这类设备消毒需特别注意。如可能的话，建议定点使用含纤维材料的设备。

5. 车辆

车辆污染的可能性取决于其用途，例如运输死亡水生动物、活水生动物、捕捞的水生动物。所有可能受污染的内部和外部表面均应消毒。应特别注意可能受污染的部位，如容器和管道的内表面、运输水和废弃物等。应避免对车辆使用腐蚀性消毒剂，如果使用腐蚀性消毒剂，消毒后应彻底冲洗，去除腐蚀性残留物。基于氯化物的氧化剂类消毒剂是最常用的车辆消毒剂。

应对所有船只进行常规消毒，确保不会传播病原。船的污染程度取决于其用途。用于捕捞或从水产养殖场运走死亡水生动物的船只应被视为污染可能性极高。应定期清除甲板和工作区的有机物质。

确定可能受污染的区域应作为消毒计划的一个步骤，例如机器内部及周围、储水箱、舱底和管道。所有可拆卸的设备均应拆下，与船体分开进行清洗和消毒。对于运送活鱼的船只还应制定额外的消毒程序，船只排放污水前应先进行消毒（参见第4.3.11条），否则排放出受污染的水可能会导致病原传播。

如可能，应将船只停靠在陆地或干船坞进行消毒，以限制废水流入水生环境，且易于消毒人员接近船体和目标区域。应去除可作为病原媒介的污染生物和污染物。

如果船只不能停靠在陆地或干船坞，应尽可能选择避免有毒化学品排入水生环境的消毒方法。潜水员应检查和清理船体。在适当的情况下，可考虑使用机械方法（如高压喷雾器或蒸汽清洁器）替代化学消毒法，在水线以上和以下进行清洁。大面积区域如可充分密封，也可考虑熏蒸。

6. 建筑

水产养殖场所包括用于养殖、捕捞、加工水生动物的场所以及其他与饲料和设备储存相关的建筑物。

根据建筑物的结构和与受污染材料及设备接触的程度，消毒方法会有所不同。

建筑物的设计应能允许进行有效清洁，并可对所有内表面使用消毒剂进行彻底消毒。一些建筑物内有难以消毒的复杂管道、机器和储罐系统，消毒前应尽可能清除建筑物内的杂物并清空设备。

雾化剂或发泡剂可用于复杂区域和垂直表面的消毒。建筑物如可充分密封，可考虑对大面积或难以进入的区域进行熏蒸消毒。

7. 容器

容器包括简单塑料箱（运输捕捞出水的水产动物或死亡水生动物）和运输活水生动物的复杂水箱系统。

容器材质通常是易于消毒的光滑无孔材料（如塑料、不锈钢）。容器因与水生动物或其产品（如血液、患病水生动物）直接接触，所以应被视为高风险物品。此外，容器在不同地点间移动，因而成为病原传播的潜在因素。如运输活水生动物，容器也可能装有管道和泵送系统以及密闭空间，均应加以消毒。

应从容器中排出所有的水，用清水将容器中的水生动物、粪便和其他有机物质冲掉，并以生物安保的方式进行处理。应检查和冲洗所有的管道和泵，然后用合适的化学清洁剂结合高压水清洗机或机械刮擦清洗容器。

容器的所有内外表面应使用适当的消毒方法进行处理，随后冲洗并检查，确保没有有机残留物，储存方式应保证可快速排干水和干燥。

8. 生物过滤器

闭合或半闭合水产养殖系统中使用的生物过滤器是防控疫病的重要控制点。生物过滤器的作用是通过维持有益菌菌落来提高水质。有利于有益菌群繁殖的条件也会有利于病原生存，消毒生物过滤器通常无法做到不破坏有益菌群。因此，规划生物过滤器消毒策略时，应考虑潜在的水质问题。

消毒生物过滤器及其基质应将系统排干，清除有机残留物，并清洁表面。消毒生物过滤系统可通过改变水的pH（使用酸性或碱性溶液）。进行此操作时，pH须足以灭活病原，但不应对生物滤池系统水泵和仪器等造成腐蚀。也可将生物滤池完全拆卸，去除生物滤池底物，另使用消毒剂单独清洗。采取紧急应对措施时，建议采用后一种做法。如不能对滤池底物进行有效消毒，则应更换底物。在清空后重新投放苗种前，应将生物过滤系统彻底清洗。

9. 饲养和捕捞设备

水产养殖场的饲养和捕捞设备与水生动物直接接触，有可能被污染，如分级机、自动免疫接种器和鱼用泵等。

本法典第4.3.4条所述一般原则适用于饲养和捕捞设备的消毒。应对每一设备进行检查，确定与水生动物直接接触部位和有机物质堆积部位。如有必要，应将设备拆卸，用消毒剂进行消毒，将设备彻底洗净。

第4.3.10条

个人防护装备

消毒个人防护装备应考虑使用中的污染可能性和程度。如可行，个人防护装备应定点使用，以避免经常消毒。

应选择不吸水、易清洗的个人防护装备。所有进入生产区的员工均应穿戴清洁、无污染的防护服。进出生产区域应清洁和消毒工作鞋靴，使用足浴清除积聚的有机物和污垢。足浴池中的消毒液应覆盖鞋靴，消毒液应不会被有机物灭活并定期更换。

某些个人防护装备（如潜水设备）不易消毒，且会在不同地点使用，还易发生化学腐蚀，所以需特别注意对这类装备的消毒。经常冲洗可减少有机物积聚，提高消毒效果。洗净后应彻底干燥，减少有利于病原滋生的潮湿微环境。

第4.3.11条

水的消毒

水产养殖场所需对进水和出水进行消毒以消除病原。需根据消毒目的和待消毒水的特性，选择最合适的消毒方法。

使用消毒剂前，须从待处理的水中移除水生动物，并去除悬浮物。病原会附着在有机物和无机物上，去除悬浮物可显著减少水中病原含量。过滤或沉降可去除悬浮固体。最合适的过滤系统取决于水的初始质量、过滤量、资金、成本和可靠性。

消毒水通常使用物理（如紫外线照射）、化学（如臭氧、氯和二氧化氯）消毒方法。消毒前应除去悬浮物，因为有机物可能会抑制氧化消毒过程，悬浮物会降低紫外线穿透率，降低紫外线照射效果。不同消毒方法如具有协同作用或需重复消毒时，联合使用不同消毒方法会大有益处。

必须检查对水的消毒效果。可通过直接检测病原、间接检测指示性生物或消毒剂残留水平等进行管理。

合理管理化学消毒剂残留可避免对水生动物产生毒性。例如，臭氧和海水之间形成的残留物（如溴化物）对处于早期阶段生长的水生动物有毒性。过滤去除这些残留物可使用活性炭，去除水中残余氯应通过化学失活或放气的方法。

注：于2009年首次通过，于2017年最新修订。

第4.4章　关于鲑鱼卵表面消毒的建议

第4.4.1条

引言

　　孵化场对鲑鱼卵进行消毒是避免病原在孵化器之间和养殖设施之间传播的一项重要卫生措施，是孵化场日常卫生管理规程的一部分。消毒处理对鲑鱼卵的国际贸易也至关重要，可在国家、地区、生物安全隔离区之间防止病原传播。虽然一般来说，使用消毒剂对卵表面和生殖液进行消毒是有效的，但不能防止垂直传播。

　　鲑鱼卵可用多种化学物质进行消毒，最常用的方法是聚维酮碘等含碘消毒剂。

　　常用的碘伏消毒剂是聚维酮碘溶液，其优点是pH为中性，无刺激性，相对无毒性。中性pH益于减小毒性和保障消毒效果。建议按照厂家操作说明，确定可能会受pH影响的情况。如果使用其他含碘消毒剂，应确保正确进行缓冲以稳定溶液pH。

第4.4.2条

鲑鱼卵消毒程序

　　此消毒程序适用于鲑新受精卵或发眼卵。新受精卵应在开始硬化后进行消毒。虽然此消毒程序对于硬化处理卵相对安全，但不推荐用于未受精或受精期间的卵。碘伏溶液的pH需维持在6～8。

　　应采取以下鲑鱼卵消毒方案：

1）用0.9%～1.1%无菌盐水漂洗（30～60秒），去除有机物；

2）然后用含100×10^{-6}有效碘的碘伏溶液浸泡至少10分钟。注意检查碘浓度，确保维持有效的浓度水平。鱼卵和碘伏溶液的比例最大为1∶4；

3）再次用0.9%～1.1%无菌盐水漂洗30～60秒；

4）存放在无菌水中。

　　所有漂洗和消毒溶液应用无菌水配制。如果碘伏溶液pH过低，可用碳酸氢钠（$NaHCO_3$）调节。

注：于2015年首次通过，于2017年最新修订。

第4.5章　应急预案

第4.5.1条

许多疫病对全球水产养殖业和野生水生动物群构成潜在威胁，这些疫病如传入无疫国或已建立控制体系和根除计划的国家，将会带来重大损失。为了减少此类损失，水生动物卫生主管部门必须能够迅速采取行动，为此应在发生疫情前制定一个或多个应急预案。

第4.5.2条

立法

成员须制定执行应急预案所需的必要法律条款。法律规定应包括：制定一份需采取应急措施的疫病目录，检出疫病后如何管理，如何进入疫区/疑似发病区，以及其他必要的法律规定。

第4.5.3条

危机处理中心

成员必须建立负责协调和执行各种控制措施的危机处理中心（疫病控制中心）。这种中心可设在中央或地方层面，取决于各国/地区的基础设施状况。应广泛分发一份危机处理中心名单，这些中心均具备实施控制措施的条件。

在应急预案中应阐明，危机处理中心有权联系所有直接或间接参与疫情暴发管理工作的人员、机构和水生养殖场等，以迅速采取疫情控制措施。

第4.5.4条

人员

应急预案应含控制措施执行人员的相关信息，明确岗位职责，并就指挥链加以说明。

第4.5.5条

指南

国家制定应急预案应提供一套完整方案，详细说明在证实或疑似发生某水生动物疫病时应采取的行动。内容包括：

1）国家参考实验室采用的诊断程序；

2）必要时在OIE参考实验室确认诊断；

3）为现场水生动物卫生人员制定长期适用的指导手册；

4）水生养殖场处理和清除死亡水生动物的指导手册；

5）卫生屠宰指导手册；

6）当地疫病控制指导手册；

7）建立隔离区和观测（监测）区的指导手册；

8）关于指定区域内水生动物移动控制的规定；

9）消毒程序；

10）休渔程序；

11）为成功根除疫病而制定的监测方法；

12）重新养殖程序；

13）赔偿方案；

14）报告程序；

15）关于提高公众对水生动物疫病认识的措施。

第4.5.6条

诊断实验室

已制定应急预案的成员应建立设备齐全的国家参考实验室，以便能够迅速诊断水生动物疫病。国家参考实验室需就迅速运输样本、质量控制规程、诊断程序等制定一套指南。

第4.5.7条

培训项目

已制定应急预案的成员必须制定必要的培训计划，确保参与基层工作、行政管理和疫病诊断的人员具备相应能力。应针对行政人员和水生动物卫生工作负责人开展定期和不定期的实地演练，以保持备战状态。

注：于2000年首次通过。

第4.6章　休　　渔

第4.6.1条

引言

在水产养殖业采用间歇式生产的方式有利于恢复或重建当地环境。休渔是这一策略的组成部分，有助于清除养殖场中的病灶，切断感染循环。休渔常作为水产养殖的常规疫病处理措施，尤其是在使用过的养殖场引进新的水生动物群前。为提高水产养殖卫生水平，国家水生动物卫生机构可鼓励将休渔作为一项常规疫病管理策略，并将休渔可能带来的收益与其经济成本进行比较。水生动物卫生机构还应考虑当地和国家水产养殖的风险水平，以及对疫病严重性的认识、感染周期和病原分布、社会经济条件、与一般水产资源有关的利益等因素。感染期未知时，养殖场应休渔一段时间，休渔时间长短视风险评估结果而定。

一个国家正在针对某疫病执行官方扑杀政策时，水生动物卫生机构应要求已被感染的水产养殖场和官方确定的疫区内所有其他养殖场均进行休渔，必要时休渔可同步进行。

第4.6.2条

立法

休渔可成为一项强制性措施，如在确立或恢复无疫区等情况下。各国应就水产养殖场休渔制定一个法律框架。法律条款应包括：

1）　确定在出现疫病何种情况下需实施休渔或同步休渔；

2）　依据风险评估结果针对每一疫病确定应采取的具体措施，包括消毒措施和重新引进易感动物前的休渔期时限；

3）　经主管部门批准重新养殖易感动物后，确定一个检测和诊断期，以验证养殖场内是否已无相关疫病。

第4.6.3条

实施法定休渔计划的技术参数

完成以下工作后，养殖场应立即实行休渔：

1） 清除所有对相关疫病易感的水生动物；且

2） 清除所有可作为相关疫病病媒的物种；且

3） 酌情清除所有其他物种；且

4） 如可行，清除存放感染动物的水；且

5） 清除被污染或可能携带传染物的设备和材料，或按照水生动物卫生机构认可的标准进行消毒。

确定法定休渔期时限应基于科学依据，包括证明病原在水生动物宿主体外和在当地水生环境中仍保持传染性，可导致养殖场再度出现感染。应考虑的因素包括疫病暴发范围、当地现有宿主种类、病原存活力和感染力特性，以及当地气候、地理和水文因素，也应包括给当地水产养殖业和水产资源带来的风险水平。应采用科学的风险评估方法来确定休渔期时限长短。

第4.6.4条

指南

制定休渔措施的国家应制定一套详细的休渔前水产养殖场消毒指南。为此，应参照本法典第4.3章和《水生手册》第1.1.3章的内容，并结合相关病原处理方法有效性的最新科学知识。

第4.6.5条

恢复养殖

在休渔期结束并获得主管部门许可之前，实施强制休渔的水产养殖场不得恢复养殖。进行再养殖时，应注意不要使用会影响休渔目的的水生动物。

为了提高休渔质量和效果，所有进行强制休渔的水产养殖场在重新养殖易感动物后，应在一段时期内处于官方密切监测之下。应根据相关疫病和当地状况，决定监测持续时间和强度。

注：于2003年首次通过，于2016年最新修订。

第4.7章 水生动物废弃物的管理、处置和处理

第4.7.1条

引言

本章旨在为水生动物废弃物的贮存、运输、处置和处理提供指导，以控制相关水生动物卫生风险。本章提供的是一般性建议，选择一种或多种推荐方法应遵守当地和国家的相关法律。

处置方法应考虑多种因素，包括死亡原因。可针对每个处置方案进行风险评估。

为控制疫病而屠宰动物或出现大量异常死亡时，处置措施可能需经主管部门批准或在其监督下实施。

在水产养殖场或野生环境中发生大量水生动物异常死亡事件时，应通报主管部门，以便采取必要措施处置死亡动物，将水生动物疫病蔓延风险降至最低。

第4.7.2条

范围

本章涉及的水生动物废弃物来自：ⅰ）水产养殖场日常运作；ⅱ）陆地加工（无论动物来源如何）；ⅲ）为控制疫病而进行的大规模屠宰，ⅳ）大量动物死亡（包括野生环境）。

第4.7.3条

定义

水生动物废弃物指已死亡或为控制疫病而宰杀的水生动物的整个或部分胴体，以及被屠宰且不用于人类消费的水生动物或其部分胴体。

高风险废弃物指对水生动物/人类健康构成或可能构成严重威胁的水生动物废弃物。

低风险废弃物指除高风险废弃物以外的水生动物废弃物。

第4.7.4条

管理

主管部门应监督水生动物废弃物的高效和有效处置。所有与水生动物卫生工作有关的机构和利益相关方应积极合作，以保证安全处置水生动物废弃物。在这方面，应考虑以下问题：

1）在与利益相关方合作的过程中，相关人员应可获得物力和后勤保障，并可获取相关数据，包括主管部门应可获得水生动物废弃物；

2）控制移动。在一定的生物安保条件下可做出特许决定，如把水生动物废弃物运送到另一地方进行处置；

3）由主管部门与包括负责人类卫生和环境部门在内的其他政府机构协商，决定处置的方法和地点，以及必要设备和设施。

第4.7.5条

储存、运输和标识

收集好水产动物废弃物后，应尽量缩短存储时间。如不得不存储，应保证充足的储存能力。同时，主管部门会要求采取一些额外措施。

存储区域应与水产养殖场和水体隔开，使病原传播风险降至最低。存储水生动物废弃物的容器应防漏，并能防止水生动物、其他动物或鸟类和未经允许的人员接触废弃物。

未经主管部门许可，不得运输感染或疑似感染本法典所述疫病水生动物废弃物。OIE成员主管部门可根据本国或地区相关疫病状况对此进行决策（例如本法典所述疫病在该成员境内是地方流行性疫病）。

低风险废弃物如被高风险废弃物污染，则应被视为高风险废弃物。

用于运输水生动物废弃物的容器应防漏，标签上须注明运载物品。运输时应附有相关文件，详细说明来源、装载物品和目的地，以便在需要时能予以追溯。

如本法典第4.3章所述，运输设备在归还前应加以清洗和消毒。

第4.7.6条

处置厂的审批和运作要求

1. 审批申请

所有水生动物废弃物处置厂均应由主管部门批准，但不用于动物产品处置而只使用低风险废弃物生产的处置厂可免批，但应由主管部门予以登记。

2. 审批条件

水生动物废弃物处置厂应满足以下条件：

a) 尽量远离传播污染物的道路、水体和其他场所（如水产养殖场、屠宰场、加工厂等），以尽可能降低病原传播风险；

b) 处置厂的设计和设备满足主管部门的要求；

c) 可使用获准或认可的实验室；

d) 符合主管部门关于处理水生动物废弃物及产品的要求。处置厂的任何重大变动均应经主管部门批准。

如处置厂不再符合主管部门规定的标准，则应酌情撤销或暂停其经营许可。

3. 操作要求

处置厂应按操作规程运作，以最大限度地降低病原传播风险，包括：

a) 将清洁区域和不清洁区域分开，应考虑工作流程及工作人员卫生规范；

b) 设备和作业表面应易于清洗和消毒；

c) 收到水生动物废弃物后应尽快予以处理；

d) 污水在排除前应收集和消毒；

e) 采取防止鸟类、昆虫、啮齿动物或其他动物进入处置厂的措施；

f) 为溯源建立登记和标识体系。

处置厂应设立一个识别和控制关键控制点的内部控制系统，并应针对内部控制建立一个专门的文件管理系统，包括对关键控制点进行抽样检查。

应抽查加工后各批次产品的微生物水平，源自焚烧厂的产品可免于此类检查。主管部门可在特定条件下准许免检。

处理过的高风险废弃物制成的产品经测试如不达标，会带来病原传播风险，处置厂应立即向主管部门报告。主管部门会要求采取附加措施。未经主管部门许可，这些产品不得运出处置厂。

由主管部门决定各种样本及其检查结果的保存时限。应按照国际标准进行分析和采样。

处置厂如采用基于压力和时间的废弃物处理方法，应能测量和记录这些参数。

处置厂应保留相关记录，包括收到的原料数量和类型、供应商、成品的数量和种类、收货人、关键检查点、与相关规定之间的差距等。这些记录应随时可提供给主管部门。

第4.7.7条

高风险废弃物的处置方法

建议按照以下方法处置高风险水生动物废弃物：

1. 化制（Rendering）

化制法可使所有已知的水生动物病原灭活。

化制通常在一个封闭系统中进行，在一定温度下经过一段时间的机械加工，生产出稳定的无菌产品，如鱼粉和鱼油。

典型处理程序通常将废弃物原料预热至50～60℃，然后在95～100℃下加热15～20分钟，再在90℃下通过压力和离心分离油脂和蛋白质。粉料产品需进一步高温处理。

2. 焚化（Incineration）

焚化是在固定式或移动式焚烧炉里进行的可控燃烧过程。移动式气帘焚化炉可在现场使用，无需运输水生动物废弃物。

焚化炉只能处理数量有限的水生动物废弃物。

3. 灭菌（Sterilization）

灭菌要求核心温度至少为90℃，并至少处理60分钟，也可使用其他等效的时间与温度组合。

4. 堆肥（Composting）

堆肥不能灭活所有病原，因此，堆肥前应将高风险废弃物加热（85℃下25分钟或其他等效的温度与时间组合）。

有效的堆肥取决于pH、温度、湿度和时间等因素。根据堆肥类型（如料堆形式、使用密闭容器等）、使用的原料和气候条件，堆肥过程中的温度变化和温度分布可能会有所不同。

采用料堆形式时，全部原料需在55℃下至少发酵2周，而使用密闭容器则需在65℃下发酵1周。

5. 沼气生产（Biogas production）

沼气生产不能灭活所有病原。因此，生产沼气前应对高风险废弃物加以处理，确保灭活病原。处理方法应能保证灭活所有相关病原。

沼气生产是生物废弃物中的有机物在厌氧条件下发酵的过程。

嗜温性厌氧菌消化和嗜热性厌氧菌消化是两种主要的沼气生产形式。

这两类反应通常都是持续进行的，每隔2～12小时需移走一部分成品，在反应器中只停留了2～12小时的新添加的原料可能会和成品一起被取走。

6. 青贮法（Ensiling）

青贮法不能灭活所有病原，因此，开始青贮前应将高风险废弃物加热（85℃下25分钟或其他等效的温度与时间组合）。

将水生动物废弃物置于甲酸等有机酸中进行青贮是一种有效的处理方法，可在48小时内杀灭大多数病原。在青贮过程中，应将pH保持在4.0或更低。

7. 填埋（Burial）

填埋可在垃圾填埋场进行，也可根据对水生动物卫生、公共卫生和环境影响的风险评估，在主管部门批准的地方进行填埋。

如可能，应在填埋前对水生动物废弃物进行处理，确保灭活病原。

选择合适的填埋地点应考虑以下几点：

a）　地点：应考虑焚烧产生的热气、烟雾和气味可能对附近建筑物、地下和地上公用设施、道路和居民住宅区造成的影响。四周应适当建有防火带。

b）　通道：应便于水生动物废弃物运输设备和工具进出。必要时还应设置围栏，并控制人员和车辆出入。

c）　建造填埋坑：避免岩石区。应选择具有良好稳定性且能承受重型挖坑和填坑设备的土壤。必要时可修建导流系统，防止地表水流入和液体从坑内溢出。根据填埋水生动物废弃物的体积决定填埋坑的尺寸，应便于填埋。

d）　封闭填埋坑：应按每1 000千克水生动物废弃物加85千克生石灰（氧化钙）的比例覆盖废弃物，以加快分解和防止食腐动物靠近。

8.　堆积焚烧（Pyre-burning）

该方法可能不适合处理数量较大的水生动物废弃物。选择焚烧地点需考虑以下因素：

a）　地点：应考虑焚烧产生的热气、烟雾和气味可能对附近建筑物、地下和地上公用设施、道路和居民住宅区造成的影响。四周应适当建有防火带。

b）　通道：应方便运送搭建火场和保持火力的设备，方便运送燃料和水生动物废弃物。

焚烧需大量燃料，所需燃料应在开始焚烧前全部运至现场。如焚烧方法正确，水生动物废弃物应在48小时内完全被销毁。

离开焚烧现场时，应消毒车辆和装运箱。

高风险废弃物可采用经主管部门批准的任何能确保等效降低风险的处理方法。

第4.7.8条

低风险废弃物的处置方法

低风险废弃物可采用第4.7.7条中介绍的所有方法进行处理。堆肥或沼气生产无需在处置前对低风险废弃物进行加热。

此外，也可选用以下方法：

1.　青贮法（Ensiling）

将水生动物废弃物置于甲酸等有机酸中进行青贮是一种非常有效的处理方法，可在48小时内灭活大多数病原。在青贮过程中，应将pH保持在4.0或更低。

主管部门可要求在采用第4.7.7条所述任一方法进行处理前，先用青贮法处理废弃物。

2. 巴斯德灭菌法（Pasteurisation）

巴斯德灭菌法不能灭活所有病原。温度低于100℃的热处理可视为巴斯德灭菌法，也可采用各种等效的时间和温度组合。

此外，在进行风险评估后，主管部门可允许使用其他方法处理低风险废弃物，或将之用于其他用途。

第4.7.9条

大规模死亡事件

水生动物大量死亡可能是自然事件，也可能是以控制疫病为目的进行大规模屠宰的结果（参见第7.4章）。这时需处置大量死亡动物，且往往会受到公众和媒体的密切关注。主管部门应根据科学原则进行处置操作，避免病原传播，同时应考虑公共卫生和环境问题。

1. 准备工作

事先做好规划和准备工作有利于在最短时间内顺利完成处置工作：

a）所有相关政府机构和包括行业协会、动物福利组织、紧急应对机构、媒体等在内的利益相关方均应参与准备工作；

b）应制定出标准操作程序（包括有关决策和员工培训的书面程序等）；

c）预先制定获取应急处置行动资金的机制；

d）参与处置工作的官方人员、利益相关方、政府官员和媒体之间必须做到信息共享。应任命一名掌握第一手消息的发言人，随时回答各种询问；

e）物资准备计划应涉及工作人员、运输、仓储设施、设备、燃料、防护服和后勤支持。有时会需要活鱼运输船等特殊设备。

2. 关键因素

在规划和实施过程中需考虑的关键因素：

a）迅速处置死亡水生动物；

b）处理和处置方法应考虑能力问题和病原传播风险；

c）拥有充足的资金和人力资源；

d）降低病原通过病媒和污染物传播的风险；

e）与利益相关方合作；

f）人员安全问题；

g）环保问题；

h）社会接受度。

3. 选择处置方法

主管部门可将死亡水生动物定为高危险或低风险废弃物，并根据风险高低选择相应处置方法（参见本章第4.7.7条和第4.7.8条）。

如在邻国边境附近使用所选择的处置方法，则应通知邻国主管部门。

注：于2010年首次通过。

第4.8章   水生动物饲料中的病原控制问题

第4.8.1条

引言

饲料可成为水生动物疫病传染源。

由于水生动物通常是水生动物饲料的主要成分，而且使用半加工、未加工和鲜活水生动物作为饲料仍是一种常见做法，因此应规避通过饲料传播疫病的风险。

第4.8.2条

目的和范围

本章目的是解决通过饲料传播水生动物传染病的问题，防止病原进入和扩散到没有这些病原的国家、地区或生物安全隔离区。

本章适用于所有用作饲料和饲料成分产品的生产和使用，无论是商业生产还是养殖场生产。

应采用风险分析原则（参照第2.1章）确定与水生动物饲料生产和使用相关的风险。

本章是对国际食品法典委员会（CAC）《动物饲养良好操作规范》（CAC/RCP54—2004）的补充。

第4.8.3条

职责

主管部门的职责如下：制定和执行与动物饲料有关的监管要求，核查法规执行情况，提高从业者对水产养殖中使用未加工或半加工饲料相关风险的认识。

饲料生产者有责任确保饲料生产不会造成水生动物疫病传播。应酌情建立生产记录，制定应急预案用于追踪、召回或销毁不合格产品。所有参与收集、生产、运输、存储和处理饲料和饲料原料的人员均应接受专业培训，并了解他们在预防水生动物传染病传播中的作用和责任。生产、储存、运输饲料和饲料原料的设备应保持清洁和良好的运行状态。

水生动物养殖场业主和管理者应遵守法规要求，并在养殖场实施生物安保计划，以控制与使用半加工、未加工饲料和鲜活饲料相关的风险。规避风险可通过以下方法：确定无疫病源并进行记录以备追溯，实施降低养殖场风险的措施，及早发现传染病。

向生产者及饲料制造业提供专业服务的私人兽医和其他水生动物卫生专业人员应遵守与其服务相关的特定法规（如疫病通报、质量标准、透明度等）。

第4.8.4条

与水生动物饲料有关的危害

饲料和饲料原料中可能存在的生物危害指细菌、病毒、真菌和寄生虫等病原。本法典的建议所涉范围包括OIE名录疫病以及对动物卫生产生不利影响的病原。

本章不涉及与饲料和饲料原料有关的化学和物理危害。

在动物饲料中使用抗微生物制剂引起的耐药性见本法典第6篇。

第4.8.5条

风险途径和暴露

在收集、运输、储存和加工过程中，饲料原料可能会被病原污染。同样，在饲料的生产、运输、储存和使用过程中也可能发生污染。加工和生产、运输和储存过程中不良的卫生习惯是病原污染的潜在诱发原因。

水生动物可直接暴露于饲料中的病原，也可因接触被饲料污染的环境而间接暴露。

第4.8.6条

风险管理

1. 使用安全的饲料和饲料原料

一些饲料产品经过热处理、酸化、压榨、提取等不同工序加工。加工程序如按照《良好生产操作规范》（GMP）的要求进行，病原在这些产品中存活的可能性微乎其微。

评估饲料或饲料原料商品的安全性可根据本法典第5.4章中的标准。

本法典第8篇至第11篇每一疫病章节第×.×.3条列出了安全的饲料或饲料原料商品种类。

主管部门还应考虑从无疫国家、地区或生物安全隔离区采购饲料和饲料原料。

2. 使用因原产地可能污染而含病原的饲料和饲料原料

使用可能含病原的饲料和饲料原料时，主管部门应考虑采取以下降低风险的措施：

a）根据下文（第8篇至第11篇）每一疫病章节第×.×.10条（第10.4章见第10.4.14条）所述，使用主管部门批准的方法对产品进行处理（热处理或酸化）；或

b）确认（如通过测试）商品中不存在病原；或

c）仅在非易感群体中使用饲料，且易感物种不会与饲料或其废弃物接触。

3. 饲料生产

为防止饲料和饲料原料在加工、生产、储存和运输过程中被病原污染，建议采取以下措施：

a）在处理两批产品之间应对生产线和储存设施进行冲洗、排序或物理清洗；

b）饲料和饲料原料加工厂房和设备应便于卫生操作、维护、清洗，以防污染；

c）饲料生产厂的设计和运行方式应避免批次间的交叉污染；

d）加工后的饲料和原料应与未加工的饲料原料分开存放且条件适宜；

e）应保持饲料和饲料原料、加工设备、储存设施及其周围环境的清洁；

f）在适当情况下，应采取病原灭活措施，如热处理；

g）产品标签上应提供饲料和饲料原料的信息，包括批次/批号、生产时间和地点，以利于饲料和饲料原料的追溯。

注：于2008年首次通过，于2015年最新修订。

第5篇
进出口贸易措施和卫生证书

第5.1章　关于签发卫生证书的一般性义务

第5.1.1条

促进水生动物及水生动物产品国际贸易应考虑诸多因素，以避免给人类和水生动物卫生带来不可接受的风险。

鉴于各成员的水生动物卫生状态不同，本法典提供了多种选择。在确定贸易卫生要求前，应考虑出口国、过境国及进口国的水生动物卫生状态。为更好地协调国际贸易中诸多水生动物卫生问题，成员主管部门应根据OIE的标准制定其进口要求。

这些要求应包含在按照本法典第5.11章国际水生动物卫生证书范本起草的证书中。

证书应简明而准确，明确说明进口国的要求。为此，进口国和出口国主管部门有必要事先进行协商，这将有助于确定证书具体内容。

证书应由主管部门授权负责检查工作的出证官员签发并签字，并由主管部门在证书上签字和/或加盖公章进行认可。证书不得对不会传播疫病的贸易商品规定条件。证书应按照第5.2章的规定签署。

一成员主管部门官员如希望就他国主管部门关注的业务问题对其进行访问，需预先通知对方。此类访问应由两国主管部门协商决定。

第5.1.2条

进口国的责任

1）国际水生动物卫生证书中注明的进口要求应能确保输入进口国的商品符合OIE标准。进口国应使其要求与OIE相关标准中的建议保持一致。如果没有这样的建议，或进口国选择比OIE标准更严格的措施，则应根据本法典第2.1章的进口风险分析。

2）国际水生动物卫生证书不应含针对进口国境内存在的、官方控制计划之外的病原或水生动物疫病的要求。针对病原或水生动物疫病风险的进口限制措施不应比进口国国内现行官方管控措施更严格。

3）国际水生动物卫生证书不应含针对OIE名录之外的病原或疫病的要求，除非进口国根据本法典第2篇所开展的进口风险分析显示病原或疫病对进口国构成重大风险。

4）进口国主管部门向另一国主管部门之外的人员传送有关证明文件或告知进口要求时，须同时将文件副本送交出口国主管部门。在证书或许可证的真实性未确定时，这一重要程序可避免贸易商和主管部门之间可能出现的延误和困难。

传递文件是出口国主管部门的责任，但如经主管部门批准和授权，商品原产地私营部门兽医亦可承担此项工作。

5）签发证书后，如收货人、运输工具标识或口岸等发生变更，而这些变更没有改变货物的水生动物卫生状态或公共卫生状态，则不应拒收证书。

第5.1.3条

出口国的责任

1）出口国应根据要求向进口国提供下列信息：

　　a）有关水生动物卫生状态及国家水生动物卫生信息系统方面的信息，以确定出口国是否为OIE名录疫病的无疫国或是否拥有OIE名录疫病的无疫区或生物安全隔离区，以及为获得无疫状态所采取的措施等，如历史无疫、无易感物种或开展目标监测，包括为维持无疫状态所实施的规章和程序等信息；

　　b）定期和及时发布有关OIE名录疫病发生情况的信息；

　　c）关于国家预防和控制OIE名录疫病能力的详情；

　　d）主管部门架构及行使职权方面的信息；

　　e）技术信息，特别是该国或该国部分地区采用的生物学检测方法和疫苗信息。

2）出口国主管部门应：

　　a）已制定关于出证官员资格授权的正式程序，该程序应明确规定出证官员的作用与职责，以及业务监督和问责措施，包括临时吊销或取消其出证资格；

　　b）确保对出证官员提供相关指导及培训；

　　c）监督出证官员的工作，确保遵守诚信及公正性原则。

3）出口国主管部门对在国际贸易中使用的证书负最终责任。

第5.1.4条

与进口相关的事故责任

1）在国际贸易中，需始终履行道德责任。因此，在出口后的合理期限内，如发生或再次发生国际水生动物卫生证书中所涉疫病或其他对进口国有潜在流行病学意义的疫病，则主管部门有义务通报进口国，以便对进口的水生动物进行检查或检测，以采取适当措施，防止意外传入疫病的扩散。

2）水生动物如发生疫病并与进口商品有关，应告知出口国主管部门，以便进行调查，因为这可能是原无疫水生动物群体首次发病的第一手材料，并应将调查结果告知进口国主管部门，因为如果感染源不在出口国，可能需采取进一步行动。

3）如有合理理由怀疑某国际水生动物卫生证书不属实，进口国和出口国的主管部门应对此进行调查，还应考虑通知任何可能被牵连的第三国。在调查结果出来前，应将所有相关货物置于官方管控之下。所有相关国家的主管部门应全力配合调查。如发现国际水生动物卫生证书有假，应尽一切努力查明责任人，以便依法处置。

———————————————

注：于1995年首次通过，于2017年修订。

第5.2章　出证程序

第5.2.1条

出证官员职业诚信保障

证书签发应坚守职业道德规范，其中最重要的一点是出证官员遵守和保障职业诚信。

证书中应只包含出证官员能够准确和如实签发的具体细节。例如，不应要求证明某地区没有进口国无需申报的疫病或出证官员不一定了解的其他疫病信息。对于证书签发后发生的不在出证官员直接控制和监督下的事件，不得要求出证官员对此进行核证。

第5.2.2条

出证官员

出证官员应：

1）具有出口国主管部门签发国际水生动物卫生证书的授权；

2）签发证书时，仅可就其确实了解的事项或主管部门批准的其他职能机构验证过的事项提供证明；

3）签字前应检查证书内容是否填写完整和正确。如需其他证明文件，出证官员必须在签字前已核实或获得这些证明材料；

4）与待证明的水生动物或水生动物产品在商务上不存在利益冲突，并与相关商家无关联。

第5.2.3条

国际水生动物卫生证书的编制

起草证书应遵循下列原则：

1）证书设计应尽可能减少潜在的造假风险，包括使用唯一性标识数字或其他确保安全的方法。纸质证书应含出证官员签字和证书主管部门公章。在多页证书的每一页上都应标明证书的唯一编号、总页数及本页页码。电子出证程序也应具有类似的防伪安全措施。

2）证书用语应尽量简明易懂，且不失其法律意义。

3）如需要，证书应以进口国语言书写，且采用出证官员能看懂的文字。

4）出具证书应要求对水生动物及其产品进行标识，除非无法标记（如发眼卵）。

5）出具证书不能要求出证官员证明超出其知识范围或无法证实的内容。

6）如有必要，向出证官员提交证书时应附上指导说明，说明证书签发前应进行的调查、实验和检查等内容。

7）证书文本不能涂改，由出证兽医签字并盖章的删除部分除外。

8）签字和盖章的颜色应与证书印刷颜色不同，钢印章无需采用不同颜色。

9）进口国只应接受证书原件。

10）如原证书丢失、损坏、有误或原始信息不再正确，主管部门可另行签发、补发证书以取代原证书。这种补发证书应由签发机构提供，并清楚说明原证书已由此补发证书取代。在补发证书上应注明被其取代的原证书编号和签发日期。应将原证书注销，如可能，将其退还给签发机构。

第5.2.4条

电子证书

1）出口国主管部门可通过电子数据交换直接将证书发送给进口国主管部门。

　　a）电子证书出证系统通常应具有与商业组织的交互接口，供商业组织向出证机构提供相关商品信息。出证官员可获得包括水生动物来源和实验室结果在内的所有必要信息。

　　b）交换电子证书时，为充分利用电子数据交换，主管部门应使用国际标准化语言、信息结构和交换协议。联合国贸易便利化和电子商务中心（UN / CEFACT）提供了关于标准化可扩展标记语言（XML）中的电子证书以及主管当局之间安全交换机制的指导。

　　c）应通过证书、加密技术、不可否认机制、受控和经审查的访问以及防火墙等数字认证来确保电子数据交换方法的安全性。

2）电子证书应与纸质证书内容相同。

3）主管部门必须设置确保电子证书安全的系统，防止未授权个人或机构获取证书。

4）出证官员对其电子签字的安全使用承担正式责任。

注：于1995年首次通过，于2015年修订。

第5.3章 与世界贸易组织《卫生和植物卫生措施协定》有关的OIE程序

第5.3.1条

《卫生和植物卫生措施协定》以及OIE的作用和责任

《卫生和植物卫生措施协定》（以下简称《SPS协定》）鼓励世界贸易组织（以下简称WTO）成员根据现有国际标准、准则和建议制定其卫生措施。成员可选择实施比国际标准更严格的卫生措施，如这些措施为保护水生动物或人类健康所必需，并通过风险分析证明其科学合理性。在这种情况下，成员应保持风险管理措施一致性。

为提高透明度，《SPS协定》第7条规定，WTO成员有义务通报可能直接或间接影响国际贸易卫生措施的变更，并提供相关信息。

《SPS协定》承认OIE是负责制定和促进影响水生动物和水生动物产品贸易的国际动物卫生标准、准则和建议的国际组织。

第5.3.2条

卫生措施等效性判定方法概述

进口水生动物和水生动物产品对进口国的水生动物和人类健康具有一定风险。由于各成员的水生动物卫生管理系统、水生动物生产和加工系统各有不同，因此难以评估这种风险和选择适当的风险管理方案。尽管各成员拥有的体系和措施差别显著，仍可为进行国际贸易达到相同的水生动物和人类健康保护水平。

本章中的建议旨在帮助成员确定不同卫生措施体系是否达到相同的水生动物和人类卫生保护水平。本章提供了等效性判定原则，概述了贸易伙伴可遵循的分步式程序。这些原则适用于具体措施、特定商品或全系统的等效性判定。

第5.3.3条

关于卫生措施等效性判定的一般性意见

进行水生动物或其产品贸易前，进口国应确保其境内水生动物和人类健康得到合理保护。在大多数情况下，所采取的风险管理措施将部分依赖于对出口国水生动物卫生管理和水生动物生产系统的判断及其卫生措施有效性。出口国运行的系统可能不同于进口国和其他与进口国有贸易往来的国家，不同之处可能存在于基础设施、政策或操作程序、实验室系统、疫病控制措施、边境安全和内部移动控制等方面。

贸易伙伴如认可所采取的措施可达到相同保护水平，则这些措施即为等效。应用等效性措施的好处包括：

1） 通过根据当地情况调整卫生措施，最大限度地降低国际贸易相关费用；

2） 在给定资源投入水平下，将水生动物卫生结果最大化；

3） 通过贸易限制性水平较低的卫生措施实现所需保护水平，有利于促进贸易；

4） 减少对相对昂贵的检测的依赖性。

本法典认可卫生保护措施的等效性，建议针对多种疫病采取替代性卫生措施。例如，通过加强监测和监控、使用替代测试、治疗、隔离程序或上述措施组合来实现等效性。为便于判定等效性，成员应根据OIE的标准和指南制定卫生措施。

成员应将风险分析作为等效性判定的基础。

第5.3.4条

等效性判定的先决条件

1. 应用风险评估

风险评估为判定不同卫生措施的等效性提供了一个结构化基础，用于将一项措施对进口途径中某一步骤的影响与建议的替代措施进行比较。

等效性判定应将卫生措施防御某一或某组风险的效果与预期效果进行比较。

2. 卫生措施分类

等效性卫生措施可以是某项单一措施（如隔离或采样程序、测试或处理要求、认证程序）、一整套卫生措施（如一种商品的生产系统）或多项措施组合。卫生措施可先后或同时应用。

卫生措施在本法典各疫病章节均有描述，用以管理该疫病带来的风险。

为了判定等效性，卫生措施可大致分为：

a） 基础设施：包括立法基础（如水生动物卫生法）和行政系统（如兽医服务或水生动物卫生服务机构）；

b）　计划设计和实施：包括系统文件、绩效和决策标准，实验室能力、认证、审计和执行；

c）　具体技术要求：包括适用于安全设施使用、处理（如罐头蒸煮）、特定实验（如ELISA）和程序（如出口前检验）等方面的要求。

需判定其等效性的卫生措施可能属于上述一个或多个类别，彼此并不相互排斥。

在某些情况下，如病原灭活方法，仅需对具体技术指标进行比较即可判定其等效性。但在许多情况下，只能通过对出口国水生动物卫生和生产体系的所有组成部分进行全面评估，才能确定是否达到相同保护水平。

第5.3.5条

等效性判定原则

卫生措施等效性判定应基于下列原则：

1）　进口国有权设定被视为适合其境内人类和动物生命及健康的保护水平，该保护水平可用定性或定量的方式表示；

2）　进口国应能够说明采取各项卫生措施的理由，即针对某一风险通过实施某项措施所要达到的保护水平；

3）　进口国应认识到，实施与其建议的卫生措施不同的卫生措施，也可能达到同等保护水平，特别是应考虑是否存在无疫区或生物安全隔离区和安全的水生动物产品；

4）　进口国应根据要求与出口国协商，以便于判定等效性；

5）　对任何一项卫生措施或一套卫生措施均可判定其等效性；

6）　判定等效性应是一个互动过程，应步骤明确，共同商定信息交流程序，将数据收集限制在必要范围内，尽量减轻行政负担，发生争议时合理解决；

7）　出口国应能客观地证明其所提议的替代卫生措施如何提供同等保护水平；

8）　出口国应以便于进口国进行等效性判定的形式提供材料；

9）　进口国应根据风险评估原则，及时、一致、透明、客观地判断等效性；

10）进口国应考虑出口国兽医主管部门或其他主管部门积累的经验和知识；

11）进口国应考虑与其他出口国对于类似问题的处理；

12）进口国还可了解出口国与其他进口国对于类似问题的安排；

13）出口国应根据要求向进口国提供有关等效性判定的程序或系统信息；

14）进口国应是等效性的唯一决定者，但应向出口国就其判定提供充分说明；

15）为便于等效性判定，成员应根据OIE相关标准和指南制定卫生措施，成员可选择实施更严格的卫生措施，但需基于风险分析所得的科学依据；

16）为了在必要时对等效性重新进行评定，进口国和出口国应互相通报影响等效性判定的基础设施、卫生状况或方案等方面的重大变化；

17）如出口国提出请求，进口国可合理提供技术援助，这将有利于成功完成等效性判定。

第5.3.6条

等效性判定步骤

等效性判定并非必须遵循同一步骤顺序。贸易伙伴可根据具体情况和贸易经验选择步骤。以下所述交互式步骤顺序可用于评估任何卫生措施，如基础设施、方案设计和实施，以及水生动物生产或卫生管理系统领域的具体技术问题。

进口国须已履行WTO《SPS协定》规定义务，并采取基于国际标准或风险分析的透明措施。

步骤建议如下：

1）出口国确定拟提出的替代措施，并要求进口国说明采取卫生措施的理由，说明防范某一风险所要达到的保护水平。

2）进口国以有利于与替代措施进行比较的方式，并根据本法典规定的原则，解释采取卫生措施的理由。

3）出口国以便利于进口国进行评估的形式，证明替代措施的等效性。

4）出口国对进口国提出的任何技术问题作出回复，并进一步提供相关信息。

5）进口国进行等效性判定可酌情考虑以下因素：

　　a）生物变异和不确定性的影响；

　　b）替代卫生措施的预期效果；

　　c）OIE标准和指南；

　　d）风险评估结果。

6）进口国在合理期限内将其关于等效性判定结论及理由通知出口国。结论：

　　a）承认出口国替代卫生措施的等效性；或

　　b）要求提供更多信息；或

　　c）拒绝接受替代卫生措施的等效性。

7）在判定结论上如有分歧，双方应通过约定机制予以解决，如OIE关于争议调解的非正式程序（第5.3.8条）。

8）根据所涉卫生措施类别，进口国与出口国可非正式地承认等效性或签订正式等效性协议，以使等效性生效。

认可出口国替代卫生措施等效性的进口国，应确保等同对待第三国相同或相似措施的等效性认可申请。然而，等同对待并不意味着几个出口国提出的某项措施均应被视为等效，而应结合出口国的水生动物卫生状况综合考虑，避免孤立地考虑某项措施，将其作为基础设施、政策和程序体系的一部分。

第5.3.7条

建立无疫区或生物安全隔离区并获得国际贸易认可应采取的步骤

本法典中"地区"和"地区划分"与WTO《SPS协定》中"地区""区域"和"区域化"含义相同。

本法典第4.1章和各疫病章节均就建立无疫区或生物安全隔离区的具体要求进行了说明，贸易伙伴制定贸易卫生措施时应予以考虑。这些要求包括：

1. 地区划分

   a）出口国在其领土内确定一个地理区域，根据监测结果，表明该区域内的水生动物亚群某特定疫病状态明显不同。

   b）出口国依据本法典建议，在其生物安保计划中描述在该区域中实施的流行病学措施，将之与其领土其他地区加以区分。

   c）根据要求，出口国向进口国：

   ⅰ）解释为什么如上a）和b）点所述，该地区可被视为一个独立的国际贸易流行病学地区；

   ⅱ）提供有关建立该地区的程序或系统的信息。

   d）进口国决定是否接受一个地区为进口水生动物或水生动物产品的地区，应考虑到：

   ⅰ）评估出口国的兽医服务或水生动物卫生系统；

   ⅱ）根据出口国提供的信息和本国的研究而进行的风险评估结果；

   ⅲ）本国水生动物相关疫病状态；

   ⅳ）OIE其他相关标准或指南。

   e）进口国在合理期限内向出口国通知其决定及理由，包括：

   ⅰ）对地区划分的认可；或

   ⅱ）要求进一步提供信息；或

   ⅲ）拒绝将其作为适于国际贸易的地区。

   f）应尝试利用商定机制，如OIE非正式争端调解程序（第5.3.8条），暂时或最终解决与地区认可有关的任何意见分歧。

   g）进口国和出口国的兽医部门或其他主管部门应签订地区认可正式协议。

2. 生物安全隔离区

   a）根据与相关行业的讨论，出口国在其境内确定一个生物安全隔离区，该隔离区某一水生动物亚群分别饲养在一个或多个拥有共同管理措施和生物安保计划的设施，且该水生动物亚群的特定疫病状态不同于隔离区外。出口国描述如何通过本国兽医主管部门或其他主管部门与相关行业之间的伙伴关系维持该水生动物亚群疫病的卫生状态。

   b）出口国审查生物安全隔离区的生物安保计划，通过审核确认：

　　　　ⅰ）在该隔离区内有效实施生物安保计划，并以流行病学封闭方式进行日常操作程序；且

　　　　ⅱ）现有的监督和监测计划适于验证该水生动物亚群的疫病状态。

　c）出口国按照第4.1和4.2章的规定对生物安全隔离区进行描述。

　d）根据要求，出口国向进口国：

　　　　ⅰ）解释为什么如上文a）和b）点所述，该隔离区可被视为独立的国际贸易流行病学生物安全隔离区；且

　　　　ⅱ）提供有关建立该生物安全隔离区的程序或系统的信息。

　e）进口国决定是否接受其为进口水生动物或水生动物产品的生物安全隔离区，应考虑：

　　　　ⅰ）评估出口国的兽医服务或水生动物卫生系统；

　　　　ⅱ）根据出口国提供的信息和本国的研究而进行的风险评估结果；

　　　　ⅲ）本国水生动物相关疫病状态；

　　　　ⅳ）OIE其他相关标准或指南。

　f）进口国在合理期限内向出口国通知其决定及理由，包括：

　　　　ⅰ）对生物安全隔离区的认可；或

　　　　ⅱ）要求进一步提供信息；或

　　　　ⅲ）拒绝将其作为适于国际贸易的生物安全隔离区。

　g）应尝试利用商定机制，如OIE非正式争端调解程序（第5.3.8条），暂时或最终解决与生物安全隔离区认可有关的任何意见分歧。

　h）进口国和出口国的兽医部门或其他主管部门应签订生物安全隔离区认可正式协议。

第5.3.8条

OIE非正式争端调解程序

OIE采取基于自愿的内部机制，协助成员解决意见分歧。该内部程序如下：

1）双方同意委托OIE协助解决意见分歧。

2）如适用，OIE总干事根据双方的要求并经双方同意，推荐一位或多位专家和一位主席。

3）双方须商定委托职权范围和工作方案，并承担由此产生的OIE所有费用。

4）在评估或咨询过程中，专家或专家组有权要求任一方为其提供的任何信息和数据做出解释，或要求任一方进一步提供信息或数据。

5）专家或专家组应向OIE总干事提交一份机密报告，并由后者将其转交给争议双方。

注：于2013年首次通过，于2018年最新修订。

第5.4章　水生动物商品安全性评估标准

注：本章中，"安全"一词仅针对与OIE名录疫病相关的动物卫生问题。

第5.4.1条

关于为任何目的进口（或过境转运）水生动物产品进行安全性评估的标准（无论出口国、地区或生物安全隔离区相关疫病的状态如何）

在所有特定疫病章节（第8～11章）的第×.×.3条第1点列出了可为任何目的进口（或过境转运）的水生动物产品（无论出口国、地区或生物安全隔离区相关疫病的状态如何）。将水生动物产品列入第×.×.3条第1点的标准是水生动物产品无相关病原感染或通过处理/加工已使病原灭活。

只有在明确规定处理或加工方法时，才能利用处理或加工相关标准对水生动物产品的安全性进行评估。可能无需提供处理或加工完整过程详细信息，但需提供病原灭活关键步骤细节。

进口前的处理或加工应：（ⅰ）采用标准程序，包括病原灭活关键步骤；（ⅱ）根据良好操作规范进行；（ⅲ）任何加工、处理、后期处理步骤和运输不会危及这些水生动物产品的安全性。

标准

根据相关疫病章节第×.×.3条的规定，可安全进行国际贸易的水生动物产品应符合以下标准：

1）水生动物产品中无病原：

a）有充分证据表明，在水生动物产品的生产原料组织里无病原。

且

b）用于加工或运输水生动物产品的水（包括冰）没有病原污染，且在加工过程中，采取了防止水生动物产品交叉污染的措施。

或

2）即便在水生动物产品生产原料组织中存在病原或被病原污染，但经过处理或加工已将其灭活，如：

a）物理方法（温度、干燥、烟熏）；

和/或

b）化学方法（碘伏、pH、盐、烟熏）；

和/或

c）生物方法（如发酵）。

第5.4.2条

为食品零售进口或过境转运水生动物产品的安全性评估标准（无论出口国家、地区或生物安全隔离区相关疫病的状态如何）

软体动物疫病章节第×.×.11条第1点、两栖动物、甲壳动物和鱼类疫病章节第×.×.12条和第10.4.16条，列出了用于人类食品零售贸易的水生动物产品。列入该标准是根据软体动物疫病章节第×.×.11条，两栖动物、甲壳动物和鱼类疫病章节第×.×.12条第1点，以及第10.4.16条的要求，考虑水生动物产品的形式及制作方式、预计消费者产生的废弃组织量和废弃物中存在活性病原的可能性而定。

该标准中，零售指将可食用水生动物产品销售或直接提供给消费者。分销途径还包括经营批发业务但不再做进一步加工的批发商或零售经销商，比如去内脏、清洗、切片、冷冻、融冻、烹调、拆包、打包或重新打包等。

这里假设：（ⅰ）水生动物产品仅作为人类食品；（ⅱ）废弃物处理不总是按照减轻病原扩散的方式进行；相关成员或地区的风险等级与其废弃物处理方式有关；（ⅲ）根据良好操作规范进行进口前处理或加工；（ⅳ）进口前水生动物产品的任何其他处理、加工和后续管理都不会危及水生动物产品的安全性。

标准

根据软体动物疫病章节第×.×.11条第1点，两栖动物、甲壳动物和鱼类疫病章节第×.×.12条，以及第10.4.6条规定，可用于国际贸易的水生动物安全产品应符合以下标准：

1）以食品零售为目的而生产和包装的水生动物产品；

且

2）消费者只产生一定数量未加工的废弃组织，且不太可能导致病原引入和定植；

或

3）消费者产生的废弃物通常不含病原。

注：2009年首次通过，于2018年最新修订。

第5.5章　控制与水生动物运输相关的卫生风险

第5.5.1条

总则

1）针对因水生动物和水生动物产品运输所致卫生风险而采取控制措施，各成员应以本章建议为指南。这些建议不涉及水生动物福利。

2）装载水生动物的运输工具（或容器）的设计、制作和安装应能承受所载水生动物和水的重量，保证安全运输。使用前应按本法典的建议对运输工具进行彻底清洗和消毒。

3）装载水生动物的运输工具（或容器）应能保证在运输期间维持水生动物的最佳状态，并便于随行人员管理。

第5.5.2条

对水生动物运输容器的特殊要求

1）用于运输水生动物容器的构造应可防止运输期间发生意外漏水等。

2）应便于在运输过程中观察容器内的情况。

3）在过境转运过程中，除过境国水生动物卫生机构要求外，不应打开这些容器。如确实有必要打开，应采取防止容器污染措施。

4）一般只允许装载一种产品或是不会相互污染的产品。

5）由各国自行决定进口水生动物和水生动物产品的运输及容器标准。

第5.5.3条

关于水生动物空运的特殊要求

1）水生动物空运应根据下列具体情况来确定容器中水生动物的密度：

　　a）每种水生动物可用空间总体积。

　　b）在地面和飞行期间容器供氧能力。

运输鱼类、软体动物和甲壳动物时，在适合多种水生动物分体式运输或若干类水生动物整体运

106　OIE水生动物卫生法典　　　　　　　　　　　　　　　　原文为英文版

输的容器中，每种水生动物所占运输空间应符合规定的可接受密度。

2）经OIE核准的国际航空运输协会（IATA）关于运输活体动物的规定如与成员法律要求无冲突，即可采用IATA的规定（可从IATA获取该规定文本，地址如下：800 Place Victoria，P.O. Box 113，Montreal，Quebec H4Z 1M1，Canada.）。

第5.5.4条

消毒和其他卫生措施

1）采取消毒和各种动物卫生措施的目的是：

 a）避免一切不必要的问题，防止危害人类和水生动物卫生安全；

 b）避免损坏运输工具及设施；

 c）避免损坏水生动物产品。

2）水生动物卫生机构应根据要求签发证书，证明所有运输工具及其每个部位均已经过处理，并注明已采取的措施和采取这些措施的理由。

空运可根据要求填写"空运总申报单"以代替此证书。

3）同样，水生动物卫生机构应根据要求签发下列证书：

 a）证明水生动物到达和离境日期的证书；

 b）提供给货主或出口商、收货人、承运人或其代理人说明所采取措施的证书。

第5.5.5条

运输用水处理

为降低病原传播风险，在运输结束后和/或排水前，应妥善处理水生动物运输用水。关于具体的消毒建议参见本法典相关章节。

水生动物运输期间，承运人除在其国家境内指定场所外，不得排出或更换运输容器里的水。废水和清洗水不得排入与水生动物生存环境直接相连的下水道。因此，须按规定对水箱中的水进行消毒（如用浓度为每升含50毫克碘或氯的消毒剂消毒1小时），或排放到不会直接流入水生动物生活水域的土地上。各国应指定在其境内可进行这些操作的场所。

第5.5.6条

感染材料的排放

水生动物卫生机构应采取一切可行措施，防止包括运输水在内的任何未经处理的感染材料排入内河或领海。

第5.5.7条

关于运输船运输活鱼的特殊要求

活鱼运输船是一种配备水箱的船，用于在海上运输活鱼，航运时通过打开进出水阀门进行鱼舱换水。因此，如运载的鱼被感染，就会对活鱼运输船构成一定的生物安保风险，且活鱼运输船不易消毒。

1) 只能运输在装运当天无临诊症状的健康鱼。如需要，活鱼运输船须具有在作业过程中将装鱼容器完全封闭的设施。

2) 应根据每种鱼所需空间的总体积决定装载密度，还要考虑在整个运输过程中给鱼补充氧气/空气的能力。

3) 如属于经主管部门同意的疫病应对计划的一部分，可使用活鱼运输船将活鱼从某疫区运出。

4) 活鱼运输船应便于观察鱼舱内情况，并在适当位置安装监控装置。

5) 应限制养殖场工作人员进出船舱、从船舱进入养殖箱笼舱位和接触设备。

6) 同时运输几种卫生状态不同的鱼会增加疫病传播风险，不鼓励这一做法。

7) 除靠近水产养殖区或野生种群保护区的特定区域外，可将活鱼运输船载鱼箱的水体与环境水体进行交换。水生动物卫生机构应根据风险评估划定这些区域。

8) 应避免在同一行程中进行多次交货。如不可避免，交货应从卫生状态水平较高开始（如年龄最小的鱼），其次是单一水产养殖场或一些卫生水平相同的养殖场。

9) 在运输中如发生鱼死亡，应采取应急预案，用已批准的方法对死鱼进行控制和处理。这项计划应以处理动物残骸以及水生动物废弃物的相关指南（制定中）为根据。

10) 活鱼运输船不应在恶劣天气下航行，因为有可能被迫改变预订的运输路线和日程。

11) 再次使用活鱼运输船前应清洗干净，如有必要，应按照可接受的标准加以消毒，消毒水平须与风险相应。活鱼运输船应备有一份消毒选项数据单，与航海记录放在一起，便于审查。进行清洗前，须确保所有鱼已卸下。消毒前应先清除所有有机物质。应参照《水生手册》列出的基本原则和特殊要求处理。

12) 在不同卫生水平的区域及地区间运输时，应清洗活鱼运输船，必要时进行消毒，并达到水生动物卫生机构认可的标准。

注：于1995年首次通过，于2010年最新修订。

第5.6章　启运前和启运时适用的水生动物卫生措施

第5.6.1条

1）　各成员仅可批准按照本法典和《水生手册》建议的程序标识并检验过的鲜活水生动物和水生动物产品从其境内出口。

2）　在某些情况下，还应按进口国的要求，在启运前一定期限内，对上述水生动物进行某些生物学检验或预防性寄生虫学处理。

3）　启运前可在养殖场或口岸对上述水生动物进行观察。在观察期间，如进口国认可的主管部门工作人员或出证官员认为动物临诊健康，无OIE名录疫病或任何其他传染病，应将水生动物装在事先清洗消毒的特制容器中运往装运地，不得延误，也不得与其他易感水生动物接触，除非能保证这些水生动物的卫生状态与运输水生动物相似。

4）　应按照进出口两国达成的协定，把种用、饲养用或屠宰用的水生动物直接从原产地养殖场运至启运地或加工场。

第5.6.2条

各成员只有当出口国、出口地区或水产养殖场已正式宣告无一种或多种OIE名录疫病时，才允许把鲜活水生动物、卵或配子体出口到官方宣告无相同疫病的国家、地区或水产养殖场。如活水生动物来源于疫病感染或疑似感染的水产养殖场或地区，且这些水生动物曾因直接或间接暴露于感染而可能会导致病原传播，未经进口国事先同意，出口国不应出口这些水生动物。

第5.6.3条

出口国完成任何生长阶段的水生动物或水生动物产品的出口后，如在一定时间内在原产地养殖场的水生动物或曾在该养殖场饲养过的水生动物中，或出口的天然水体水生动物中诊断出OIE名录疫病，表明出口货物有可能被感染，则应将上述情况通知目的地国家，必要时还应通知过境国。

第5.6.4条

在水生动物和水生动物产品离境前，主管部门工作人员或进口国认可的出证官员应按照OIE批准的范本（参见本法典第5.11章），采用出口国、进口国和过境国（必要时）共同协商的语言，提供国际水生动物卫生证书。

第5.6.5条

1）　在水生动物国际运输出境前，边境口岸所在港口、机场的主管部门如认为有必要，可进行临诊检查。检查时间和地点安排须考虑海关和其他手续，以免妨碍或延误出境。

2）　上述第1）点指的主管部门应采取必要措施，以便：

a）　防止装运任何具有OIE名录疫病临诊症状的水生动物；

b）　避免可能的媒介或疫病病原进入装载容器。

注：于1995年首次通过，于2004年最新修订。

第5.7章 从出口国/地区启运地到进口国/地区入境地过境转运过程中适用的水生动物卫生措施

第5.7.1条

1）任何水生动物运输必经国家且与出口国进行商业贸易的国家，在其边境口岸主管部门收到过境通知时，除以下情况外，不应拒绝过境。

通知中应说明水生动物的种类和数量、运输方式、按照事先安排及批准的过境国进出边境口岸。

2）如确认在出口国或前一个过境国出现国际水生动物卫生证书或双边协定中规定的疫病，任何过境国均可拒绝过境，或过境国主管部门就包装、运输路线等过境方法提出限制性条件。

3）过境国可要求出示国际水生动物卫生证书。另外，过境国水生动物卫生机构工作人员可检查过境转运的鱼、软体动物和甲壳动物的卫生状态，除非运输采用密封运载工具或容器。

4）过境国水生动物卫生机构工作人员在边境口岸检查过境水生动物时，如发现感染OIE名录疫病，或过境国和地区认为有外来病，或过境国对这些疫病制定有强制性控制计划，或国际水生动物卫生证书有误/未签字/不适用于鱼类、软体动物和甲壳动物时，过境国可拒绝其过境。

出现这种情况时，应立即通知出口国主管部门，以进行核对或更正证书。

诊断后如证实确有OIE名录疫病或无法更正证书时，如与出口国接壤，应退回该批水生动物，否则就地扑杀销毁。

第5.7.2条

1）过境国可要求运送水生动物过境的运输工具配备防止废水和其他污染物泄漏的装置。

2）如发生紧急情况，过境国应允许在其境内卸载水生动物，并需将在过境国境内意外卸载的情况及其理由通知进口国。

第5.7.3条

船舶在某国港口中途停靠或途经他国境内运河/其他航道时，必须符合该国主管部门的要求。

第5.7.4条

1）　如因船长或机长无法控制的原因，船舶或飞机需在港口或机场之外的地方停靠/着陆，或在应正常停靠/着陆的港口/机场之外的地方停靠/着陆时，船长/机长或其代理人员须立即通知离靠岸港口/着陆地最近的主管部门或其他公共卫生管理部门。

2）　主管部门得到停靠/着陆通知后，须采取相应措施。

3）　不得将船上/机上的水生动物运离停靠/着陆地点，也不得移出任何随行设备和包装材料。

4）　按主管部门的规定采取措施后，出于水生动物卫生原因，可允许船舶/飞机转往正常停靠/降落的港口或机场，如出于技术原因不能执行，可转往更合适的港口/机场。

注：于1995年首次通过。

第5.8章　进口国边境口岸

第5.8.1条

主管部门应在边境口岸设立办公室，配备人员、设备、场地，以便：

1）检测并隔离感染或疑似感染疫病的水生动物群体；

2）对运输水生动物及水生动物产品的车辆进行消毒；

3）对感染或疑似感染疫病的活水生动物或动物残骸进行临诊检查，采集诊断样本和疑似被污染的水生动物产品样本。

此外，各港口和国际机场需配备消毒设备或焚烧任何会危害水生动物卫生的材料的设备。

第5.8.2条

国际货物过境转运时，机场应提供符合主管部门要求的直接过境区。

第5.8.3条

各兽医主管部门须能对OIE总部和其他任何提出要求的国家提供：

1）其境内经批准的进行国际贸易的边境口岸和水生动物加工厂名单；

2）为适用第5.9.1条和第5.9.2条第2）点的安排而提前发出通知的期限；

3）其境内设有直接过境区的机场名单。

注：于1995年首次通过，于1997年最新修订。

第5.9章　到达时适用的水生动物卫生措施

第5.9.1条

1）进口国仅应接受经出口国水生动物卫生机构认可的工作人员和进口国批准的检疫官员检查且附有国际水生动物卫生证书（参见第5.11章证书范本）的活水生动物入境。

2）进口国可要求提前足够时间收到通知，通知中应说明水生动物拟入境日期、动物种类、数量、运输方式、到达口岸。

此外，进口国应公布配备入境监控设施、可快速办理入境和过境流程的边境口岸名单。

3）水生动物卫生机构工作人员在边境口岸检查中，如发现水生动物发生进口国关注的OIE名录疫病感染，进口国可禁止其入境。

不具备符合进口国要求的国际水生动物卫生证书也可被拒绝入境。遇到这种情况时，应立即通知出口国主管部门，以核实情况或更正证书。

然而，进口国也可要求立即对进口动物进行隔离检疫，进行临诊观察和生物学检查，确定诊断。

如确诊OIE名录疫病感染，或无法更正证书，进口国可采取以下措施：

a）如不涉及第三方过境国，可将水生动物退回出口国；

b）如货物退回运输存在卫生风险或无法操作，应就地扑杀销毁。

第5.9.2条

1）只有经出口国水生动物卫生机构工作人员或进口国批准的检疫官员检查且附有国际水生动物卫生证书（参见第5.11章证书范本），进口国才能允许进口对OIE名录疫病易感的未去内脏鱼类，用以引入其水生环境或作为人类食品。

2）进口国可要求提前足够时间收到通知，通知中应说明食用水生动物源性产品拟入境日期，产品属性、数量、包装，以及到达口岸。

第5.9.3条

感染OIE名录疫病的水生动物抵达边境口岸时，运输工具应视为已污染，水生动物卫生部门须采取以下措施：

1） 卸货并立即将任何可能污染的物质（如水或冰）运到指定场地销毁，并按进口国的要求严格执行卫生措施。

2） 对下列物品进行消毒：

   a） 押运人员的外衣和靴子；

   b） 用来运输、搬移和装卸水生动物的运输工具的所有部件。

———————————

注：于1995年首次通过，于2004年最新修订。

第5.10章 水生动物疫病病原及病理材料国际运输

第5.10.1条

引言

国际运输带包装的水生动物病原/病理材料如发生病原意外释放，即有发生疫病的风险。病原可能已存在于该国，或被有意/意外输入，因此有必要采取防止意外释放的措施。这些措施包括在边境阻止或控制特定水生动物病原/病理材料的运输。

主管部门不应要求对诊断用生物样本进行卫生处理，因为这些处理会灭活病原。

第5.10.2条

水生动物病原输入

主管部门应严格控制本法典所涉疫病病原输入，无论是培养物、病理材料或任何其他形式的病原，确保妥善采取安全措施以控制相关风险，这些措施需与相关病原引起的风险相适应。空运需遵循国际航空运输协会或其他相关运输协会有关危险物品包装和运输的标准，如本章第5.10.3条所述。

申请从其他国家进口本法典所涉疫病病原时，无论是培养物、病理材料或任何其他形式的疫病病原，主管部门应了解其属性、来源动物及其对各种疫病的易感性和原产国动物卫生状态。最好要求在进口前对这些病理材料进行预处理，以降低意外输入本法典所涉疫病病原的风险。

任何不符合相关规定的病理材料应由进口国水生动物卫生主管部门进行安全处理。

第5.10.3条

运输包装和有关文件

从病原、操作者和环境角度考虑，安全运输本法典所涉疫病病原主要依靠正确的包装，这是发货人按照现行规定应履行的职责。

1. 基本的三层包装系统

该包装系统由以下三层组成：

a） 内层容器：装载标本的内层容器必须防水防漏，并有标签。容器外面需包裹足量的吸水性材料，用于容器破损时吸收流出的所有液体。

b） 第二层容器：这是一层防水防漏的耐用容器，用于封装和保护内层容器。可把几个包裹好的内层容器包裹在同一第二层容器中，但另需用足量的吸水材料将其隔开。

c） 外层运输包装箱：需将第二层容器放在一个运输用的外层包装箱里，用于保护这些容器及内容物在运输中免受物理性损坏、温差、潮湿等外部影响。

装运过程如需用冰或干冰，则须放在第二层容器的外面。如使用冰，则需放在一个防漏容器中，且运输包装箱也须防漏。第二层包装必须安全置于外层包装内，避免在制冷剂融化或消散时受损。

由于存在爆炸危险，不得将干冰放在内层或第二层包装内。使用干冰时，外层包装须能让二氧化碳气体外溢。装有干冰的包装外部必须显示国际航空运输协会IATA904包装说明。

2. 文件

须将样本资料单、信件，以及能够识别或描述样本特性、发货人或收货人等其他各种资料，连同收货人的进口许可证复印件一起贴在第二层容器外。

第5.10.4条

任何寄送本法典所涉疫病病原或病理材料的发货人，必须确保收货人拥有第5.10.2条所述进口许可证。

第5.10.5条

1） 发货人每次发运本法典所涉疫病病原或病理材料时，应将下列信息提前通知收货人：

a） 样本的准确属性及其包装；

b） 寄出的包装件数和可识别的标记及号码；

c） 发货日期；

d） 运输方法（如海运、空运、火车或汽车运输）。

2） 收货人收到本法典所涉疫病病原或病理材料后应通知发货人。

3） 如货物未按照发货方通知的时间如期到达，收货人应通知收货方所在国家的主管部门，并同时通知发货方所在国家，以便及时采取必要的查找措施。

_____

注：于1995年首次通过，于2010年最新修订。

第5.11章　活体水生动物和水生动物源性产品国际贸易卫生证书范本

第5.11.1条

关于填写活水生动物和水生动物源性产品国际贸易卫生证书的说明

1. 总则

需用大写字母填写证书。确认选项在方框中用叉号（×）标记。证书上不得留有任何空白，以防自行修改。划掉不适用的内容。

2. 第一部分：托运货物详细信息

国家：	签发证书的国家名称
方框 I.1.	发货自然人或法人实体名称和详细地址。建议提供联系方式，如电话、传真号码或电子邮件地址等信息。
方框 I.2.	证书编号，即签发国主管部门用于识别证书的统一编号。
方框 I.3.	主管部门名称。
方框 I.4.	证书签发时收货自然人或法人实体名称和详细地址。
方框 I.5.	输出活水生动物或配子体的出口国。对于水生动物产品，列出其生产国、加工国或包装国。
	ISO代码是国际标准化组织编制的国家二位字母代码（ISO 3166-1 α-2）。
方框 I.6.	如适用，在证书第二部分注明原产地区或生物安全隔离区名称。
方框 I.7.	目的地国家名称。 ISO代码是国际标准化组织编制的国家二位字母代码（ISO 3166-1 α-2）。
方框 I.8.	如适用，在证书第二部分注明目的地区或生物安全隔离区名称。
方框 I.9.	活水生动物、配子体或水生动物产品输出地名称和详细地址，如有要求，注明官方批准号或注册号。
	活水生动物和配子体：生产地或捕捞地。
	水生动物产品：产品发送地。
方框 I.10.	活水生动物、配子体或水生动物产品的启运地点（陆地、海区或机场的名称）。
方框 I.11.	离港日期。对于活水生动物，包括预期离港时间。
方框 I.12.	运输方式的详细情况。
	证书签发时确认的运输方式。空运、海运、铁路运输、公路运输需分别注明航班号、船名、列车车次和车厢号、车牌号及拖车号。

（续）

方框Ⅰ.13.	拟到达边境口岸名称，如有UN／LOCODE代码（参见《联合国贸易和运输地点守则》），应予以标注。
方框Ⅰ.14.	如商品涉及《濒危野生动植物种国际贸易公约》（CITES）所列物种，应标明CITES许可证号。
方框Ⅰ.15.	商品描述或使用世界海关组织发布的《商品名称及编码协调制度》中的名称。
方框Ⅰ.16.	世界海关组织发布的《商品名称及编码协调制度》中的商品名称或协调制度（HS）编码。
方框Ⅰ.17.	商品总数量或总重量。
	活体水生动物和配子：总数量或总重量。
	水生动物产品：全部货物毛重和净重（千克）。
方框Ⅰ.18.	产品运输和储存温度。
方框Ⅰ.19.	活水生动物和配子体：所用容器总数。水生动物产品：总件数。
方框Ⅰ.20.	必要时，注明容器识别号/铅封号。
方框Ⅰ.21.	按照联合国贸易便利化和电子商务中心（UN／CEFACT）第21条建议中关于旅客、货物类型、包装类型及包装材料类型的代码，确定产品包装类型。
方框Ⅰ.22.	进口活水生动物或水生动物产品的预期用途。
	繁殖：适用于配子体和亲鱼。
	养成：适用于活体水生动物、卵和需要一段培养时间的幼体。
	屠宰：适用于准备屠宰的活水生动物。
	种用：适用于用于重建动物种群的活水生动物。
	观赏：适用于伴侣或娱乐而养殖的活水生动物。
	竞技/展览：适用于竞技或展览的活水生动物。
	人类消费：适用于供人类食用、不需要进一步养殖的活体水生动物或供人类消费的水生动物产品。
	水产动物饲料：指任何加工、半加工或未加工用以饲喂水生动物的动物源性产品（包括单一成分和混合成分产品）。
	深加工：适用于在最终使用前须进一步加工的水生动物产品。
	其他技术用途：适用于不作为人类或水生动物消费的水生动物产品，包括用于制药、医疗、化妆品等行业的水生动物产品。这些产品可能会被进一步加工。
	在活体水生动物领域的技术用途：适用于活体水生动物领域的水生动物产品，如用于刺激排卵。
方框Ⅰ.23.	如适用，需标注。
方框Ⅰ.24.	有关商品特征的详细信息，以便对商品进行识别。
	活水生动物和配子体：类别（如两栖动物、甲壳动物、鱼类或软体动物），野生或养殖，种名（学名），识别系统（如有要求）批号或其他识别信息，年龄，性别。
	水生动物产品：类别（如两栖动物、甲壳动物、鱼类或软体动物），野生或养殖，种名（学名），公司（如加工厂、冷库）的批准文号，货物的批号/日期代码，件数。

3.　第二部分有关动物卫生的信息

方框Ⅱ.	参照本法典的建议，按进口国和出口国主管部门协商认可的要求填写本部分。
方框Ⅱ.a.	证书编号：见方框Ⅰ.2。
官方兽医	姓名，地址，职务，签名日期，并加盖主管部门的公章。

第5.11.2条

活体水生动物及配子国际贸易卫生证书范本

国家：

<table>
<tr><td rowspan="24">第一部分：发货详细信息</td><td colspan="2">Ⅰ.1 发货人
姓名：</td><td colspan="2">Ⅰ.2 证书编号：</td></tr>
<tr><td colspan="2">地址：</td><td colspan="2">Ⅰ.3 主管部门</td></tr>
<tr><td colspan="4">Ⅰ.4 收货人：
姓名：
地址：</td></tr>
<tr><td colspan="2">Ⅰ.5 原产国：　　ISO代码*</td><td colspan="2">Ⅰ.6 原产地区或生物安全隔离区**</td></tr>
<tr><td colspan="2">Ⅰ.7 目的地国：　ISO代码*</td><td colspan="2">Ⅰ.8 目的地所在地区或生物安全隔离区**</td></tr>
<tr><td colspan="4">Ⅰ.9 原产地：
名称：
地址：</td></tr>
<tr><td colspan="2">Ⅰ.10 启运地点：</td><td colspan="2">Ⅰ.11 出发日期：</td></tr>
<tr><td colspan="2" rowspan="2">Ⅰ.12 运输方式
空运□　　　海运□　　铁路运输□
公路运输□　　其他方式□
航班或车次：</td><td colspan="2">Ⅰ.13 拟到达边境口岸：</td></tr>
<tr><td colspan="2">Ⅰ.14《濒危野生动植物种国际贸易公约》（CITES）许可证号**</td></tr>
<tr><td colspan="2" rowspan="2">Ⅰ.15 商品描述</td><td colspan="2">Ⅰ.16 商品编码（ISO编码）</td></tr>
<tr><td colspan="2">Ⅰ.17 总数量/总重量</td></tr>
<tr><td colspan="2">Ⅰ.18</td><td colspan="2">Ⅰ.19 容器总数</td></tr>
<tr><td colspan="2">Ⅰ.20 容器的识别号/铅封号</td><td colspan="2">Ⅰ.21 包装类型</td></tr>
<tr><td colspan="4">Ⅰ.22 商品的预期用途
繁殖□　　　　养成□　　　屠宰□　　　种用□
观赏□　　　　竞技/展览□　　其他□请注明：</td></tr>
<tr><td colspan="4">Ⅰ.23 进口或许可
永久进口□　　重新入境□　　临时许可□</td></tr>
<tr><td colspan="4">Ⅰ.24 商品识别
两栖动物□　　　　甲壳动物□　　　鱼类□　　　　软体动物□</td></tr>
<tr><td colspan="4">野生□　养殖□</td></tr>
<tr><td colspan="4">种名（学名）　　　　年龄*　　　　识别系统*
批号　　　　　　　　性别*</td></tr>
</table>

*可选项。**如在第二部分中提及，则必须填写。

国家：

	Ⅱa证书编号：
第二部分：有关动物卫生的信息	Ⅱ.签字出证官员证明：上述动物/配子满足以下要求： 检疫官： 姓名和地址（用大写）　　　　　　　　　　职务： 日期：　　　　　　　　　　　　　　　签字： 盖章

第5.11.3条

水生动物源性产品国际贸易卫生证书范本

国家:

第一部分：发货详细信息	I.1 发货人 姓名：	I.2 证书编号：
	地址：	I.3 主管部门
	I.4 收货人： 姓名： 地址：	
	I.5 原产国：　　　　ISO代码*	I.6 原产地区或生物安全隔离区**
	I.7 目的地国　　　　ISO代码*	I.8 目的地所在地区或生物安全隔离区**
	I.9 原产地： 名称 地址	
	I.10 启运地点	I.11 出发日期
	I.12 运输方式 空运□　　　海运□　　　铁路运输□ 公路运输□　　其他方式□ 航班或车次：	I.13 拟定到达边境口岸
		I.14《濒危野生动植物种国际贸易公约》（CITES）许可证号**
	I.15 商品描述	I.16 商品编码（ISO编码）
		I.17 总数量/总重量
	I.18 产品温度 常温□　　　冰鲜□　　　冷冻□	I.19 容器总数
	I.20 容器识别号/铅封号	I.21 包装类型
	I.22 商品预期用途 　人类消费□　　　　　　　　　　水生动物饲料□ 　深加工□　　　　　　　　　　　其他技术用途□ 　其他□　　　　　　　　　　　　活水生动物领域的技术用途□ 　如为其他，请说明。　　　　　　如为其他技术用途，请说明	
	I.23	
	I.24 商品的识别 两栖动物□　　　甲壳动物□　　　鱼类□　　　软体动物□ 野生□　　　　　养殖□	
	种名（学名）　　　　公司批准文号　　　货物批号/日期代码	

*可选项。**如在第二部分中提及，则必须填写。

国家：

	IIa证书编号：

第二部分：有关动物卫生的信息

II.签字出证官员证明：上述水生动物产品满足以下要求：

检疫官：
姓名和地址（用大写）   职务：

日期：   签字：

盖章

注：于1995年首次通过，于2010年最新修订。

第6篇 水生动物抗微生物制剂的使用

第6.1章　关于控制抗微生物制剂耐药性建议的概述

第6.1.1条

目的

本章旨在为OIE成员提供指导性建议，正确解决因使用水生动物抗微生物制剂所产生的耐药微生物和抗性决定因子选择与传播问题。

抗微生物制剂是关系到保护人类与动物健康和福利的重要药物。OIE承认在治疗和控制水生动物传染性疫病方面有必要使用抗微生物制剂。因此，OIE认为必须保证提供有效的抗微生物制剂。

OIE同时也认识到，在人类、动物或其他地方使用抗微生物制剂导致微生物产生耐药性，这已成为一个全球性的公共卫生和动物卫生问题。所有从事人类、动物及植物卫生工作的人员应共同承担责任，应对与抗微生物制剂耐药性的选择和传播相关的风险因素。OIE履行其肩负的责任，保障动物卫生和食品安全，为成员在水生动物领域应对抗微生物药耐药性风险提供指导。

实施风险评估和风险管理措施应参照依据风险分析而制定的国际标准，以可靠的数据和信息为基础。以下章节提供的指导性建议可作为标准方法，用于减少耐药微生物和抗性决定因子选择及传播风险。

注：于2010年首次通过，于2011年最新修订。

第6.2章　关于负责任地谨慎使用水生动物抗微生物制剂的原则

第6.2.1条

目的

本章介绍的原则为在水生动物中负责任地谨慎使用抗微生物制剂提供指导，目的是保障动物和人类健康。负责产品注册、上市许可，抗微生物制剂生产、销售和使用监控等的主管部门对此项工作肩负着特别职责。

第6.2.2条

负责任地谨慎用药的目标

负责任地谨慎用药涉及一整套切实可行的措施和建议，旨在降低水生动物生产中耐药微生物和抗性决定因子选择及传播的风险，从而达到以下目标：

1) 保持兽用和人用抗微生物制剂的有效性，确保合理使用水生动物抗微生物制剂，达到疗效和安全性双优化的目的；
2) 遵守职业道德，遵循经济原则，保持水生动物良好的卫生状态；
3) 防止或减少耐药微生物和抗性因子从水生动物向人类和陆生动物转移；
4) 防止食品中的抗微生物制剂残留超过最大残留限量（MRL）。

第6.2.3条

定义

抗微生物制剂药物警戒：指针对这些药物的使用效果进行的检测和调查工作，主要目的在于保证药物在水生动物领域使用安全性和药效以及接触这些药物的人员安全。

第6.2.4条

主管部门职责

主管抗微生物制剂上市许可的部门具有重要作用，他们负责明确规定上市许可审批条款，通过产品标识和/或其他方式，向兽医或其他水生动物卫生专业人员提供相关信息，鼓励在水生动物养殖中谨慎使用抗微生物制剂。

主管部门应负责制定和更新有关抗微生物制剂使用评估所需数据的准则。

主管部门应与动物卫生和公共卫生专业人员合作，积极采取推动在水生动物养殖中谨慎使用抗微生物制剂的措施，作为控制抗微生物制剂耐药性综合战略的一个组成部分。

该综合战略应包括良好动物养殖规范、养殖场免疫政策和动物卫生护理发展及兽医或其他水生动物卫生专业人员提供咨询服务等。这些工作有利于减少需采用抗微生物制剂治疗的动物疫病。

药物在质量、药效和安全性方面如符合规定，主管部门应及时批准上市。

产品上市申请审查应包括水生动物抗微生物制剂对动物、人类和环境造成风险的评估。评估应针对每种抗微生物制剂，并考虑特定活性物质所属的抗微生物制剂类别。安全评估应考虑用于水生动物领域的抗微生物制剂对人类健康的潜在影响，包括在水生动物中发现的耐药微生物对人类健康的影响。评估还应包括抗微生物制剂对环境的影响。

主管部门应保证宣传抗微生物制剂的广告符合相关法规和销售许可条款，不鼓励向依法有权开具抗微生物制剂处方者以外的人直接做广告。

利用药物警戒程序收集的信息，包括关于药物缺乏疗效的信息，应成为主管部门降低抗微生物制剂耐药性综合战略的一部分。

主管部门应向兽医或其他水生动物卫生专业人员提供在监测过程中收集到的有关抗微生物制剂耐药性趋势的信息，并应考核药敏试验实验室的能力。

主管部门和利益相关方应共同努力，为安全收集和销毁未使用或过期的抗微生物制剂提供有效程序。

第6.2.5条

兽药生产企业的职责

兽药生产企业有责任提供主管部门所要求的关于抗微生物制剂的质量、药效和安全性等信息。其责任涵盖产品上市前后的各个阶段，包括生产、销售、进口、标识、广告和药物警戒。

兽药生产企业有责任向主管部门提供评估药品上市量所需的信息。兽药生产企业应保证其抗微生物制剂广告不直接面向水产养殖场。

第6.2.6条

批发商和零售商的职责

各级经销商应保证其经营活动符合相关法规。

各级经销商应保证其经营的所有抗微生物制剂均附带关于合理使用和处置的信息，并应按照生产企业的建议保存和处理产品。

第6.2.7条

兽医和其他水生动物卫生专业人员的职责

兽医和其他水生动物卫生专业人员的责任包括诊断、预防和治疗水生动物疫病，以及推广合理的动物养殖方法、卫生措施、免疫接种和其他可减少水生动物抗微生物制剂使用的措施。

拥有处方权的兽医和其他水生动物卫生专业人员，只能为其诊治的水生动物开处方、配发或按照特定疗程使用抗微生物制剂。

兽医和其他水生动物卫生专业人员的责任是对水生动物进行全面的临诊评估，包括临诊检查、死后剖解、微生物培养、药敏试验和其他实验室检查，以便在开始使用抗微生物制剂进行特定疗程治疗前，尽可能得出明确的诊断。生产场所的环境因素和畜牧业（如水质）应作为潜在的主要感染因素加以评估，并应在开一个疗程抗微生物制剂治疗前解决。

如确实需使用抗微生物制剂治疗，应尽早使用。拥有处方权的兽医和其他水生动物卫生专业人员应根据其专业知识和经验选用恰当的抗微生物制剂。

应尽早利用目标微生物的敏感性试验来确认治疗方法。应保留所有药敏试验结果，供主管部门查看。

兽医和其他开具兽药处方的水生动物卫生专业人员应根据使用剂量和水生动物数量，向水生动物生产者详细说明治疗方案，包括剂量、治疗间隔时间、疗程、休药期和投药量。

在符合相关法规的情况下，可允许不按适应证规定使用抗微生物制剂。

应依照相关法规保留抗微生物制剂使用记录。兽医和其他水生动物卫生专业人员应定期审查养殖场抗微生物制剂使用记录，确保养殖场按规定使用药物，并利用这些记录评价疗效。应向主管部门报告可疑副作用，包括疗效低下，并应把药敏试验数据附在有关报告中。

第6.2.8条

水生动物生产者的职责

为了维护水生动物卫生和食品安全，水生动物生产者应在养殖场实施卫生计划，从生物安保措施、养殖管理、营养、免疫接种、保持良好水质等方面妥善规划养殖策略，保证良好的水生动物卫生状态。

水生动物生产者仅使用由兽医和其他拥有处方权的水生动物卫生专业人员开具的抗微生物制剂，并严格按照规定的剂量、用药方法、休药期等用药。

水生动物生产者应确保合理储存、使用和处理抗微生物制剂。

水生动物生产者应妥善保存抗微生物制剂使用记录以及细菌学和药敏试验结果，并可供兽医和其他水生动物卫生专业人员查看。

如反复出现疫情和抗微生物制剂疗效低下，水生动物生产者应将情况告知兽医和其他水生动物卫生专业人员。

第6.2.9条

抗微生物制剂使用培训

针对抗微生物制剂使用者的培训应涉及所有相关组织和人员，包括相关立法部门、制药企业、兽医院校、研究机构、兽医行业协会、水产养殖场场主和其他经批准可使用此类药物的人员。

第6.2.10条

研究

为解决大量水生动物物种信息严重匮乏的问题，相关法规部门和其他利益相关方应鼓励政府机关和私营部门资助该领域的研究工作。

注：于2011年首次通过。

第6.3章 监测水生动物抗微生物制剂用量和使用模式

第6.3.1条

目的

本章提供的建议旨在监测在食用和观赏用水生动物中抗微生物制剂的使用量。

提出这些建议旨在收集客观的量化信息，以便按抗微生物制剂类别、给药途径和水生动物种类分析抗微生物制剂的使用模式，评估微生物暴露于抗微生物制剂的程度。

在一些国家，由于缺乏可用资源、产品无准确标识、销售渠道记录不足、缺乏专业咨询或指导等因素，难以收集水产养殖中使用抗微生物制剂的数据。本章提供的方法有助于这些国家收集有关抗微生物制剂使用的数据和信息。

第6.3.2条

目标

本章提供的信息对于进行风险分析和目标规划至关重要，并有利于解释抗微生物制剂耐药性监测数据，推动以准确和有针对性的方式应对耐药性问题。坚持收集这类基本信息有助于确定水生动物抗微生物制剂的使用趋势，以及该趋势对微生物（包括潜在的人畜共患病病原）抗药性的影响。同时也可推进风险管理，用于评价负责任地谨慎用药和降低风险策略的工作成效，并表明改变水生动物抗微生物制剂处方行为是否合理。公布和说明这些数据对保证透明度极为重要，同时也可帮助所有利益相关方评估药物使用趋势、开展风险评估和进行风险交流。

第6.3.3条

抗微生物制剂使用监测系统的建立和标准化

出于成本和行政效率等因素的考虑，主管部门可在同一方案中收集医学、农业、水产养殖等不同领域抗微生物制剂的使用数据。如由不同部门分别管理畜牧业和水产养殖业，则各主管部门有必要合作开发一个协调的监测系统，以促进数据收集工作。此外，综合方案也有助于在综合风险分析中比较水生动物和人类的用药数据。

抗微生物制剂使用监测系统可包含以下内容：

1. 抗微生物制剂数据来源

　　a）基本来源

　　　　基本来源的数据可包括不涉及药物特定用途的一般信息（如抗微生物制剂的重量、数量和类别）。

　　　　数据来源因国家而异，可包括海关、进口、出口、生产和销售数据。

　　b）直接来源

　　　　直接来源的数据可包括更具体的信息（如目标水生动物品种、给药途径和活性成分）。

　　　　兽药产品注册部门、生产商、批发商、零售商、饲料仓库和饲料厂均可提供有用信息，也可规定兽用抗微生物制剂生产商向注册机构提供相关信息，作为上市审批要求（抗微生物制剂注册）。

　　c）终端用户数据

　　　　来自终端用户的数据具有更详细地提供药物类型和使用目的等信息的优势，可作为其他来源信息的补充。

　　　　终端用户数据来源包括兽医、水生动物卫生专业人员和水生动物生产商，适用于需要更为精确的地方性信息的情况下（如未按适应证说明使用药物）。

　　　　收集此类信息往往需要大量资源，因此，适用于阶段性信息收集，应在最适宜的时间段收集数据。

　　　　在一些国家，终端用户数据可能是唯一的信息来源。

　　d）其他来源

　　　　其他数据来源包括制药行业协会、水生动物生产行业协会、兽医和相关卫生行业协会以及其他可间接了解到抗微生物制剂用量的利益相关方。

　　　　如可行，还可收集非常规信息来源数据，如抗微生物制剂的互联网销售数据，尤其适用于了解观赏物种的用药情况。

2. 数据收集和报告的具体内容

　　a）需收集的基本数据应包括：

　　　　i）每年使用的抗微生物制剂活性成分用量（千克），按抗微生物制剂类别/亚类划分；应记录化合物或衍生物中的活性成分分子质量。对于以国际单位表示的抗微生物制剂，应说明国际单位和活性物质质量之间的换算关系。根据收集到的销售、处方、生产、出口、进口数据或这些数据的任何组合，应可估算出抗微生物制剂的总用量。

　　　　ii）治疗水生动物总数及其重量（以千克为单位）。

　　b）为进一步划分微生物暴露于抗微生物制剂的情况，需收集其他信息，包括：

　　　　i）治疗的鱼类、甲壳动物、软体动物或两栖动物种类；

      ii）用途，如供人食用的水生动物、观赏鱼、饵料鱼等；

      iii）给药途径（如含药饲料、药浴治疗、注射用药等）以及计算剂量方法（如水生动物生
          物量、治疗用水体积等）；

      iv）使用说明。

数据报告应依据抗微生物作用和耐药性机制划分抗微生物制剂类别/亚类。

抗微生物制剂名称应遵守现行国际标准。

主管部门在公开信息时，应确保企业身份保密，实行匿名政策。

3. 关于数据收集的几个问题

可根据资源可利用性和/或监测抗微生物制剂使用情况的需要或为解决某一药物的耐药性问题，定期和/或在特定时间点收集抗微生物制剂使用数据。

产品注册及产品标签应正确标明抗微生物制剂的用途，这有利于采集有关用药量和使用模式的信息。

从终端用户数据来源收集、存储和处理数据需要精心设计，其优点是可以产生准确和有针对性的信息。

第6.3.4条

抗微生物制剂使用数据分析

以下信息有利于分析抗微生物制剂使用数据和进一步描述暴露途径：

1）水产养殖系统的类型（大范围养殖或集约化养殖系统、池塘或网箱养殖系统、流水或循环水养殖系统、孵化期或生长期养殖系统、综合型养殖系统等）；

2）动物移动（养殖场之间转移、从野外转移至养殖场、分级等）；

3）品种、生长阶段和/或生产周期阶段；

4）环境和养殖参数（季节、温度、盐分、pH等）；

5）地理位置、特殊养殖单元；

6）体重/生物量、抗微生物制剂治疗方案和疗程；

7）治疗依据（历史、经验、临诊、实验室确诊和药敏试验）。

治疗的动物/养殖单元数量与比例、治疗方案、使用类型、给药途径等，都是风险评估需考虑的重要因素。

比较不同时期抗微生物制剂使用数据时，还应考虑动物种群规模和结构的变化。

对于来自终端用户的数据，可在地区、地方、养殖场及兽医或其他水产动物卫生专业人员的层面上分析抗微生物制剂的使用情况。

注：于2012年首次通过。

第6.4章　建立和协调水生动物抗微生物制剂耐药性国家监测和监控计划

第6.4.1条

目的

本章针对供人类食用的水生动物及其产品提供标准，用于：

1）　制定抗微生物制剂耐药性国家监测和监控计划；

2）　统一现行的抗微生物制剂耐药性国家监测和监控计划。

第6.4.2条

监测和监控计划的目的

主管部门应制定水生动物抗微生物制剂耐药性国家主动监测和监控计划。

抗微生物制剂耐药性监测和监控计划对开展以下工作是必要的：

1）　建立有关抗微生物制剂耐药微生物流行状况和决定因子的基础数据；

2）　收集相关微生物耐药性发展趋势信息；

3）　探讨水生动物微生物耐药性与抗微生物制剂使用之间的潜在关系；

4）　查明新出现的抗微生物制剂耐药性机制；

5）　进行水生动物卫生和人类卫生风险分析；

6）　为人类卫生和水生动物卫生政策及规划提供建议；

7）　为谨慎使用抗微生物制剂提供相关信息，包括指导专业人员如何使用抗微生物制剂。

应鼓励开展抗微生物制剂耐药性监测的国家在区域一级进行合作。

应在国际和区域一级共享监测和监控方案结果，了解影响水生动物卫生和人类卫生的全球性风险。公布并说明这些数据对保证透明度至关重要，也有助于所有利益相关方评估耐药性趋势以及开展风险评估和交流。

第6.4.3条

制定监测和监控计划的一般原则

有针对性地定期监测或持续监测源自食用水生动物、水生动物产品及人类本身的微生物的耐药性流行情况，是水生动物卫生和公共卫生策略的关键组成部分，有助于限制耐药性传播，选择最适用的抗微生物制剂。

对水产养殖业来说，监测和监控水生动物病原微生物和水生动物源性食品中的微生物（包括人类病原）至关重要。

第6.4.4条

制定水生动物病原微生物的药敏性监测和监控计划

针对水生动物病原微生物的药敏性制定监测和监控计划时，一个重要问题是，对大量具有水生动物卫生重要意义的微生物缺乏标准化的有效药敏试验方法。如有确认的药敏试验方法，就应予以使用。如使用不同于标准方法的任何其他方法，都应明确报告。对尚未建立标准化药敏试验方法的微生物进行试验时，应提供详细试验方法。

制定监测和监控计划前，需确定水生动物病原及其重要性排序，以便开发试验方法。

1. 微生物的选择

水生动物病原微生物耐药性信息应来自对诊断实验室分离株的定期监测，这些分离株应被确定为引起水生动物重大疫病的主要病原。

监控计划应侧重于与区域/当地主要水生动物常见感染有关的微生物。

微生物的选择应避免因过多选择源自严重流行疫病或治疗失败的分离株而引起偏差。

可选择集中研究某特定种群的微生物，以便针对某特定问题提供相关信息。

2. 微生物敏药性分析方法

相关实验室可通过杯碟扩散法、最小抑菌浓度法（MIC）或其他药敏试验方法监测抗性出现频率。应使用经确认的国际标准化方法对从水生动物中分离出的微生物进行研究。

3. 对耐药性监测实验室的要求

进行国家或区域一级抗微生物制剂耐药性监测的实验室应具备足够的专业能力和技术，符合所有标准化试验方法的质量控制要求。这些实验室还应有能力参与所有必要的实验室间校准研究和方法标准化测试。

4. 抗微生物制剂的选择

药敏试验应包括所有用于水生动物疫病治疗的主要抗微生物制剂类别的代表性药物。

5. 结果报告

应公布包括药敏数据在内的监测监控计划结果,并提供给利益相关方。报告应包括基本定量数据和使用的解释标准。

6. 为流行病学目的而进行监测与监控

流行病学监测应首选以特定受测微生物MIC分布或抑菌圈直径为基础的流行病学临界值(也称微生物学分界点)。

如以流行病学临界值进行解释,结果应归类为野生型(WT)和非野生型(NWT)。如以微生物学分界点进行解释,结果应归类为敏感型、中等敏感型和耐药型。

对于微生物种类和抗微生物制剂组合,如果没有国际上认可的流行病学临界值,实验室可自行确定实验室临界值,但必须明确说明所使用的方法。

7. 为临诊目的而进行监测与监控

如监测目的是提供信息以促进谨慎使用抗微生物制剂,包括向具有处方权的专业人员提供指导,则可使用临诊临界值。应用已确认的临诊临界值分析水生动物分离微生物的药敏数据,并以此为依据对抗微生物制剂进行选择,这是谨慎使用抗微生物制剂的要素之一。

使用临诊临界点有助于发现对按标准使用抗微生物制剂体内浓度不敏感的微生物。建立这些临界点需要临诊治疗效果相关性数据。为此,应尽可能收集和报告分离株体外药敏性试验结果与特定环境给定治疗方案临诊效果的相关性数据。

建立临诊临界点也可从治疗失败的报告中获得有用信息。主管部门应在监测和监控计划中建立信息获取系统,用于掌握治疗失败及相关微生物药敏试验结果的详细情况。

第6.4.5条

制定食用水生动物产品中微生物监测和监控方案

关于食用水生动物产品中微生物耐药性监测和监控计划所需取样步骤和分析程序的详细信息,应参见OIE《陆生动物卫生法典》第6.8章。

值得注意的是,由于水生动物肠道菌群具有短暂性,因此在OIE《陆生动物卫生法典》第6.8章中提到的"共生菌"(commensal)与水生动物基本无关。只有在有证据表明水生动物肠道菌群的存在时间足以导致产生抗微生物制剂耐药性时,方可考虑将肠道菌群纳入监控计划。

设计取样方案应考虑水生动物产品中能感染人类的耐药性微生物污染会来自水生动物之外的其他来源。应将所有污染源考虑在内,如未经处理的粪便直接排入水生环境等。相对于陆生动物,此类微生物在水生动物中较为少见。然而，在监测和监控计划中应至少包括以下细菌：

1）　沙门氏菌属；

2）　副溶血弧菌；

3）　单核细胞增生李斯特菌。

注：2012年首次通过。

第6.5章　水生动物抗微生物制剂耐药性风险分析

第6.5.1条

关于分析水生动物耐药性微生物导致水生动物卫生和人类卫生风险的建议

1.　引言

抗微生物制剂耐药性是一种受多种因素影响而自然产生的现象。然而，耐药性问题与任何环境中（包括人类和非人类）抗微生物制剂的使用有着内在联系。

与治疗和非治疗目的抗微生物制剂使用相关的耐药性导致耐药微生物的选择和传播，从而导致抗微生物制剂在动物和人类医学上的治疗效果降低。

2.　目的

就本章而言，风险分析的主要目标是为OIE成员提供一种透明、客观、有科学依据的方法，以针对水生动物抗微生物制剂使用而导致的耐药性选择和传播，评估和管理这一问题给人类与水生动物带来的卫生风险。

食品法典委员会《食源性抗微生物制剂耐药性风险分析准则》（CAC/GL77—2011）提供与非人类使用抗微生物制剂有关的食源性耐药性问题的指南。

3.　定义

本章中，危害指水生动物抗微生物制剂使用中而产生的耐药微生物或耐药决定子。这一定义反映了耐药性微生物对卫生造成不利影响的可能性，以及在微生物之间横向转移遗传决定子的可能性。危害可能产生的不利后果包括人类或水生动物可能暴露于耐药微生物而患病、抗微生物制剂疗效降低等。

本章中，水生动物卫生面临的风险指由于在水产养殖中使用抗菌剂而导致水生动物感染了产生耐药性的微生物，进而导致用于治疗水生动物疫病的抗微生物制剂疗效降低。

本章中，人类卫生面临的风险指人类感染在水生动物中使用抗菌剂而产生耐药性的微生物，导致用于治疗人类感染的抗微生物制剂疗效降低。

4.　风险分析步骤

本章所述的风险分析包括危害识别、风险评估、风险管理和风险交流。

本章阐述了风险分析各步骤需考虑的因素。这些因素并非详尽无遗，且并非所有因素都适用于所有情况。

5. 风险评估

应从以下方面评估因抗微生物制剂使用产生的耐药微生物给人类与水生动物卫生带来的风险：

a）使用抗微生物制剂导致出现耐药微生物的可能性，或耐药性在微生物间传递而产生耐药决定子传播的可能性；

b）人类和水生动物可能暴露于这些耐药微生物或耐药决定子的途径及其影响；

c）暴露后给人类和水生动物卫生带来的后果。

第2.1.3条所定义的风险评估总则对定性和定量风险评估均适用。

第6.5.2条

在水产养殖中进行抗微生物制剂耐药性风险分析需特别考虑的因素

1. 引言

水产养殖中的抗微生物制剂耐药性风险分析受到影响风险评估和风险管理的各种因素的挑战，这些因素包括水产养殖的多样性、相对缺乏细菌培养及药敏实验方法、相对缺乏药物应用方面的信息，以及形成耐药微生物基因库及造成耐药决定子水平传播的潜在风险。

不过，与陆生动物生产相同，风险分析的基本原则（风险评估、风险管理、风险交流）为水产养殖提供了一个重要框架。

2. 数据需求

在风险评估数据收集计划的设计中，需特别注意考虑可能的混淆因素。

由于很多类型的水产养殖（特别是开放式养殖）都会与陆生动物生产及人类环境有交叉联系，所以应特别注意清晰界定需评估的风险。耐药微生物或耐药决定子的选择与传播可能与水生动物抗微生物制剂使用有关，也可能是附近陆生动物生产中使用抗微生物制剂或人类废水中存在抗微生物制剂的结果。

3. 水产养殖的多样性

养殖物种的范围、不同养殖系统的数量和类型、所用抗微生物制剂的范围及其用药途径都会影响风险评估，尤其是对传入的评估。因此，在对看似相似的水产养殖业进行类别划分时要格外谨慎。

风险管理备选方案的确定、选择和监控也受到水产养殖多样性的影响。

4. 缺少药敏实验的标准方法

目前，对于许多相关水产养殖物种都缺少药敏实验的标准方法，导致无法对特定风险进行定量分析。如有药敏实验标准方法，即应采用；如没有标准方法，则应采用详细说明的科学方法。

5. 缺少获准药品

批准用于水产养殖的抗微生物制剂数量很少，这给风险分析中的风险评估及风险管理带来了挑战。

收集和使用与风险评估相关的水产养殖所用抗微生物制剂的类型、数量的全面信息至关重要。在某些情况下，还应考虑对抗微生物制剂的合法额外使用、非医学指证使用及非法使用等方面的信息，详见本法典第6.3章。

一些水产养殖国家的获准药物数量少，加上管理及水生动物卫生基础设施不足等问题，给风险管理带来额外挑战。因此，风险管理方案应切合实际，并考虑在实施及遵从方面的能力问题。

在监测和监控计划方面，缺少获准药物这一问题意味着抗微生物制剂用量信息和数据收集不仅应考虑获准药物，还应考虑未获准药物的使用信息。

6. 形成宿主的潜在可能性（水平传递）

环境中的微生物是生物圈中耐药决定子的基础库，是人类医学及兽医学中所有抗微生物制剂耐药决定子的基本起源。耐药决定子出现的频率由内在的非人为因素决定，所有人类使用的抗微生物制剂，包括使用在水产养殖中，都有可能增加库的规模。

水产养殖中使用抗微生物制剂有可能导致环境中微生物耐药决定子频率增高的风险。这可能造成耐药决定子转移给能够感染人类、动物或水生动物的微生物的频率增加。这种风险的评估与管理极为复杂。传入评估及暴露评估的生物路径多种多样，目前尚无法提供具体准则。

第6.5.3条

人类卫生风险分析

1. 风险定义

由于在水生动物中使用抗微生物制剂而使微生物出现耐药性，导致用于治疗人类感染的抗微生物制剂失去疗效。

2. 危害

– 在水生动物抗微生物制剂使用中获得耐药性（包括多重耐药）的微生物；

– 通过在水生动物中使用抗微生物制剂获得耐药性的微生物而获得耐药决定子的微生物。

危害识别须考虑抗微生物制剂的种类或亚类，并结合本法典第6.5.1条第3点来理解。

3. 传入评估

传入评估指描述水生动物抗微生物制剂使用后耐药微生物或耐药性决定子传入特定环境的生物学途径，包括定性或定量地评估整个过程的发生率。传入评估描述在每组数量和时间特定条件下每种危害的传入概率。

传入评估应考虑下列因素：

– 抗微生物制剂治疗水生动物种类；

– 水产养殖体系（粗放养殖或集约化养殖、围网养殖、网箱养殖、流水道式养殖、池塘养殖等）；

- 水生动物治疗数量、年龄及地理分布；
- 适用或使用抗微生物制剂的目标水生动物种群的疫病流行情况；
- 抗微生物制剂使用趋势和水产养殖系统变化的数据；
- 潜在的药品额外使用或非常规使用的数据；
- 抗微生物制剂使用方法和给药途径；
- 给药方案（剂量、给药间隔和治疗持续时间）；
- 抗微生物制剂药代动力学与药效学；
- 感染部位与类型；
- 耐药微生物的生成；
- 水生动物物种中可能产生耐药性的病原的流行情况；
- 耐药性直接或间接传递机制和途径；
- 毒力属性和耐药性之间潜在的联系；
- 与其他抗微生物制剂的交叉耐药性或协同耐药性；
- 通过监测水生动物、水生动物产品和废弃物获得耐药微生物趋势和发生率数据。

传入评估应考虑到以下混淆因素：

- 与水域环境受到陆地污染、饲料受污染或在捕捞后加工环节受污染的水生动物或水生动物产品相关的耐药微生物或耐药决定子。

4. 暴露评估

暴露评估针对因水生动物抗微生物制剂使用产生耐药微生物或释放出的耐药性决定子，描述人类暴露于其中的生物学途径，并估计暴露发生率。评定在特定暴露条件下（如数量、时间、频率、暴露持续时间、暴露途径、暴露人群其他特征等）已识别危害的暴露概率。

暴露评估应考虑下列因素：

- 人口统计数据，包括人口子群及饮食习惯，包括有关食物制备和储藏的传统与文化习俗；
- 食用时食品中耐药微生物的流行率；
- 食用时污染食品中的微生物含量；
- 耐药微生物对环境的污染程度；
- 耐药微生物及其耐药决定子在人类、水生动物和环境之间的传播；
- 食品微生物净化措施；
- 食品生产过程中（包括屠宰、加工、储藏、运输和零售）耐药微生物的存活力及传播；
- 废弃物处理操作及人类暴露于废弃物中耐药微生物或耐药决定子的可能性；
- 耐药微生物在人体内形成的能力；
- 正在考虑的微生物在人与人之间的传播；
- 耐药微生物向人类共生微生物及人畜共患病原传递耐药性的能力；

- 人类医学所用的抗微生物制剂数量和类型；

- 药代动力学，如代谢、生物利用度和在肠道菌群中的分布；

- 从事水产养殖或加工业的工人直接接触耐药微生物的程度。

5. 后果评估

后果评估描述耐药微生物或耐药决定子暴露与暴露后果之间的关系。暴露与产生不利卫生或环境后果之间应存在一个因果过程，进而可能导致社会经济后果。后果评估描述某一特定暴露的潜在后果及其发生概率。

后果评估应考虑下列因素：

- 微生物剂量与随后宿主应答之间的相互作用；

- 暴露群或亚群的易感性变化；

- 抗微生物制剂疗效下降和相关费用（如疫病和住院）给人类卫生造成影响的变化及频率；

- 毒力属性和耐药性间的潜在联系；

- 因对食品安全性缺乏信心而引起的食品消费模式改变以及任何相关的次级风险；

- 对人类抗微生物制剂治疗的干扰；

- 抗微生物制剂在动物卫生和人类卫生中的重要性（参见OIE《重要兽用抗微生物制剂名录》及世界卫生组织《重要抗微生物制剂名录》）；

- 审议中的人类细菌性病原耐药性发生率。

6. 风险估算

风险估算综合传入评估、暴露评估和后果评估的结果，总体评估危害相关风险。因此，风险估算应考虑从危害识别到产生不良后果的整个风险路径。

7. 风险管理

风险管理包括以下步骤：

a） 风险评价

风险评价指将风险估算中评估的风险与建议的风险管理措施所预期的风险降低进行比较的过程。

b） 备选方案评价

一系列风险管理备选方案可用于最大限度地减少抗微生物耐药性的发生和传播，包括监管和非监管选择，如制定水产养殖中使用抗微生物制剂的行业准则。

风险管理决定需充分考虑这些不同选择对人类卫生、水生动物卫生和福利的影响，并考虑经济因素和任何相关的环境问题。有效控制水生动物疫病可产生双重效益，即降低与细菌病原和抗微生物制剂耐药性相关的人类卫生风险。

c） 实施

风险管理者应制定一个实施计划，说明如何实施、由谁实施和何时实施。主管部门应确定一个适当的监管框架和基础设施。

d) 监测和审查

应持续监测和审查风险管理备选方案，以确保达到目标。

8. 风险交流

应尽早促进与所有利益相关方的交流，并将其纳入风险分析的所有阶段。这将使包括风险管理人员在内的所有有关各方更好地了解风险管理方法。对风险交流应做好记录。

第6.5.4条

水生动物卫生风险分析

1. 风险定义

由于在水生动物中使用抗微生物制剂而使微生物出现耐药性，导致用于治疗水生动物感染的抗微生物制剂失去疗效。

2. 危害

– 在水生动物抗微生物制剂使用中获得耐药性（包括多重耐药）的微生物；

– 通过在水生动物中使用抗微生物制剂获得耐药性的微生物而获得耐药决定子的微生物。

危害识别须考虑到抗微生物制剂的种类或亚类，并结合本法典第6.5.1条第3点来理解。

3. 传入评估

传入评估应考虑下列因素：

– 抗微生物制剂治疗水生动物种类；

– 水产养殖体系（粗放养殖或集约化养殖、围网养殖、网箱养殖、流水道式养殖、池塘养殖等）；

– 水生动物治疗数量、年龄及地理分布、性别（如适用）；

– 适用或使用抗微生物制剂的目标水生动物种群的疫病流行情况；

– 抗微生物制剂使用或销售趋势以及水产养殖系统变化的数据；

– 潜在的药品额外使用或非常规使用的数据；

– 抗微生物制剂使用方法及给药途径；

– 给药方案（剂量、给药间隔和治疗持续时间）；

– 抗微生物制剂药代动力学与药效学；

– 感染部位与类型；

– 耐药微生物的生成；

– 水生动物物种中可能产生耐药性的病原的流行情况；

- 耐药性直接或间接传递机制和途径；
- 与其他抗微生物制剂的交叉耐药性或协同耐药性；
- 通过监测水生动物、水生动物产品和废弃物获得耐药微生物趋势和发生率数据。

  传入评估应考虑到以下混淆因素：

- 与水域环境受到陆地污染、饲料受污染或在捕捞后加工环节受污染的水生动物或水生动物产品相关的耐药微生物或耐药决定子。

4. 暴露评估

暴露评估应考虑下列因素：

- 在临诊发病及未发病的水生动物中耐药微生物的流行及趋势；
- 饲料和水生动物环境中耐药微生物的流行；
- 耐药微生物和耐药决定子在动物间（水生动物养殖操作和水生动物移动）的传播情况；
- 水生动物治疗数量或百分比；
- 水生动物中抗微生物制剂的用量和趋势；
- 耐药微生物的存活力和传播；
- 野生动物暴露于耐药微生物的情况；
- 废弃物处理操作及水生动物通过这些废弃物暴露于耐药微生物或耐药决定子的可能性；
- 耐药微生物定植水生动物的能力；
- 暴露于其他来源（如水、废水、废物污染等）耐药决定子的情况；
- 药代动力学，如代谢、生物利用度、相关菌群分布（考虑到对许多水生动物的肠道菌的作用可能是短暂的）；
- 耐药菌和耐药决定子在人类、水生动物与环境之间的传播。

5. 后果评估

后果评估应考虑下列因素：

- 微生物剂量与随后宿主应答之间的相互作用；
- 暴露群或亚群的易感性变化；
- 抗微生物制剂效力下降和相关费用给水生动物卫生造成影响的变化情况及频率；
- 毒力属性和耐药性间的潜在联系；
- 抗微生物制剂在动物卫生和人类卫生中的重要性（参见OIE《重要兽用抗微生物制剂名录》及世界卫生组织《重要抗微生物制剂名录》）；
- 耐药微生物导致的额外疫病负担；
- 耐药微生物导致的治疗失败次数；
- 传染性疫病的严重程度和持续时间的增加情况；
- 对水生动物福利造成的影响；

    – 对水生动物卫生及生产所带来的经济影响及成本的估算；

    – 与耐药微生物相关的死亡情况（年总死亡数、种群中随机成员或特定暴露程度较高的亚群成
      员年死亡率），并与同种水生动物由敏感微生物造成的死亡进行比较；

    – 可供选择的抗微生物制剂疗法；

    – 改用替代抗微生物制剂的潜在影响，如毒性可能增加的替代品。

6.　风险估算

风险估算综合传入评估、暴露评估和后果评估的结果，总体评估危害相关风险。因此，风险估算应考虑从危害识别到产生不良后果的整个风险路径。

7.　风险管理

参见上述第6.5.3条第7点有关规定。

8.　风险交流

参见上述第6.5.3条第8点有关规定。

注：于2015年首次通过。

第7篇

水产养殖中的鱼类福利

第7.1章　鱼类福利有关建议概述

第7.1.1条

指导原则

1) 考虑到：

　　a) 养殖业、捕捞业、研究、娱乐（如观赏和水族馆）中使用鱼类对人类福祉产生的重大作用；

　　b) 鱼类福利与鱼类健康息息相关；

　　c) 改善养殖鱼类的福利往往有利于提高生产力，从而带来经济效益。

2) OIE就养殖鱼类（不包括观赏鱼）的运输、屠宰和为控制疫病而销毁等过程中的福利提出建议，并应用以下原则：

　　a) 鱼类的使用关系到道德责任，需尽最大努力确保动物福利。

　　b) 科学评估鱼类福利需综合考虑科学数据和基于价值的假设，评估过程应尽可能明确说明。

第7.1.2条

OIE建议的科学依据

1) 养殖鱼类福利的基本要求包括适合鱼类生物学特性的处理方法和满足其需求的适宜环境。

2) 养殖鱼类种类繁多且生物学特性各异，不可能为每种鱼制定一套具体建议。因此，OIE的建议仅限于养殖鱼类福利的总体原则。

注：于2008年首次通过。

第7.2章 鱼类运输中的福利问题

第7.2.1条

范围

本章就尽量减少运输对养殖鱼类（以下简称鱼类）福利的影响提出建议，适用于国内及国际空运、海运或陆路运输，且仅涉及与鱼类福利相关问题。

与鱼类运输有关的水生动物卫生风险控制建议见本法典第5.5章。

第7.2.2条

职责

在整个运输过程中，所有鱼类管理人员均需关注其业务对鱼类福利的潜在影响。

1）在出口和进口过程中，主管部门的责任包括：

    a）制定运输中保证鱼类福利的最低标准，包括在运输前、运输中和运输后进行检查，证书齐全，记录保存，运输人员对鱼类福利的认识和相关培训；

    b）确保标准的贯彻执行，包括运输公司的资格鉴定。

2）在运输开始和结束时，鱼类养殖场主和管理者负责：

    a）在运输开始时，检查鱼类整体卫生状态及是否适合运输，并确保鱼类在运输途中的整体福利，无论这些职责是否分包给其他部门；

    b）确保由训练有素的合格人员监督其设施内的鱼类装卸作业，避免造成损伤且尽量减少应激反应；

    c）制定应急预案，以便在运输开始和结束时或运输途中（如有必要）对鱼类进行人道宰杀；

    d）确保在目的地给鱼类提供合适的环境，确保鱼类福利。

3）运输人员与养殖场主或管理者合作规划运输，确保运输按照鱼类卫生和福利标准进行，包括：

    a）使用与鱼种相适应且保养良好的运输工具；

    b）确保由训练有素的合格人员装卸鱼，并确保在必要时迅速进行人道宰杀；

    c）制定应急预案以处理紧急情况，最大限度地减少运输过程中的应激反应；

    d）选择合适的装卸设备。

4）运输监督人员负责准备所有运输相关文件，并在运输中切实落实有关鱼类的福利条例。

第7.2.3条

能力

监督运输（包括装卸）的各方应掌握鱼类福利相关知识并了解其重要性，以在运输过程中确保鱼类的福利。这方面的能力可通过正规培训和实践经验获得。

1）　管理活鱼或在运输过程中相关责任人员应具备可胜任第7.2.2条所述职责的能力。

2）　主管部门、养殖场主/管理者及运输公司有责任对其员工和其他人员进行培训。

3）　所有必要培训应包括物种特异性专业知识，并可包括如下方面的实际经验：

　　a）　鱼类行为、生理学、疫病和福利不佳的一般迹象；

　　b）　鱼类健康和福利设备的操作和维修；

　　c）　水质及适当的换水程序；

　　d）　运输、装卸过程中处理活鱼的方法（根据相关鱼种的特性）；

　　e）　运输过程中检查鱼类的方法以及特殊情况管理，如水质参数的变化、不利气候条件和紧急情况；

　　f）　按照本法典第7.4章以人道方法宰杀死鱼类；

　　g）　日志和记录保存。

第7.2.4条

运输规划

1.　一般原则

合理规划是影响运输期间鱼类福利的关键因素。运输前的准备、日程以及运输路线应根据运输目的而定，如生物安保问题、用于育种或养成的鱼类运输、为控制疫病宰杀等。运输开始前，应就以下方面进行规划：

　　a）　所需运载工具和运输设备的类型；

　　b）　路线，如距离、预期天气和/或海洋条件；

　　c）　运输的性质和持续时间；

　　d）　评估鱼类在卸载地点是否需要适应当地水质；

　　e）　运输过程中对鱼类的照料；

　　f）　与鱼类福利相关的应急预案；

　　g）　评估所需生物安保水平（如清洗和消毒的方式、安全的换水场所、运输用水的处理等）（参见第5.5章）。

2.　运输工具的设计和维修（包括装卸设备）

　　a）用于运输鱼类的车辆和容器应适合鱼的种类、大小、重量和数量。

　　b）应保持良好的车辆和容器机械性能及结构状态，防止车辆出现可预测和可避免的损坏，这些损坏可能会直接或间接影响鱼类福利。

　　c）车辆和容器应具有足够的水循环和必要的供氧设备，以满足运输中发生条件变化和不同鱼类供氧需求，包括因生物安保而关闭活鱼运输船底阀门等。

　　d）如有必要，在运输期间应便于进行鱼类检查，评估鱼类福利。

　　e）随行携带的鱼类福利文件应包括收到货物记录、联系人信息、死亡率和处理/储存记录。

　　f）渔具（如普通网和抄网、抽水设备和捞网等）的设计、制作和维护应减少鱼类的物理损伤。

3.　水

　　a）水质（如氧气、二氧化碳和氨氮含量、酸碱度、温度、盐度等）应与运输物种和方法相适应。

　　b）应根据运输距离决定是否需要装备监控和维持水质的设备。

4.　活鱼运输前的准备工作

　　a）运输前，应根据鱼的种类和生长阶段对其实行禁食。

　　b）应根据鱼类健康状况、运输前的处理和最近的运输史，评估鱼类抵御运输应激反应能力。总之，只应装载适合运输的鱼类。为控制疫病而进行运输应参照第7.4章的建议。

　　c）鱼类不适合运输的原因包括：

　　　　ⅰ）表现出疫病临诊特征；

　　　　ⅱ）鱼身明显损伤或行为异常，如快速呼吸或异常游动；

　　　　ⅲ）近期暴露于对行为或生理状态有不利影响的应激因素（如极端温度、化学药剂）；

　　　　ⅳ）禁食时间不足或过长。

5.　物种特异性建议

　　运输程序应考虑到不同鱼种的行为和需求差异。适用于某种鱼的处理方法可能对另一种鱼无效或产生危险。

　　某些鱼类或处于某生长阶段的鱼可能需要在进入新环境前做好生理准备，如禁食或渗透压适应。

6.　应急预案

　　应制定一项应急预案，确定运输期间可能遇到的严重影响鱼类福利的事件、每一事件的处理程序和应采取的行动。对于每一事件，应记录所采取的行动和所有相关方的职责，包括交流和记录保存。

第7.2.5条

相关文件

1）所需文件齐全方可装载鱼类。

2）鱼类运输随附文件（运输日志）应包括：

　　a）货物说明（如日期、时间、装载地点、物种、装载量等）；

　　b）运输计划说明（如路线、换水、预期运输持续时间、到达与卸载日期和地点以及收货人联系方式等）。

3）运输日志应提供给发货人、收货人，并根据要求提供给水生动物卫生机构。之前的运输日志应在运输结束后按照水生动物卫生机构的规定保存一段时间。

第7.2.6条

鱼的装载

1）为防止鱼体受损和减少应激反应，必须考虑以下方面：

　　a）装载前集中在养殖池塘、水槽、网或笼的状况；

　　b）设备（如网、泵、管道和部件）构造不当（如太弯或凸起）或不当操作（如因鱼的大小或数量不当而造成超载）；

　　c）水质：如将鱼运到水温或其他参数明显不同的水中，有些鱼种需要一个适应过程。

2）运载工具或容器里鱼的密度应基于现有科学数据，不超过普遍接受的特定鱼种密度。

3）应由经验丰富且熟知鱼种行为及特性的人员进行装载和监督，以确保鱼类福利。

第7.2.7条

鱼的运输

1.　一般原则

　　a）运输过程中应定期检查，以确保鱼类福利。

　　b）确保水质监测，并进行必要的调整以避免极端情况。

　　c）运输中应尽量减少鱼类的失控运动，避免产生应激反应和损伤。

2.　病鱼或受伤的鱼

　　a）运输期间发生鱼类卫生紧急情况时，运输人员应启动应急预案（参见第7.2.4条第6点）。

b）　运输期间如需宰杀鱼，应按照第7.4章的规定，以人道方式进行。

第7.2.8条

鱼的卸载

1）　良好的鱼类装载原则同样适用于卸载鱼。

2）　到达目的地后应尽快将鱼卸载，操作时间充足，确保卸载不会对鱼造成损伤。如水质完全不同（如温度、盐度、酸碱度等），有些鱼种需要一个适应过程。

3）　应把垂死或严重受伤的鱼移出，并按照第7.4章的建议，实行人道宰杀。

第7.2.9条

运输后的工作

1）　负责接收的人员应密切观察运输后鱼的情况，并做好相关记录。

2）　对出现异常临诊症状的鱼应按照第7.4章的建议进行人道宰杀，或由兽医或其他有资质的人员进行隔离和检查，并提供治疗建议。

3）　应评估运输过程中存在的明显问题，以防止此类问题再次发生。

注：于2009年首次通过，于2012年最新修订。

第7.3章　食用养殖鱼类击晕和宰杀操作中的福利问题

第7.3.1条

范围

本章建议适用于食用养殖鱼类的击晕和宰杀操作。

这些建议旨在确保在击晕和宰杀操作中（包括运输和击晕前存放）食用养殖鱼类的福利。

本章介绍了在击晕和宰杀操作中确保食用养殖鱼类福利的一般性原则，这些原则同样适用于为控制疫病而进行的鱼类宰杀，为控制疫病而紧急宰杀鱼的其他措施见第7.4章。

作为一般性原则，在宰杀养殖鱼类前应将其击晕。击晕方法应确保即时和不可逆意识丧失，并应在鱼苏醒前将其宰杀。

第7.3.2条

人员

从事处理、击晕和宰杀鱼的人员对维护鱼类福利起着重要作用，这些人员应具有处理鱼类的经验和专业能力，并了解鱼的行为模式和基本操作原则。一些击晕和宰杀鱼的方法可能对人员构成威胁，因此，培训应包括操作方面的职业卫生和安全内容。

第7.3.3条

运输

在鱼类击晕和宰杀前如需运输，应按照本法典第7.2章的建议，确保运输中鱼类福利。

第7.3.4条

暂养设施的设计

1) 暂养设施的设计与建造应针对某种鱼类或某一组鱼类的临时保存。
2) 暂养设施的大小应能够在一定时间内保存一定数量的鱼，而不影响鱼类福利。
3) 操作中应尽量减少鱼体损伤和应激反应。
4) 以下建议也有利于达到保护鱼类福利的目的：

   a) 网和水槽的设计应尽量保证减少鱼体损伤；

   b) 水质应适合鱼种和放养密度；

   c) 泵和管道等转移设备的设计应保证尽量减少鱼体损伤。

第7.3.5条

卸载、转移和装载

1) 鱼的卸载、转移和装载应保证尽量减少损伤和应激反应。
2) 应考虑以下几点：

   a) 在到达目的地卸载鱼之前，应对水质（如温度、氧气和二氧化碳水平、酸碱度和盐度）进行评估，并根据需要采取纠正措施。

   b) 一旦发现受伤或垂死的鱼，应立即加以隔离并人道宰杀。

   c) 应尽量减少拥挤状况，缩短拥挤时间，以免产生应激反应。

   d) 转移过程中应尽可能减少对鱼的处理，最好不要在水体外进行。如需把鱼从水中移出，应尽可能缩短操作时间。

   e) 如可行，应不对鱼进行任何处理，让其直接游进击晕装置，以免产生应激反应。

   f) 设计和制造如普通网、捞鱼网、抽水设备和抄网等渔具时，应考虑减少鱼体损伤（应重点考虑抽水高度、压力和速度等因素）。

   g) 宰杀鱼前，禁食时间不应超过所需时间（如出于清除肠道或减少不良感官特性的需要）。

   h) 应制定一个应急预案以处理在卸鱼、转移及装鱼过程中出现的紧急情况，并尽量减少应激反应。

第7.3.6条

击晕和宰杀方法

1. 一般原则

   a) 选择方法应视物种特异性而定。

   b) 合理操作并妥善维护所有处理、击晕和宰杀设备，定期进行检查，确保设备性能良好。

   c) 击晕有效性应以完全丧失意识为准。

   d) 需配备备用击晕系统。如鱼未被正确击晕或死前苏醒，应尽快再次击晕。

   e) 如宰杀可能延期，则不应将鱼击晕，以免鱼苏醒或部分恢复意识。

   f) 虽然很难辨别鱼类是否丧失意识，但正确的击晕迹象包括：ⅰ）丧失身体运动和呼吸运动（鳃活动丧失）；ⅱ）丧失视觉诱发反应（VER）；ⅲ）丧失前庭眼反射（VOR，即眼珠不受控滚动）。

2. 机械性击晕和宰杀方法

   a) 敲击性击晕指以足够强度敲击头部上方或紧邻大脑的地方以损害脑部。机械性击晕可通过人工或使用专门设备进行。

   b) 在鱼脑里插入铁钉或铁芯物理性破坏大脑是一种不可逆的击晕和宰杀方法。

   c) 宰杀金枪鱼等大型鱼类可使用枪击。操作时，用渔网围截鱼，然后从水面击中鱼头，也可从水下逐一枪击鱼头。

   d) 如操作正确，机械性击晕导致的意识丧失通常不可逆。如短暂意识丧失，应在鱼苏醒前将其宰杀。

3. 电击晕和宰杀方法

   a) 电击晕法指通过足够强度的电流在足够长的时间里以合适频率引起意识和感觉的快速丧失。淡水和咸水的导电性不同，需建立相应电流参数，确保获得适当击晕效果。

   b) 电击设备的构造和使用应适用于鱼的种类及其生存环境。

   c) 电击后意识丧失可能是可逆转的。在这种情况下，应在鱼苏醒前立刻宰杀。

   d) 应把鱼限制在水面以下，电击槽和电击室的电流分布应统一。

   e) 在半干式电击晕系统中，应保证鱼头先进入设备，以确保快速将鱼击晕。

4. 其他宰杀方法

   其他宰杀鱼类方法如下：在水中加冰；在水中通入二氧化碳；在水中同时加冰和二氧化碳；加入盐和氨；将鱼从水中移出，使鱼窒息而死；不用击晕的放血法等。但这些方法不利于维护鱼类福利。如可采用本条第2点和第3点中描述的方法，则不应使用这些方法。

第7.3.7条

鱼类击晕和宰杀方法及其对鱼类福利影响一览表

可使用下表所述方法组合。

击晕和宰杀方法	具体方法	主要鱼类福利问题/要求	优点	缺点
机械法	敲击性击晕	以足够力度敲击鱼脑，使鱼类立即丧失意识。操作时应把鱼迅速移出水面，固定后快速敲击鱼头。可用棍手工击晕，或通过自动设备击晕，然后检查击晕效果是否彻底，如有必要，应予以重新击晕。该方法可用于击晕或宰杀鱼类。	立即丧失意识。适合大中型鱼类。	鱼的随意运动会影响操作。敲击力度不足会导致击晕无效。可能产生损伤。手工敲击致晕仅适用于宰杀数量有限且大小相近的鱼。
	插入铁钉或铁芯	应对准鱼脑部头骨插入铁钉，使鱼即刻丧失意识。操作时应把鱼快速移出水面，固定后立即将铁钉插入脑内。该方法可用于击晕或宰杀鱼类。	立即丧失意识。适用于大中型鱼类。对于小金枪鱼，可在水下插铁钉，以免鱼接触空气。金枪鱼的松果体是理想的铁钉插入部位。	操作不当可能引起鱼体损伤。如鱼类一直游动，则很难应用此法。仅适用于宰杀数量有限的鱼。
	枪击	枪击时应瞄准鱼脑。鱼的位置应正确，并尽可能缩短击射距离。该方法可用于击晕或宰杀鱼类。	立即丧失意识。适用于大型鱼类（如大金枪鱼）。	需保证合适的射击距离及枪支口径。鱼类过于拥挤及枪声可能会引起鱼的应激反应。因鱼释放体液而污染工作区可能会造成生物安保风险。可能会给操作者带来危险。
电击法	电击	需足够的电流强度、频率和持续时间，立刻引起意识丧失。该方法可用于击晕或宰杀鱼类。应正确设计和维护设备。	立即丧失意识。适用于中小型鱼类。适用于处理大量鱼，且无需将鱼移出水面。	很难针对所有鱼种将该方法标准化。有些物种的最佳控制参数仍未知。可能会给操作者带来危险。
	半干式电击	鱼头应首先进入系统，电流首先作用在头部。通过足够的电流强度、频率及持续时间，引起意识立即丧失。应正确设计和维护设备。	可视化控制程度佳，并能对单条鱼重新电击。	鱼所处位置有误可能会导致电击不当。一些物种的最佳控制参数仍未知。不适用于大小不同的鱼。

注：应根据具体鱼种确定大、中、小鱼的概念。

第7.3.8条

鱼群击晕或宰杀范例

通过以下方法可对以下鱼群进行人道宰杀：

1） 敲击致晕：鲤和鲑；

2） 插入铁钉或铁芯：金枪鱼；

3） 枪击：金枪鱼；

4） 电击：鲤、鳝和鲑。

注：于2010年首次通过，于2012年最新修订。

第7.4章　为控制疫病而宰杀养殖鱼

第7.4.1条

范围

本章针对为控制疫病而宰杀养殖鱼提出建议，并要求确保养殖鱼死前的福利。

在养殖操作过程中，宰杀个别养殖鱼（如因分类、分级或发病背景情况等原因）不属于本章范畴。

应结合本法典以下章节建议综合考虑：第4.5章"应急预案"，第4.7章"水生动物废弃物的管理、处置和处理"，第5.5章"控制与水生动物运输相关的卫生风险"，第7.2章"鱼类运输中的福利问题"，第7.3章"食用养殖鱼类击晕和宰杀操作中的福利问题"。

第7.4.2条

一般原则

1）疫病防控应急预案应包含鱼类福利问题（参见第4.5章）。

2）选择宰杀方法应考虑到鱼类福利、生物安保要求、人员安全等问题。

3）为控制疫病而宰杀鱼时，使用的方法应可导致鱼立即死亡或在宰杀前意识丧失。如不能立刻引起意识丧失，诱发意识丧失的方法应尽可能无痛苦或尽量减少痛苦，不应给鱼造成可避免的应激。

4）第7.3章介绍的方法同样适用于控制疫病。

5）一些用于疫病控制的方法（如麻醉过量、搅碎等）可能使鱼不适合人类食用，应在应急预案中加以详细说明。

6）根据具体情况，紧急宰杀鱼可就地进行，也可运输到批准的宰杀设施进行。

第7.4.3条

感染场所和获准宰杀设施操作指南

1）宰杀操作应参照以下规定：

a）操作步骤视场所具体情况而定，并应考虑鱼类福利和相关疫病的生物安保问题。

b）宰杀应由合格人员立即进行，并考虑加强生物安保措施。

c）应尽量减少鱼处理，以免产生应激反应并防止疫病传播，并须按照以下规定进行。

d）宰杀方法应确保鱼在死前始终处于丧失意识状态，或尽快将其宰杀，不应给鱼造成可避免的应激。

e）应持续监控整个过程，确保生物安保和鱼类福利。

f）操作场所应具备标准作业程序（SOP's）且贯彻落实。

2）感染场所经营者应制定以控制疫病为目的的鱼类宰杀程序，并由主管部门批准。这些程序应考虑到鱼类福利、生物安保要求和人员安全等，应包括：

a）鱼的处理和移动；

b）被宰杀鱼的种类、数量、鱼龄和大小；

c）宰杀方法；

d）是否有适用于宰杀鱼的麻醉剂；

e）宰杀所需设备；

f）法规问题（如使用麻醉剂宰杀鱼类）；

g）附近是否有其他水产养殖场；

h）按照本法典第4.7章的规定妥善处置被宰杀的鱼类。

第7.4.4条

工作团队的能力和责任

工作团队负责鱼类宰杀的规划、实施及上报。

1. 团队负责人

a）能力

ⅰ）评估鱼类福利、检查并纠正缺陷的能力，特别是鱼类昏迷和宰杀方法选择和方法有效性评估能力；

ⅱ）评估生物安保风险和预防疫病传播措施的能力；

ⅲ）管理所有业务并按时交付的能力；

ⅳ）了解对养殖场主、团队成员及大众产生的心理影响；

ⅴ）进行有效沟通的能力。

b）责任

ⅰ）确定最合适的宰杀方法，以避免不必要的应激，同时确保生物安保；

ⅱ）规划对感染场所应采取的整体行动；

ⅲ）确定和解决鱼类福利、人员安全和生物安保方面的问题；

ⅳ）组织、指挥和管理团队，按照国家控制疫病应急预案顺利完成鱼类宰杀工作；

ⅴ）确定物流需求；

ⅵ）监测操作，确保鱼类福利、人员安全和生物安保；

ⅶ）向上级报告工作进展和相关问题；

ⅷ）提供一份书面报告，总结宰杀方法及其对鱼类福利和生物安保的影响。应将该报告存档，并按主管部门规定限期进行保留；

ⅸ）审查现场设备是否适于进行大规模宰杀。

2. 负责宰杀的现场工作人员

a）能力

ⅰ）掌握关于鱼类及其行为、生存环境的知识；

ⅱ）接受过培训并能胜任鱼类处理、击晕和宰杀操作；

ⅲ）接受过培训并能胜任设备操作和维修工作。

b）责任

ⅰ）通过有效的击晕和宰杀方法进行宰杀操作；

ⅱ）在需要时协助团队负责人；

ⅲ）在需要时设计和建造临时鱼类处理设施。

第7.4.5条

麻醉剂过量致死

此方法指使用大剂量麻醉剂宰杀鱼类。

1. 麻醉剂的使用

a）用于宰杀鱼的麻醉剂应能有效宰杀鱼类，而非仅具有麻醉作用。

b）操作人员应确保水中麻醉剂的浓度正确，并使用适合鱼种及其生长阶段的水体。

c）鱼类应保持在麻醉剂中，直至死亡。

2. 优点

a）可进行大批量宰杀。

b）鱼死前不需要处理。

c）使用麻醉剂是一种非侵入性技术，可降低生物安保风险。

3. 缺点

   a) 或许不能造成鱼类死亡，例如多次使用后导致麻醉药液稀释。在这种情况下，应在鱼苏醒前立即宰杀。

   b) 一些麻醉剂可能会引起鱼类短暂不适反应。

   c) 需小心谨慎地配制、使用、排放含麻醉剂的水，以及处置经麻醉致死的鱼类残骸。

第7.4.6条

机械宰杀方法

1. 去头

   a) 使用如断头机、刀具等锐器去头，但操作前须将鱼致晕或麻醉。

   b) 设备应保持良好的工作状态。

   c) 血液、体液和其他有机物对工作区的污染可能会带来生物安保风险，这是此方法的主要缺点。

2. 搅碎

   a) 用带有旋转叶片或喷射系统的机械设备进行搅碎，造成新孵化的鱼和鱼卵（受精卵和未受精卵）破裂及死亡。这是一种适用于处理此类材料的方法，可迅速杀死大量鱼卵和新孵化的鱼苗。

   b) 搅碎专用设备需保持工作状态良好。材料进入设备的速率应可使切割刀片正常旋转，且不低于厂商规定的临界速度。

   c) 血液、体液和其他有机物对工作区的污染可能会带来生物安保风险，这是此方法的主要缺点。

注：于2012年首次通过，于2013年最新修订。

第8篇
两栖类疫病

第8.1章　箭毒蛙壶菌感染

Infection with *Batrachochytrium dendrobatidis*

第8.1.1条

本法典中，箭毒蛙壶菌（*Batrachochytrium dendrobatidis*）感染指由箭毒蛙壶菌引发的感染，箭毒蛙壶菌属于壶菌门（Chytridiomycota）壶菌目（Rhizophydiales）。

诊断方法参见《水生手册》。

第8.1.2条

范围

本章提供的建议适用于无尾目（Anura）[青蛙（frogs）和蟾蜍（toads）]、有尾目（Caudata）[蝾螈（salamanders）、水螈（newts）、鳗螈（sirens）]以及蚓螈目（Gymnophiona）[蚓螈（caecilians）]中的所有物种。这些建议也适用于《水生手册》所涉任何其他易感物种国际贸易管理。

第8.1.3条

为任何用途从无论是否存在箭毒蛙壶菌感染的国家、地区或生物安全隔离区进口或过境转运水生动物产品

1）　审批为任何用途而进口或过境转运第8.1.2条所列物种且符合本法典第5.4.1条规定的下列水生动物产品时，无论出口国、地区或生物安全隔离区内箭毒蛙壶菌感染状态如何，主管部门均不应提出任何与之相关的要求：

　　a）　经高温灭菌并密封包装的两栖类动物产品（即经121℃热处理至少3.6分钟或其他任何已证明可灭活箭毒蛙壶菌的时间/温度等效处理）；

　　b）　经100℃热处理至少1分钟的熟制两栖类动物产品（或其他任何已证明可灭活箭毒蛙壶菌的时间/温度等效处理）；

    c）经巴氏消毒法90℃热处理至少10分钟的两栖类动物产品（或其他任何已证明可灭活箭毒蛙壶菌的时间/温度等效处理）；

    d）经机械干燥处理的两栖类动物产品（即经100℃热处理至少30分钟或其他任何已证明可灭活箭毒蛙壶菌的时间/温度等效处理）；

    e）两栖类动物皮革。

2）审批进口或过境转运第8.1.2条所列物种水生动物产品时，除第8.1.3条第1）点所列产品外，主管部门应要求符合第8.1.7条至第8.1.12条与出口国、地区或生物安全隔离区箭毒蛙壶菌感染状态相关的规定。

3）考虑进口或过境转运第8.1.2条所列物种以外的水生动物产品时，如有合理理由认为可能会构成箭毒蛙壶菌传播风险，进口国主管部门应按照本法典第2.1章的建议进行风险分析，并将分析结果告知出口国主管部门。

第8.1.4条

无箭毒蛙壶菌感染国家

某国如与一国或多国共享某水域，则只有共享水体所涉及的国家或地区均宣告无箭毒蛙壶菌感染时，该国方可自行宣告无箭毒蛙壶菌感染（参见第8.1.5条）。

根据第1.4.6条所述，一个国家如符合下列条件，则可自行宣告无箭毒蛙壶菌感染。

1）不存在第8.1.2条所列易感物种，且至少最近两年持续满足基本生物安保条件。

或

2）存在第8.1.2条所列易感物种，但符合下列条件：

    a）尽管存在引发该病临诊症状的条件（如《水生手册》相应章节所述），但至少最近十年未发生箭毒蛙壶菌感染；且

    b）至少最近十年持续满足基本生物安保条件。

或

3）实行目标监测前箭毒蛙壶菌感染状态不明，但符合以下条件：

    a）至少最近两年持续满足基本生物安保条件；且

    b）参照本法典第1.4章所述实行目标监测，至少最近两年未检测到箭毒蛙壶菌。

或

4）曾自行宣告无箭毒蛙壶菌感染，之后因检测到箭毒蛙壶菌而失去其无疫状态资格，则只有在满足以下条件时，方可重新自行宣告无箭毒蛙壶菌感染：

    a）检测到箭毒蛙壶菌后，宣布感染地区为疫区，并设立保护区；且

    b）销毁或清除疫区内的感染动物，最大限度地降低疫病进一步蔓延的风险，并已采用适当的

消毒措施（详见第4.3章）；且

c）　审查此前的基本生物安保措施并加以必要修订，并在根除箭毒蛙壶菌感染后继续保持基本
生物安保条件；且

d）　参照本法典第1.4章实行目标监测，至少最近两年未检测到箭毒蛙壶菌。

同时，未受影响的部分或全部地区如符合第8.1.5条第3）点的规定，则可宣告为无箭毒蛙壶菌
感染地区。

第8.1.5条

无箭毒蛙壶菌感染地区或生物安全隔离区

一个地区或生物安全隔离区如跨越多个国家，则只有当所有相关国家主管部门均确认符合相关
条件时，方可宣告为无箭毒蛙壶菌感染地区或生物安全隔离区。

根据第1.4.6条所述，在下列情况下，位于未宣告无箭毒蛙壶菌感染的一国或多国境内的地区或
生物安全隔离区，可由相关国家主管部门宣告其为无感染：

1）　地区或生物安全隔离区内不存在第8.1.2条所列易感物种，且至少最近两年持续满足基本生物安
保条件；

或

2）　地区或生物安全隔离区内存在第8.1.2条所列易感物种，但满足以下条件：

a）　尽管存在引发该病临诊表现的条件（如《水生手册》相应章节所述），但至少最近十年未
发生箭毒蛙壶菌感染；且

b）　至少最近十年持续满足基本生物安保条件；

或

3）　开展目标监测前箭毒蛙壶菌感染状态不明，但符合以下条件：

a）　至少最近两年持续满足基本生物安保条件；且

b）　参照本法典第1.4章实行目标监测，至少最近两年未检测到箭毒蛙壶菌。

或

4）　曾自行宣告无箭毒蛙壶菌感染的地区如其后因检测到箭毒蛙壶菌而失去无疫状态资格，则只有
在满足以下条件时，方可重新宣告无箭毒蛙壶菌感染：

a）　检测到箭毒蛙壶菌后，宣布感染地区为疫区，并设立保护区；且

b）　销毁或清除疫区内的感染动物，最大限度地降低疫病进一步蔓延的风险，并已采取适当的
消毒措施（详见第4.3章）；且

c）　审查此前的基本生物安保措施并加以必要修订，并在根除箭毒蛙壶菌感染后继续保持基本
生物安保条件；且

d）　参照本法典第1.4章实行目标监测，至少最近两年未检测到箭毒蛙壶菌。

第8.1.6条

维持无疫状态

国家、地区或生物安全隔离区如遵照第8.1.4条第1）点、第2）点或第8.1.5条的相关规定宣告为无箭毒蛙壶菌感染，且持续采取基本生物安保措施，则可维持其无箭毒蛙壶菌感染状态。

遵照第8.1.4条第3点或第8.1.5条（如适用）的相关规定宣告为无箭毒蛙壶菌感染的国家、地区或生物安全隔离区，如存在引发《水生手册》相应章节描述的箭毒蛙壶菌感染临诊表现的条件，并持续采取基本生物安保措施，则可中断目标监测，并维持其无箭毒蛙壶菌感染状态。

然而，在感染国家内宣告无箭毒蛙壶菌感染的地区或生物安全隔离区，如不具备有利于引发箭毒蛙壶菌感染临诊表现的条件，则应继续实行目标监测，并由水生动物卫生机构根据感染发生概率确定监测水平。

第8.1.7条

从宣告无箭毒蛙壶菌感染的国家、地区或生物安全隔离区进口水生动物或水生动物产品

从宣告无箭毒蛙壶菌感染的国家、地区或生物安全隔离区进口第8.1.2条所列水生动物或相关水生动物产品时，进口国主管部门应要求货物随附出口国主管部门签发的国际水生动物卫生证书。国际水生动物卫生证书应按照本法典第8.1.4条或第8.1.5条（如适用）和第8.1.6条所述程序，注明水生动物或水生动物产品产地是宣告无箭毒蛙壶菌感染的国家、地区或生物安全隔离区。

国际水生动物卫生证书应符合本法典第5.11章所示证书范本格式。

本条不适用于第8.1.3条第1）点所列水生动物产品。

第8.1.8条

为水产养殖从未宣告无箭毒蛙壶菌感染的国家、地区或生物安全隔离区进口水生动物

为水产养殖从未宣告无箭毒蛙壶菌感染的国家、地区或生物安全隔离区进口第8.1.2条所列水生动物时，进口国主管部门应根据第2.1章的规定进行风险评估，并考虑采取以下第1）点和第2）点措施减少风险：

1）　如引进的水生动物用于养成及收获，应考虑采取以下措施：

a）直接将进口水生动物运至隔离检疫设施内，直至养成；且

b）离开隔离检疫设施前（在原设施或通过生物安保运输方式移至另一隔离检疫设施），将水生动物宰杀并加工成第8.1.3条第1）点所述的一种或多种水生动物产品，或主管部门授权的其他产品；且

c）根据第4.3章、第4.7章、第5.5章的要求对运输用水、设备、污水和废弃物进行处理，确保灭活箭毒蛙壶菌。

或

2）如引进目的是建立一个新种群，应考虑采取以下措施：

a）出口国：

ⅰ）确定可能的源种群，并评估其水生动物卫生记录；

ⅱ）根据第1.4章的要求检测源种群，挑选出相应卫生水平最高的水生动物作为原代种群（F-0）。

b）进口国：

ⅰ）进口原代种群（F-0）并运至隔离检疫设施中；

ⅱ）根据第1.4章检测原代种群是否感染箭毒蛙壶菌，确定是否适合用作亲本；

ⅲ）在隔离检疫条件下繁殖第一代（F-1代）；

ⅳ）在隔离检疫设施中饲养F-1代，饲养时间和条件足以使箭毒蛙壶菌感染动物出现症状，根据本法典第1.4章及《水生手册》第2.1.1章采样并检测箭毒蛙壶菌；

ⅴ）如在F-1代中未检测到箭毒蛙壶菌，则可判定为无箭毒蛙壶菌，并可解除隔离检疫；

ⅵ）如在F-1代中检测到箭毒蛙壶菌，则不能解除隔离检疫，并应根据第4.7章以生物安保的方式进行扑杀和处置。

第8.1.9条

为食品加工从未宣告无箭毒蛙壶菌感染的国家、地区或生物安全隔离区进口水生动物或水生动物产品

为食品加工从未宣告无箭毒蛙壶菌感染的国家、地区或生物安全隔离区进口第8.1.2条所列水生动物或相关水生动物产品时，进口国主管部门应进行风险评估，如有必要应要求：

1）直接将进口动物或产品运至隔离检疫或隔离设施中，直至加工成第8.1.3.条第1）点或第8.1.12条第1）点所列产品，或由主管部门批准的其他产品；且

2）妥善处理运输用水（包括冰）、设备、容器和包装材料，确保灭活箭毒蛙壶菌，或按照第4.3章、第4.7章、第5.5章进行生物安保处理；且

3）妥善处理所有污水和废弃物，确保灭活箭毒蛙壶菌，或按照第4.3章、第4.7章进行生物安保

处理。

对于此类水生动物或水生动物产品，成员可考虑采取适应本土情况的措施，防控除人类食品外与其他用途相关的风险。

第8.1.10条

从未宣告无箭毒蛙壶菌感染的国家、地区或生物安全隔离区进口水生动物或水生动物产品，用于除食品加工外其他用途（如动物饲料、农业、工业、科研或制药）

从未宣告无箭毒蛙壶菌感染的国家、地区或生物安全隔离区进口第8.1.2条所列水生动物或相关水生动物产品，用于除食品加工外其他用途（如动物饲料、农业、工业、科研或制药等），进口国主管部门应要求：

1）直接将货物运至隔离检疫设施中，直至加工成第8.1.3条第1）点所列产品或由主管部门批准的其他产品；且

2）妥善处理运输用水（包括冰）、设备、容器和包装材料，确保灭活箭毒蛙壶菌，或按照第4.3章、第4.7章、第5.5章进行生物安保处理；且

3）妥善处理所有污水和废弃物，确保灭活箭毒蛙壶菌，或按照第4.3章、第4.7章进行生物安保处理。

第8.1.11条

从未宣告无箭毒蛙壶菌感染的国家、地区或生物安全隔离区进口水生动物用于实验室或动物园

从未宣告无箭毒蛙壶菌感染的国家、地区或生物安全隔离区进口第8.1.2条所列水生动物用于实验室或动物园时，进口国主管部门应确保：

1）直接将货物运至主管部门批准的检疫设施内，并保存于其中；且

2）妥善处理运输用水（包括冰）、设备、容器和包装材料，确保灭活箭毒蛙壶菌，或按照第4.3章、第4.7章和第5.5章进行生物安保处理；且

3）妥善处理实验室或动物园检疫设施中产生的所有污水和废弃物，确保灭活箭毒蛙壶菌，或按照第4.3章和第4.7章进行生物安保处理；且

4）按照第4.7章对动物残骸进行处理。

第8.1.12条

为食品零售从无论是否存在箭毒蛙壶菌感染的国家、地区或生物安全隔离区进口或过境转运水生动物产品

1） 审批进口或过境转运符合本法典第5.4.2条规定的已加工成零售包装的两栖类动物肉品（去皮鲜肉或冷冻肉）时，无论出口国、地区或生物安全隔离区内箭毒蛙壶菌感染状态如何，主管部门均不应提出任何与之相关的要求。

评估上述水生动物产品安全性时做出了一些假设，成员应参阅本法典第5.4.2条所述假设，并考虑是否适用于本国国情。

对于此类水生动物或水生动物产品，成员可考虑采取适应本土情况的措施，防控除人类食品外与其他用途相关的风险。

2） 从未宣告无箭毒蛙壶菌感染的国家、地区或生物安全隔离区进口除上述第1）点外第8.1.2条所列水生动物衍生产品时，进口国主管部门应进行风险评估，并采取适当的风险缓解措施。

———————————————

注：于2008年首次通过，于2019年最新修订。

第8.2章　蝾螈壶菌感染

Infection with *Batrachochytrium salamandrivorans*

第8.2.1条

本法典中，蝾螈壶菌（*Batrachochytrium salamandrivorans*）感染指由蝾螈壶菌引发的感染，蝾螈壶菌属于壶菌门（Chytridiomycota）壶菌目（Rhizophydiales）。

诊断方法参见《水生手册》（编制中）。

第8.2.2条

范围

本章提供的建议适用于符合本法典第1.5章易感物种界定标准的下列物种：蝾螈（*Ichthyosaura alpestris*）、蓝尾蝾螈（*Cynops cyanurus*）、火蝾螈（*Salamandra salamandra*）、绿红东美螈（*Nothophthalmus viridescens*）、斯氏水巫螈（*Hydromantes strinatii*）、意大利滑螈（*Lissotriton italicus*）、黄斑点蝾螈（*Neuregus crocatus*）、北部湾准中螈（*Paramesotriton deloustali*）、粗皮渍螈（*Taricha granulosa*）、撒丁岛河蝾螈（*Euproctus platycephalus*）和西班牙突肋螈（*Pleurodeles waltl*）（研究中）。

第8.2.3条

为任何用途从无论是否存在蝾螈壶菌感染的国家、地区或生物安全隔离区进口或过境转运水生动物或水生动物产品

1）审批为任何用途而进口或过境转运第8.2.2条所列物种且符合本法典第5.4.1条规定的下列水生动物或水生动物产品时，无论出口国、地区或生物安全隔离区内蝾螈壶菌感染状态如何，主管部门均不应提出任何与之相关的要求：

   a）经高温灭菌并密封包装的两栖类动物产品（即经121℃热处理至少3.6分钟或其他任何已证明可灭活蝾螈壶菌的时间/温度等效处理）；

　b） 经100℃热处理至少1分钟的熟制两栖类动物产品（或其他任何已证明可灭活蝶蛾壶菌的时间/温度等效处理）；

　c） 经巴氏消毒法90℃热处理至少10分钟的两栖类动物产品（或其他任何已证明可灭活蝶蛾壶菌的时间/温度等效处理）；

　d） 经机械干燥处理的两栖类动物产品（即经100℃热处理至少30分钟或其他任何已证明可灭活蝶蛾壶菌的时间/温度等效处理）；

　e） 两栖类皮革。

2） 审批进口或过境转运除第8.2.3条第1）点外的第8.2.2条所列两栖类动物及动物产品时，主管部门应要求符合第8.2.7条至第8.2.12条与出口国、地区或生物安全隔离区蝶蛾壶菌感染状态相关的规定。

3） 考虑进口或过境转运第8.2.2条所列物种以外的水生动物产品时，如有合理理由认为可能会构成蝶蛾壶菌传播风险，进口国主管部门应按照本法典第2.1章的建议进行风险分析，并将风险分析结果告知出口国主管部门。

第8.2.4条

无蝶蛾壶菌感染国家

某国如与一国或多国共享某水域，则只有共享水体所涉及的国家或地区均宣告无蝶蛾壶菌感染时，该国方可自行宣告无蝶蛾壶菌感染（参见第8.2.5条）。

根据第1.4.6条所述，一个国家如符合下列条件，则可自行宣告无蝶蛾壶菌感染：

1） 无任何第8.2.2条所列易感物种，且至少最近两年持续满足基本生物安保条件；

或

2） 存在第8.2.2条所列易感物种，但符合下列条件：

　a） 尽管存在引发该病临诊症状的条件（如《水生手册》相应章节所述），但至少最近十年未观察到蝶蛾壶菌感染（制订中）；且

　b） 至少最近十年持续满足基本生物安保条件。

或

3） 开展目标监测前蝶蛾壶菌感染状态不明，但符合以下条件：

　a） 至少最近两年持续满足基本生物安保条件；且

　b） 参照本法典第1.4章所述开展目标监测，至少最近两年未检测到蝶蛾壶菌感染。

或

4） 曾自行宣告无蝶蛾壶菌感染，之后因检测到蝶蛾壶菌而失去其无疫状态资格，则只有在满足以下条件时，方可重新自行宣告无蝶蛾壶菌感染：

a）检测到蜕螈壶菌感染后，宣布感染地区为疫区，并设立保护区；且

b）销毁或清除疫区内的感染动物，最大限度地降低疫病进一步蔓延的风险，并已采取适当的消毒措施（详见第4.3章）；且

c）审查此前的基础生物安保措施并加以必要修订，并在根除蜕螈壶菌感染后继续保持基本生物安保条件；且

d）参照本法典第1.4章开展目标监测，至少最近两年未检测到蜕螈壶菌感染。

同时，未受影响的部分或全部地区如符合第8.2.5条第3）点的规定，则可宣告为无蜕螈壶菌感染地区。

第8.2.5条

无蜕螈壶菌感染地区或生物安全隔离区

一个地区或生物安全隔离区如跨越多个国家，则只有当所有相关国家主管部门均确认符合相关条件时，方可宣告为无蜕螈壶菌感染地区或生物安全隔离区。

根据第1.4.6条所述，在下列情况下，位于未宣告无蜕螈壶菌感染的一国或多国境内的地区或生物安全隔离区，可由相关国家主管部门宣告其为无感染：

1）地区或生物安全隔离区无任何第8.2.2条所列易感物种，且至少最近两年持续满足基本生物安保条件；

或

2）地区或生物安全隔离区存在第8.2.2条所列易感物种，但满足以下条件：

a）尽管存在引发该病临诊表现的条件（如《水生手册》相应章节中所述），但至少最近十年未发生蜕螈壶菌感染（制订中），且

b）至少最近十年持续满足基本生物安保条件；

或

3）开展目标监测前疫病状态不明，但符合以下条件：

a）至少最近两年持续具备基本生物安保条件；且

b）参照本法典第1.4章实行目标监测，至少最近两年未检测到蜕螈壶菌。

或

4）曾自行宣告无蜕螈壶菌的地区如其后发生了疫病而失去无疫状态资格，则只有在满足以下条件时，方可重新宣告无蜕螈壶菌：

a）检测到疫病后，宣布感染地区为疫区，并设立保护区；且

b）销毁或清除疫区内的感染宿主，从而最大限度地降低蜕螈壶菌传播风险，并采取适当的消毒措施（详见第4.3章）；且

c）审查以前的基础生物安保条件并加以必要修订，并在根除蝶螈壶菌感染后继续保持基本生物安保条件；且

d）参照本法典第1.4章实行目标监测，至少最近两年未检测到蝶螈壶菌。

第8.2.6条

维持无疫状态

国家、地区或生物安全隔离区如遵照第8.2.4条第1）点、第2）点或第8.2.5条的相关规定宣告无蝶螈壶菌感染，且持续采取基本生物安保措施，则可维持其无蝶螈壶菌感染状态。

遵照第8.2.4条第3）点或第8.2.5条的相关规定宣告无蝶螈壶菌感染的国家、地区或生物安全隔离区，如存在引发《水生手册》相应章节（制订中）描述的蝶螈壶菌感染临诊表现的条件，并坚持采取基本生物安保措施，则可中断目标监测，并维持其无蝶螈壶菌感染状态。

然而，在感染国家内宣告为无蝶螈壶菌的地区或生物安全隔离区，如不具备有利于引发蝶螈壶菌感染临诊表现的条件，则应继续实行目标监测，并由水生动物卫生机构根据感染发生概率决定监测水平。

第8.2.7条

从宣告无蝶螈壶菌的国家、地区或生物安全隔离区进口水生动物或水生动物产品

从宣告无蝶螈壶菌感染的国家、地区或生物安全隔离区进口第8.2.2条所列水生动物或相关水生动物产品时，进口国主管部门应要求出示由出口国主管部门或由进口国认可的出证官员签发的国际水生动物卫生证书。国际水生动物卫生证书应按照第8.2.4条或第8.2.5条（如适用）和第8.2.6条相关规定，证明水生动物或水生动物产品产地是宣告无蝶螈壶菌的国家、地区或生物安全隔离区。

证书应符合本法典第5.11章证书范本格式。

本条不适用于第8.2.3条第1）点所列水生动物产品。

第8.2.8条

为水产养殖从未宣告无蝶螈壶菌的国家、地区或生物安全隔离区进口水生动物

为水产养殖从未宣告无蝶螈壶菌感染的国家、地区或生物安全隔离区进口第8.2.2条所列水生动物时，进口国主管部门应按照第2.1章开展风险评估，并考虑采取以下第1）点和第2）点措施减少

风险：

1） 如引进水生动物用于养成及收获，应考虑采取以下措施：

   a） 直接将进口动物运至隔离设施中，直至养成；且

   b） 离开隔离检疫设施前（在原设施或通过生物安保运输方式移至另一隔离检疫设施），将水生动物宰杀并加工成第8.2.3条第1）点所述的一种或多种水生动物产品，或主管部门授权的其他产品；且

   c） 根据第4.3章、第4.7章、第5.5章的要求对运输用水、设备、废水和废弃物进行处理，确保灭活蛙壶菌。

或

2） 如引进目的是建立一个新种群，应考虑采取以下措施：

   a） 出口国：

      ⅰ） 确定可能的源种群，并评估其水生动物卫生记录；

      ⅱ） 根据第1.4章对来源种群进行检测，挑选出相应卫生水平最高的水生动物作为原代动物（F-0）。

   b） 进口国：

      ⅰ） 进口原代种群（F-0）并运至隔离设施中；

      ⅱ） 根据1.4章检测原代种群是否带有蛙壶菌，确定是否适合用作群本；

      ⅲ） 在隔离设施内生产第一代（F-1代）；

      ⅳ） 在隔离设施内培养F-1代，饲养时间和条件足以使蛙壶弧菌感染动物出现症状。根据本法典第1.4章取样并进行蛙壶弧菌检测（《水生手册》第×.×章，制订中）；

      ⅴ） 如在F-1代中未检测到蛙壶菌，可判定为无蛙壶菌，可解除隔离检疫；

      ⅵ） 如在F-1代中检出蛙壶菌，则不能解除隔离设施，并应根据第4.7章以生物安保的方式进行扑杀和处置。

第8.2.9条

为食品加工从未宣告无蛙壶菌感染的国家、地区或生物安全隔离区进口水生动物和水生动物产品

为食品加工从未宣告无蛙壶菌感染的国家、地区或生物安全隔离区进口第8.2.2条所列水生动物或相关水生动物产品时，进口国主管部门应进行风险评估，如有必要应要求：

1） 直接将进口动物或产品运至隔离或防护设施中，直至加工成第8.2.3.条第1点或第8.2.12条第1）点所列产品，或由主管部门批准的其他产品；且

2） 妥善处理运输用水（包括冰）、设备、容器和包装材料，确保灭活蛙壶菌，或按照第4.3章、

第4.7章、第5.5章进行生物安保处理；且

3） 妥善处理所有污水和废弃物，确保灭活蝾螈壶菌，或按照第4.3章、第4.7章进行生物安保处理。

对于此类水生动物或水生动物产品，成员可考虑采取适应本土情况的措施，防控除人类食品外与其他用途相关的风险。

第8.2.10条

从未宣告无蝾螈壶菌的国家、地区或生物安全隔离区进口水生动物或水生动物产品，用于除食品加工外其他用途（如动物饲料、农业、工业、科研或制药）

从未宣告无蝾螈壶菌的国家、地区或生物安全隔离区进口第8.2.2条所列水生动物或相关水生动物产品，用于除食品加工外其他用途（如动物饲料、农业、工业、科研或制药等），进口国主管部门应采取以下措施：

1） 直接将货物运至生物安保隔离设施中，直至加工成第8.2.3条第1点所列商品或主管部门批准生产的其他产品；且

2） 妥善处理运输用水（包括冰）、设备、容器和包装材料，确保灭活蝾螈壶菌，或按照第4.3章、第4.7章、第5.5章进行生物安保处理；且

3） 妥善处理污水和废弃物，确保灭活蝾螈壶菌，或按照第4.3章、第4.7章进行生物安保处理。

第8.2.11条

从未宣告无蝾螈壶菌的国家、地区或生物安全隔离区进口水生动物用于实验室或动物园

从未宣告无蝾螈壶菌的国家、地区或生物安全隔离区进口第8.2.2条所列水生动物用于实验室或动物园时，进口国主管部门应确保：

1） 直接将货物运至并始终保留在生物安保隔离设施内，直至加工成第8.2.3条第1）点所列商品或主管部门批准生产的其他产品；且

2） 妥善处理运输用水（包括冰）、设备、容器和包装材料，确保灭活蝾螈壶菌，或按照第4.3章、第4.7章和第5.5章进行生物安保处理；且

3） 妥善处理实验室或动物园检疫设施中产生的所有污水和废弃物，确保灭活蝾螈壶菌，或按照第4.3章和第4.7章进行生物安保处理；且

4） 根据第4.7章对动物残骸进行处理。

第8.2.12条

　　为食品零售从无论是否存在蛙壶菌感染的国家、地区或生物安全隔离区进口或过境转运水生动物产品

1）　审批进口或过境转运符合本法典第5.4.2条规定的已加工成零售包装的两栖类动物肉品（去皮鲜肉或冷冻肉）时，无论出口国、地区或生物安全隔离区内蛙壶菌感染状态如何，主管部门均不应提出任何与之相关的要求。

　　评估上述水生动物产品安全性时做出了一些假设，成员应参阅本法典第5.4.2条所述假设，并考虑是否适用于本国国情。

　　对于此类水生动物或水生动物产品，成员可考虑采取适应本土情况的措施，防控除人类食品外与其他用途相关的风险。

2）　从未宣告无蛙壶菌感染的国家、地区或生物安全隔离区进口除上述第1）点外第8.2.2条所列水生动物衍生产品时，进口国主管部门应进行风险评估，并采取适当的风险缓解措施。

注：于2018年首次通过，于2019年最新修订。

第8.3章 蛙病毒属病毒感染

Infection with *Ranavirus* species

第8.3.1条

本法典中，蛙病毒属病毒感染指由虹彩病毒科（Iridoviridae）蛙病毒属（*Ranavirus*）中任何病毒引起的两栖动物感染。

诊断方法参见《水生手册》。

第8.3.2条

范围

本章提供的建议适用于符合本法典第1.5章易感物种界定标准的下列物种：无尾目（Anura）［青蛙（frogs）和蟾蜍（toads）］以及有尾目（Caudata）［蝾螈（salamanders）和水螈（newts）］中的所有物种。

第8.3.3条

为任何用途从无论是否存在蛙病毒属病毒感染的国家、地区或生物安全隔离区进口或过境转运水生动物产品

1) 审批进口或过境转运下列用于任何用途的水生动物产品时，如其源自上述第8.3.2条所列物种，并符合本法典第5.4.1条规定，无论出口国、地区或生物安全隔离区内蛙病毒属病毒感染状态如何，主管部门均不应提出任何与之相关的要求：

   a) 经高温灭菌并密封包装的两栖类动物产品（即经121℃热处理至少3.6分钟或其他任何已证明可灭活蛙病毒属内各种病毒的时间/温度等效处理）；

   b) 经65℃热处理至少30分钟的熟制两栖类动物产品（或其他任何已证明可灭活蛙病毒属内各种病毒的时间/温度等效处理）；

c) 经巴氏消毒法90℃热处理至少10分钟的两栖类动物产品（或其他任何已证明可灭活蛙病毒属内各种病毒的时间/温度等效处理）；

d) 经机械干燥处理的两栖类动物产品（即经100℃热处理至少30分钟或其他任何已证明可灭活蛙病毒属内各种病毒的时间/温度等效处理）。

2) 审批进口或过境转运源自第8.3.2条所列物种水生动物产品时，除第8.3.3条第1)点所列产品外，主管部门应要求符合第8.3.7条至第8.3.12条与出口国、地区或生物安全隔离区内蛙病毒属病毒感染状态相关的规定。

3) 考虑进口或过境转运的水生动物产品如来源于第8.3.2条以外的物种，如有合理理由认为可能构成蛙病毒属病毒传播风险，进口国主管部门应按照本法典第2.1章的建议进行风险分析，并将风险分析结果告知出口国主管部门。

第8.3.4条

无蛙病毒属病毒感染国家

某国如与一国或多国共享某水域，则只有共享水体所涉及的国家或地区均宣告无蛙病毒属病毒感染时，该国方可自行宣告无蛙病毒属病毒感染（参见第8.3.5条）。

根据第1.4.6条所述，一个国家如符合下列要求，则可自行宣告无蛙病毒属病毒感染：

1) 不存在第8.3.2条所列易感物种，且至少最近两年持续满足基本生物安保条件；

或

2) 存在第8.3.2条所列易感物种，但符合下列条件：

a) 尽管存在引发该病临诊症状的条件（如《水生手册》相应章节所述），但至少最近十年未发生蛙病毒属病毒感染；且

b) 至少最近十年持续满足基本生物安保条件。

或

3) 开展目标监测前蛙病毒属病毒感染状态不明，但符合以下条件：

a) 至少最近两年持续满足基本生物安保条件；且

b) 根据本法典第1.4章所述实行目标监测，至少最近两年未检测到蛙病毒属病毒感染。

或

4) 曾自行宣告无蛙病毒属病毒感染，之后因检测到蛙病毒属病毒而失去其无疫状态资格，则只有在满足以下条件时，方可重新自行宣告无蛙病毒属病毒：

a) 检测到蛙病毒属病毒后，宣布感染地区为疫区，并设立保护区；且

b) 销毁或清除疫区内的感染动物，最大限度地降低疫病进一步蔓延的风险，并已采取适当的消毒措施（详见第4.3章）；且

c）审查此前的基础生物安保措施并加以必要修订，并在根除蛙病毒属病毒感染后继续保持基本生物安保条件；且

d）参照本法典第1.4章实行目标监测，至少最近两年未检测到蛙病毒属病毒。

同时，未受影响的部分或全部地区如符合第8.3.5条第3点的规定，可宣告为无蛙病毒属病毒感染地区。

第8.3.5条

无蛙病毒属病毒感染的地区或生物安全隔离区

一个地区或生物安全隔离区如跨越多个国家，则只有当所有相关国家的主管部门均确认符合条件时，方可宣告为无蛙病毒属病毒感染地区或生物安全隔离区。

根据第1.4.6条所述，在下列情况下，位于未宣告无蛙病毒属病毒感染的一国或多国境内的地区或生物安全隔离区，可由相关国家主管部门宣告其为无感染：

1）地区或生物安全隔离区内不存在第8.3.2条所列易感物种，且至少最近两年持续满足基本生物安保条件；

或

2）地区或生物安全隔离区内存在第8.3.2条所列易感物种，但满足以下条件：

a）尽管存在引发该病临诊表现的条件（如《水生手册》相应章节中所述），但至少最近十年未发生蛙病毒属病毒感染；且

b）至少最近十年持续满足基本生物安保条件；

或

3）开展目标监测前疫病状态不明，但符合以下条件：

a）至少在最近两年持续满足基本生物安保条件；且

b）参照本法典第1.4章实行目标监测，至少最近两年未检测到蛙病毒属病毒。

或

4）曾自行宣告无蛙病毒属病毒感染的地区如其后因检测到蛙病毒属病毒而失去无疫状态资格，则只有在满足以下条件时，方可重新宣告无蛙病毒属病毒感染：

a）检测到蛙病毒属病毒后，宣告感染地区为疫区，并设立保护区；且

b）销毁或清除疫区内的感染动物，最大限度地降低疫病进一步蔓延的风险，并已采取适当的消毒措施（详见第4.3章）；且

c）审查此前的基本生物安保措施并加以必要修订，并在根除蛙病毒属病毒感染后继续保持基本生物安保条件；且

d）参照本法典第1.4章实行目标监测，至少最近两年未检测到蛙病毒属病毒。

第8.3.6条

维持无疫状态

国家、地区或生物安全隔离区如遵照第8.3.4条第1）点、第2）点或第8.3.5条的相关规定宣告为无蛙病毒属病毒感染，且持续采取基本生物安保措施，则可维持其无蛙病毒属病毒感染状态。

遵照第8.3.4条第3点或第8.3.5条（如适用）的相关规定宣告为无蛙病毒属病毒感染的国家、地区或生物安全隔离区，如存在引发《水生手册》相应章节描述的蛙病毒属病毒感染临诊症状的条件，持续采取基本生物安保措施，则可中断目标监测，并维持其无蛙病毒属病毒感染状态。

然而，在感染国家内宣告无蛙病毒属病毒感染地区或生物安全隔离区，如不具备有利于引发蛙病毒属病毒感染临诊表现的条件，则应继续实行目标监测，并由水生动物卫生机构根据感染发生概率确定监测水平。

第8.3.7条

从宣告无蛙病毒属病毒感染的国家、地区或生物安全隔离区进口水生动物或水生动物产品

从宣告无蛙病毒属病毒感染的国家、地区或生物安全隔离区进口第8.3.2条所列水生动物或相关水生动物产品时，进口国主管部门应要求货物随附出口国主管部门签发的国际水生动物卫生证书。国际水生动物卫生证书应按照第8.3.4条或第8.3.5条（如适用）和第8.3.6条所述程序，注明水生动物或水生动物产品产地是宣告无蛙病毒属病毒感染的国家、地区或生物安全隔离区。

证书应符合本法典第5.11章所示证书范本格式。

本条不适用于第8.3.3条第1）点所列水生动物产品。

第8.3.8条

为水产养殖从未宣告无蛙病毒属病毒感染的国家、地区或生物安全隔离区进口水生动物

为水产养殖从未宣告无蛙病毒属病毒感染的国家、地区或生物安全隔离区进口第8.3.2条所列水生动物时，进口国主管部门应按照第2.1章的规定进行风险评估，并考虑采取以下第1）和第2）点措施降低风险：

1）　如引进的水生动物用于养成及收获，应考虑采取以下措施：

　　a）　直接将进口动物运至隔离检疫设施内，直至养成；且

　　b）　离开隔离检疫设施前（在原设施或通过生物安保运输方式移至另一隔离检疫设施），将水生动物宰杀并加工成第8.3.3条第1点所述的一种或多种水生动物产品，或主管部门授权的

其他产品；且

c）根据第4.3章、第4.7章、第5.5章的要求对运输用水、设备、污水和废弃物进行处理，确保灭活蛙病毒属病毒。

或

2）如引进目的是建立一个新种群，应考虑采取以下措施：

a）出口国：

ⅰ）确定可能的源种群，并评估其水生动物卫生记录；

ⅱ）根据第1.4章的要求检测源种群，挑选出相应卫生水平最高的水生动物作为原代种群（F–0）。

b）进口国：

ⅰ）进口原代种群（F–0）并运至隔离检疫设施中；

ⅱ）根据第1.4章的要求检测原代种群是否感染蛙病毒属病毒，确定是否适合用作亲本；

ⅲ）在隔离检疫条件下繁殖第一代（F–1代）；

ⅳ）在隔离检疫设施中饲养F–1代，饲养时间和条件足以使蛙病毒属病毒感染动物出现症状，根据本法典第1.4章及《水生手册》第2.1.2章采样并检测蛙病毒属病毒；

ⅴ）如在F–1代中未检测到蛙病毒属病毒，则可判定为无蛙病毒属病毒感染，并可解除隔离检疫；

ⅵ）如在F–1代中检测到蛙病毒属病毒感染，则不能解除隔离检疫，并应按照第4.7章以生物安保的方式进行扑杀和处置。

第8.3.9条

为食品加工从未宣告无蛙病毒属病毒感染的国家、地区或生物安全隔离区进口水生动物和水生动物产品

为食品加工从未宣告无蛙病毒属病毒感染的国家、地区或生物安全隔离区进口第8.3.2条所列水生动物或相关水生动物产品时，进口国主管部门应进行风险评估，如有必要应要求：

1）直接将进口货物运至隔离检疫设施中，直至加工成第8.3.3条第1）点或第8.3.12条第1）点所列产品，或由主管部门批准的其他产品；且

2）妥善处理运输用水（包括冰）、设备、容器和包装材料，确保灭活蛙病毒属病毒，或按照第4.3章、第4.7章、第5.5章进行生物安保处理；且

3）妥善处理所有污水和废弃物，确保灭活蛙病毒属病毒，或按照第4.3章、第4.7章进行生物安保处理。

对于此类水生动物或水生动物产品，成员可考虑采取适应本土情况的措施，防控除人类食品外与其他用途相关的风险。

第8.3.10条

从未宣告无蛙病毒属病毒感染的国家、地区或生物安全隔离区进口水生动物或水生动物产品，用于除食品加工外其他用途（如动物饲料、农业、工业、科研或制药）

从未宣告无蛙病毒属病毒感染的国家、地区或生物安全隔离区进口第8.3.2条所列水生动物或相关水生动物产品，用于除食品加工外其他用途（如动物饲料、农业、工业、科研或制药等），进口国主管部门应要求：

1） 直接将货物运至隔离检疫设施中，直至加工成第8.3.3条第1）点所列产品或由主管部门批准的其他产品；且

2） 妥善处理运输用水（包括冰）、设备、容器和包装材料，确保灭活蛙病毒属病毒，或按照第4.3章、第4.7章、第5.5章进行生物安保处理；且

3） 妥善处理所有污水和废弃物，确保灭活蛙病毒属病毒，或按照第4.3章和第4.7章进行生物安保处理。

第8.3.11条

从未宣告无蛙病毒属病毒感染的国家、地区或生物安全隔离区进口水生动物用于实验室或动物园

从未宣告无蛙病毒属病毒感染的国家、地区或生物安全隔离区进口第8.3.2条所列水生动物用于实验室或动物园时，进口国主管部门应确保：

1） 直接将货物运至主管部门批准的检疫设施内，并保存于其中；且

2） 妥善处理运输用水（包括冰）、设备、容器和包装材料，确保灭活蛙病毒属病毒，或按照第4.3章、第4.7章、第5.5章进行生物安保处理；且

3） 妥善处理实验室或动物园检疫设施中产生的所有污水和废弃物，确保灭活蛙病毒属病毒，或按照第4.3章和第4.7章进行生物安保处理；且

4） 按照第4.7章对动物残骸进行处理。

第8.3.12条

为食品零售从无论是否存在蛙病毒属病毒感染的国家、地区或生物安全隔离区进口或过境转运水生动物产品

1） 审批进口或过境转运符合本法典第5.4.2条规定的已加工成零售包装的下列水生动物产品时，无

论出口国、地区或生物安全隔离区内蛙病毒属病毒感染状态如何，主管部门均不应提出任何与蛙病毒属病毒相关的要求：

– （尚未列出水生动物产品）。

2）从未宣告无蛙病毒属病毒感染的国家、地区或生物安全隔离区进口第8.3.2条所列水生动物产品时，除上述第1）点所述产品外，进口国主管部门应进行风险评估，并采取适当的风险缓解措施。

注：于2008年首次通过，于2019年最新修订。

第 9 篇
甲壳类疫病

第9.1章　急性肝胰腺坏死病

Acute hepatopancreatic necrosis disease

第9.1.1条

本法典中，急性肝胰腺坏死病（Acute hepatopancreatic necrosis disease，AHPND）指由弧菌科（Vibrionaceae）副溶血性弧菌（VpAHPND）菌株引发的感染。该菌株含有一个70kb的质粒，该质粒可编码发光杆菌昆虫相关毒素（Pir）的类似物，即毒素蛋白PirA和PirB。

诊断方法参见《水生手册》。

第9.1.2条

范围

本章提供的建议适用于符合本法典第1.5章易感物种界定标准的下列物种：斑节对虾（*Penaeus monodon*）和凡纳滨对虾（*Penaeus vannamei*）。

第9.1.3条

为任何用途从无论是否存在急性肝胰腺坏死病的国家、地区或生物安全隔离区进口或过境转运水生动物产品

1）审批为任何用途而进口或过境转运第9.1.2条所列物种且符合本法典第5.4.1条规定的下列水生动物产品时，无论出口国、地区或生物安全隔离区内急性肝胰腺坏死病状态如何，主管部门均不应提出任何与之相关的要求：

　　a）经高温灭菌并密封包装的甲壳动物产品（即经121℃热处理至少3.6分钟或其他任何已证明可灭活副溶血性弧菌的时间/温度等效处理）；

　　b）经100℃热处理至少1分钟的熟制甲壳动物产品（或其他任何已证明可灭活副溶血性弧菌的时间/温度等效处理）；

c）　甲壳动物油；

d）　甲壳动物粉；

e）　化学提取的甲壳素。

2）　审批进口或过境转运第9.1.2条所列物种水生动物产品，除第9.1.3条第1）点所列产品外，主管部门应要求符合第9.1.7条至第9.1.12条与出口国、地区或生物安全隔离区急性肝胰腺坏死病状态相关的规定。

3）　考虑进口或过境转运第9.1.2条所列物种以外的水生动物产品时，如有合理理由认为可能会构成副溶血性弧菌传播风险，进口国主管部门应按照本法典第2.1章的建议进行风险分析，并将分析结果告知出口国主管部门。

第9.1.4条

无急性肝胰腺坏死病国家

某国如与一国或多国共享某水域，则只有共享水体所涉及的国家或地区均宣告无急性肝胰腺坏死病时，该国方可自行宣告无急性肝胰腺坏死病（参见第9.1.5条）。

根据第1.4.6条所述，一个国家如符合下列要求，则可自行宣告无急性肝胰腺坏死病：

1）　不存在第9.1.2条所列易感物种，且至少最近两年持续满足基本生物安保条件。

或

2）　存在第9.1.2条所列易感动物，但符合以下条件：

a）　尽管存在引发该病临诊症状的条件（如《水生手册》相应章节所述），但至少最近十年未发生急性肝胰腺坏死病；且

b）　至少最近两年持续满足基本生物安保条件。

或

3）　开展目标监测前疫病状态不明，但符合以下条件：

a）　至少最近两年持续满足基本生物安保条件；且

b）　参照本法典第1.4章所述实行目标监测，至少最近两年未检测到急性肝胰腺坏死病。

或

4）　曾自行宣告无急性肝胰腺坏死病，之后因检测到副溶血性弧菌而失去其无疫状态资格，则只有在满足以下条件时，方可重新自行宣告无急性肝胰腺坏死病：

a）　检测到副溶血性弧菌后，宣布感染地区为疫区，并设立保护区；且

b）　销毁或清除疫区内的感染动物，最大限度地降低疫病进一步蔓延的风险，并已采取适当的消毒措施（详见第4.3章）；且

c）　审查此前的基础生物安保措施并加以必要修订，且根除急性肝胰腺坏死病后继续保持基本

生物安保条件；且

d） 参照本法典第1.4章实行目标监测，至少最近两年未检测到副溶血性弧菌。

同时，未受影响的部分或全部地区如符合第9.1.5条第3）点的规定，则可宣告为无急性肝胰腺坏死病地区。

第9.1.5条

无急性肝胰腺坏死病地区或生物安全隔离区

一个地区或生物安全隔离区如跨越多个国家，则只有当所有相关国家的主管部门均确认符合条件时，方可宣告为无急性肝胰腺坏死病地区或生物安全隔离区。

根据第1.4.6条所述，在下列情况下，位于未宣告无急性肝胰腺坏死病的一国或多国境内的地区或生物安全隔离区，可由相关国家主管部门宣告其为无急性肝胰腺坏死病：

1） 地区或生物安全隔离区内不存在第9.1.2条所列易感物种，且至少最近两年持续满足基本生物安保条件；

或

2） 地区或生物安全隔离区内存在第9.1.2条所列易感物种，但满足以下条件：

a） 尽管存在引发该病临诊表现的条件（如《水生手册》相应章节所述），但至少最近十年未发生急性肝胰腺坏死病；且

b） 至少最近两年持续满足基本生物安保条件；

或

3） 开展目标监测前疫病状态不明，但符合以下条件：

a） 至少最近两年持续满足基本生物安保条件；且

b） 参照本法典第1.4章实行目标监测，至少最近两年未检测到副溶血性弧菌。

或

4） 曾自行宣告无急性肝胰腺坏死病的地区如其后发生了疫病而失去无疫状态资格，则只有在满足以下条件时，方可重新宣告无急性肝胰腺坏死病：

a） 检测到副溶血性弧菌后，宣告感染地区为疫区，并设立保护区；且

b） 销毁或清除疫区内的感染宿主，从而最大限度地降低副溶血性弧菌传播风险，并已采取适当的消毒措施（详见第4.3章）；且

c） 审查此前的基础生物安保措施并加以必要修订，并在根除急性肝胰腺坏死病后继续保持基本生物安保条件；且

d） 参照本法典第1.4章实行目标监测，至少最近两年未检测到副溶血性弧菌。

第9.1.6条

维持无疫状态

国家、地区或生物安全隔离区如遵照第9.1.4条第1）点、第2）点或第9.1.5条的相关规定宣告无急性肝胰腺坏死病，且持续保持基本生物安保条件，则可维持其急性肝胰腺坏死病无疫状态。

遵照第9.1.4条第3）点或第9.1.5条相关规定宣告无急性肝胰腺坏死病的国家、地区或生物安全隔离区，如存在《水生手册》相应章节描述的急性肝胰腺坏死病临诊症状的诱发条件，并持续保持基本生物安保条件，则可中断目标监测，并维持其无急性肝胰腺坏死病状态。

然而，在感染国家内宣告为无急性肝胰腺坏死病的地区或生物安全隔离区，如不具备有利于引发急性肝胰腺坏死病临诊表现的条件，则应继续实行目标监测，并由水生动物卫生机构根据感染发生概率确定监测水平。

第9.1.7条

从宣告无急性肝胰腺坏死病的国家、地区或生物安全隔离区进口水生动物或水生动物产品

从宣告无急性肝胰腺坏死病的国家、地区或生物安全隔离区进口第9.1.2条所列水生动物或相关水生动物产品时，进口国主管部门应要求货物随附出口国主管部门签发的国际水生动物卫生证书。国际水生动物卫生证书应按照第9.1.4条或第9.1.5条（如适用）和第9.1.6条所述程序，注明水生动物或水生动物产品的产地是宣告无急性肝胰腺坏死病的国家、地区或生物安全隔离区。

国际水生动物卫生证书应符合本法典第5.11章所示证书范本格式。

本条不适用于第9.1.3条第1）点所列水生动物产品。

第9.1.8条

为水产养殖从未宣告无急性肝胰腺坏死病的国家、地区或生物安全隔离区进口水生动物

为水产养殖从未宣告无急性肝胰腺坏死病的国家、地区或生物安全隔离区进口第9.1.2条所列水生动物时，进口国主管部门应根据第2.1章的规定进行风险评估，并考虑采取以下第1）点和第2）点措施减少风险：

1） 如引进水生动物用于养成及收获，应考虑采取以下措施：

   a） 直接将进口动物运至隔离设施中，直至养成；且

   b） 离开隔离检疫设施前（在原设施或通过生物安保运输方式移至另一隔离检疫设施），将水生动物宰杀并加工成第9.1.3条第1）点所述的一种或多种水生动物产品，或主管部门授权

的其他产品；且

c）根据第4.3章、第4.7章、第5.5章的要求对运输用水、设备、污水和废弃物进行处理，确保灭活副溶血性弧菌。

或

2）如引进目的是建立一个新种群，应考虑采取以下措施：

a）出口国：

ⅰ）确定可能的源种群，并评估其水生动物卫生记录；

ⅱ）根据第1.4章的要求检测源种群，挑选出相应卫生水平最高的水生动物作为原代种群（F-0）。

b）进口国：

ⅰ）进口原代种群（F-0）并运至隔离检疫设施中；

ⅱ）根据第1.4章的要求检测原代种群是否感染副溶血性弧菌，确定是否适合用作亲本；

ⅲ）在隔离检疫条件下繁殖第一代（F-1代）；

ⅳ）在隔离检疫设施中饲养F-1代，饲养时间和条件足以使感染动物出现症状，根据本法典第1.4章及《水生手册》第2.2.1章采样并检测副溶血性弧菌；

ⅴ）如在F-1代中未检测到副溶血性弧菌，则可被判定为无急性肝胰腺坏死病，并可解除隔离检疫；

ⅵ）如在F-1代中检测到副溶血性弧菌，则不能解除隔离检疫，并应按照第4.7章以生物安保方式进行扑杀和处置。

第9.1.9条

为食品加工从未宣告无急性肝胰腺坏死病的国家、地区或生物安全隔离区进口水生动物或水生动物产品

为食品加工从未宣告无急性肝胰腺坏死病的国家、地区或生物安全隔离区进口第9.1.2条所列水生动物或相关水生动物产品时，进口国主管部门应进行风险评估，如有必要应要求：

1）直接将货物运至隔离检疫设施中，直至加工成第9.1.3.条第1）点或9.1.12条第1）点所列产品，或由主管部门批准的其他产品；且

2）妥善处理运输用水（包括冰）、设备、容器和包装材料，确保灭活副溶血性弧菌，或按照第4.3章、第4.7章、第5.5章进行生物安保处理；且

3）妥善处理所有污水和废弃物，确保灭活副溶血性弧菌，或按照第4.3章、第4.7章进行生物安保处理。

对于此类水生动物或水生动物产品，成员可考虑采取适应本土情况的措施，防控除人类食品外与其他用途相关的风险。

第9.1.10条

从未宣告无急性肝胰腺坏死病的国家、地区或生物安全隔离区进口水生动物或水生动物产品，用于除食品加工外其他用途（如动物饲料、农业、工业、科研或制药）

从未宣告无急性肝胰腺坏死病的国家、地区或生物安全隔离区进口第9.1.2条所列水生动物或相关水生动物产品，用于除食品加工外其他用途（如动物饲料、农业、工业、科研或制药等），进口国主管部门应要求：

1）直接将货物运至隔离检疫设施中，直至加工成第9.1.3条第1）点所列产品或由主管部门批准的其他产品；且

2）妥善处理运输用水（包括冰）、设备、容器和包装材料，确保灭活副溶血性弧菌，或按照第4.3章、第4.7章、第5.5章进行生物安保处理；且

3）妥善处理所有污水和废弃物，确保灭活副溶血性弧菌，或按照第4.3章、第4.7章进行生物安保处理。

第9.1.11条

从未宣告无急性肝胰腺坏死病的国家、地区或生物安全隔离区进口水生动物用于实验室或动物园

从未宣告无急性肝胰腺坏死病的国家、地区或生物安全隔离区进口第9.1.2条所列水生动物用于实验室或动物园时，进口国主管部门应确保：

1）直接将货物运至主管部门批准的检疫设施内，并保存于其中；且

2）妥善处理运输用水（包括冰）、设备、容器和包装材料，确保灭活副溶血性弧菌，或按照第4.3章、第4.7章、第5.5章进行生物安保处理；且

3）妥善处理实验室或动物园检疫设施中产生的污水和废弃物，确保灭活副溶血性弧菌，或按照第4.3章和第4.7章进行生物安保处理；且

4）按照第4.7章对动物残骸进行处置。

第9.1.12条

为食品零售从无论是否存在急性肝胰腺坏死病的国家、地区或生物安全隔离区进口或过境转运水生动物产品

1）审批进口或过境转运符合本法典第5.4.2条规定的已加工成零售包装的冷冻去皮对虾（去壳去

头）时，无论出口国、地区或生物安全隔离区内急性肝胰腺坏死病状态如何，主管部门均不应提出任何与副溶血性弧菌相关的要求。

评估上述水生动物产品安全性时做出了一些假设，成员应参阅本法典第5.4.2条所述假设，并考虑是否适合于本国国情。

对于此类水生动物或水生动物产品，成员可考虑采取适应本土情况的措施，防控除人类食品外与其他用途相关的风险。

2）从未宣告无急性肝胰腺坏死病的国家、地区或生物安全隔离区进口除上述第1）点外的第9.1.2条所列水生动物衍生产品时，进口国主管部门应进行风险评估，并采取适当的风险缓解措施。

注：于2017年首次通过，于2019年最新修订。

第9.2章 螯虾丝囊霉感染（螯虾瘟）

Infection with *Aphanomyces astaci*
（Crayfish plague）

第9.2.1条

本法典中，螯虾丝囊霉感染指由卵菌门（Oomycota）水霉科（Leptolegniaceae）变形藻丝囊霉菌（*Aphanomyces astaci*）引发的感染。该病通常被称为螯虾瘟。

诊断方法参见《水生手册》。

第9.2.2条

范围

本章的建议适用于螯虾全部三个科［螯虾科（Cambaridae）、蟹虾科（Astacidae）和拟螯虾科（Parastacidae）］中所有物种。在国际贸易中，这些建议同样适用于《水生手册》中提及的任何其他易感物种。

第9.2.3条

为任何用途从无论是否存在变形藻丝囊霉菌感染的国家、地区或生物安全隔离区进口或过境转运水生动物产品

1）审批为任何用途而进口或过境转运第9.2.2条所列物种且符合本法典第5.4.1条规定的下列水生动物产品时，无论出口国、地区或生物安全隔离区内变形藻丝囊霉菌感染状态如何，主管部门均不应提出任何与之相关的要求：

    a）经高温灭菌并密封包装的螯虾产品（即经121℃热处理至少3.6分钟或其他任何已证明可灭活变形藻丝囊霉菌的时间/温度等效处理）；

    b）经100℃热处理至少1分钟的熟制螯虾产品（或其他任何已证明可灭活变形藻丝囊霉菌的时间/温度等效处理）；

c） 经巴氏消毒法90℃热处理至少10分钟的螯虾产品（或其他任何已证明可灭活变形藻丝囊霉菌的时间/温度等效处理）；

d） 经零下20℃或更低温度处理至少72小时的冷冻螯虾产品；

e） 螯虾油；

f） 螯虾粉；

g） 经化学萃取的甲壳素。

2） 审批进口或过境转运第9.2.2条所列物水生动物产品种时，除第9.2.3条第1）点所列产品外，主管部门应要求符合第9.2.7条至第9.2.12条与出口国、地区或生物安全隔离区内变形藻丝囊霉菌感染状态相关的规定。

3） 考虑进口或过境转运第9.2.2条所列物种以外的水生动物产品时，如有合理理由认为可能会构成变形藻丝囊霉菌传播风险，进口国主管部门应按照本法典第2.1章的建议进行风险分析，并将结果告知出口国主管部门。

第9.2.4条

无变形藻丝囊霉菌感染国家

某国如与一国或多国共享某水域，则只有共享水体所涉及的国家或地区均宣告无变形藻丝囊霉菌感染时，该国方可自行宣告无变形藻丝囊霉菌感染（参见第9.2.5条）。

根据第1.4.6条所述，一个国家如符合下列要求，则可自行宣告无变形藻丝囊霉菌感染：

1） 不存在第9.2.2条所列易感物种，且至少最近两年持续满足基本生物安保条件。

或

2） 存在第9.2.2条所列易感动物，但符合以下条件：

a） 尽管存在引发该病临诊表现的条件（如《水生手册》相应章节所述），但至少最近25年未发生变形藻丝囊霉菌感染；且

b） 至少最近十年持续满足基本生物安保条件。

或

3） 开展目标监测前变形藻丝囊霉菌感染状态不明，但符合以下条件：

a） 至少最近五年持续满足基本生物安保条件；且

b） 参照本法典第1.4章所述实行目标监测，至少最近五年未检测到变形藻丝囊霉菌。

或

4） 曾自行宣告无变形藻丝囊霉菌感染，之后因检测到变形藻丝囊霉菌而失去其无疫状态资格，则只有在满足以下条件时，方可重新自行宣告无变形藻丝囊霉菌感染：

a） 检测到变形藻丝囊霉菌时，宣布感染地区为疫区，并设立保护区；且

b） 销毁或清除疫区内的感染动物，最大限度地降低疫病进一步蔓延的风险，并已采取适当的消毒措施（详见第4.3章）；且

c） 审查此前的基础生物安保措施并加以必要修订，并在根除变形藻丝囊霉菌感染后继续保持基本生物安保条件；且

d） 参照本法典第1.4章实行目标监测，至少最近五年未检测到变形藻丝囊霉菌。

同时，未受影响的部分或全部地区如符合第9.2.5条第3）点的规定，则可宣告无变形藻丝囊霉菌感染。

第9.2.5条

无变形藻丝囊霉菌感染地区或生物安全隔离区

一个地区或生物安全隔离区如跨越多个国家，则只有当所有相关国家主管部门均确认符合条件时，才能宣告为无变形藻丝囊霉菌感染的地区或生物安全隔离区。

根据第1.4.6条所述，在下列情况下，位于未宣告无变形藻丝囊霉菌感染的一国或多国境内的地区或生物安全隔离区，可由相关国家主管部门宣告其为无感染：

1） 地区或生物安全隔离区内不存在第9.2.2条所列易感物种，且至少最近两年持续满足基本生物安保条件；

或

2） 地区或生物安全隔离区内存在第9.2.2条所列易感物种，但满足以下条件：

a） 尽管存在引发该病临诊表现的条件（如《水生手册》相应章节中所描述），但至少最近25年未发生变形藻丝囊霉菌感染；且

b） 至少最近十年持续满足基本生物安保条件；

或

3） 开展目标监测前变形藻丝囊霉菌感染状态不明，但符合以下条件：

a） 至少最近五年持续满足基本生物安保条件；且

b） 按照本法典第1.4章的要求进行了目标监测，至少最近五年未检测到变形藻丝囊霉菌。

或

4） 曾自行宣告无变形藻丝囊霉菌感染的地区如之后因检测到变形藻丝囊霉菌而失去其无疫状态资格，则只有在满足以下条件时，方可重新宣告无变形藻丝囊霉菌：

a） 检测到变形藻丝囊霉菌后，宣告感染地区为疫区，并设立保护区；且

b） 销毁或清除疫区内的感染动物，最大限度地降低疫病进一步蔓延的风险，并已采取适当的消毒措施（详见第4.3章）；且

c） 审查此前的基础生物安保措施并加以必要修订，并在根除变形藻丝囊霉菌感染后继续保持

基本生物安保条件；且

d） 根据本法典第1.4章的要求进行了目标监测，至少最近五年未检测到变形藻丝囊霉菌。

第9.2.6条

维持无变形藻丝囊霉菌感染状态

国家、地区或生物安全隔离区如遵照第9.2.4条第1）点、第2）点或第9.2.5条的相关规定宣告为无变形藻丝囊霉菌感染，且持续保持基本生物安保条件，则可维持无变形藻丝囊霉菌感染状态。

根据第9.2.4条第3点或第9.2.5条相关规定宣告无变形藻丝囊霉菌感染的国家、地区或生物安全隔离区，如存在引发《水生手册》相应章节描述的变形藻丝囊霉菌感染临诊表现的条件，并持续保持基本生物安保条件，则可中断目标监测，并维持无变形藻丝囊霉菌感染状态。

但是，在感染国家内宣告无变形藻丝囊霉菌感染的地区或生物安全隔离区，如不具备有利于引发变形藻丝囊霉菌感染临诊表现的条件，则应继续进行目标监测，并由水生动物卫生机构根据感染发生概率确定监测水平。

第9.2.7条

从宣告无变形藻丝囊霉菌感染的国家、地区或生物安全隔离区进口水生动物或水生动物产品

从宣告无变形藻丝囊霉菌感染的国家、地区或生物安全隔离区进口第9.2.2条所列水生动物或相关水生动物产品时，进口国主管部门应要求货物随附出口国主管部门签发的国际水生动物卫生证书。国际水生动物卫生证书应按照第9.2.4条或第9.2.5条（如适用）和第9.2.6条所述程序，注明水生动物或水生动物产品的产地是宣告无变形藻丝囊霉菌感染的国家、地区或生物安全隔离区。

国际水生动物卫生证书应符合本法典第5.11章所示证书范本格式。

本条不适用于第9.2.3条第1）点所列水生动物产品。

第9.2.8条

为水产养殖从未宣告无变形藻丝囊霉菌感染的国家、地区或生物安全隔离区进口水生动物

为水产养殖从未宣告无变形藻丝囊霉菌感染的国家、地区或生物安全隔离区进口第9.2.2条所列水生动物时，进口国主管部门应根据第2.1章的规定进行风险评估，并考虑采取以下第1）和第2）点措施降低风险：

1）　如引进水生动物用于养成及收获，应考虑采取以下措施：

　　　a）　直接将进口水生动物运至隔离检疫设施内，直至养成；且

　　　b）　离开隔离检疫设施前（在原设施或通过生物安保运输方式移至另一隔离检疫设施），将水生动物宰杀并加工成第9.2.3条第1）点所述的一种或多种水生动物产品，或主管部门授权的其他产品；且

　　　c）　根据第4.3章、第4.7章、第5.5章的要求对运输用水、设备、废水和废弃物进行处理，确保灭活变形藻丝囊霉菌。

或

2）　如引进目的是建立一个新种群，应考虑采取以下措施：

　　　a）　出口国：

　　　　　ⅰ）确定可能的源种群，并评估其水生动物卫生记录；

　　　　　ⅱ）根据第1.4章的要求检测源种群，挑选出相应卫生水平最高的水生动物作为原代种群（F-0）。

　　　b）　进口国：

　　　　　ⅰ）进口原代种群（F-0）并运至隔离检疫设施中；

　　　　　ⅱ）根据1.4章的要求检测F-0群是否感染变形藻丝囊霉菌，确定是否适合用作亲本；

　　　　　ⅲ）在隔离检疫条件下繁殖第一代（F-1）；

　　　　　ⅳ）在隔离检疫设施中饲养F-1代，饲养时间和条件足以使变形藻丝囊霉菌感染动物出现症状，根据本法典1.4章及《水生手册》第2.2.2章采样和检测变形藻丝囊霉菌；

　　　　　ⅴ）如在F-1代中未检测到变形藻丝囊霉菌，则可判定F-1代为无变形藻丝囊霉菌感染，并可解除隔离检疫；

　　　　　ⅵ）如在F-1代中检测到变形藻丝囊霉菌，则不能解除隔离检疫，并应按照第4.7章以生物安保方式进行扑杀和处置。

第9.2.9条

为食品加工从未宣告无变形藻丝囊霉菌感染的国家、地区或生物安全隔离区进口水生动物或水生动物产品

　　为食品加工从未宣告无变形藻丝囊霉菌感染的国家、地区或生物安全隔离区进口第9.2.2条所列水生动物或相关水生动物产品时，进口国主管部门应进行风险评估，如有必要应要求：

1）　直接将货物运至隔离检疫或控制设施中，直至加工成第9.2.3条第1）点或第9.2.12条第1）点所列产品，或由主管部门批准的其他产品；且

2）　妥善处理运输用水（包括冰）、设备、容器和包装材料，确保灭活变形藻丝囊霉菌，或按照第

4.3章、第4.7章、第5.5章进行生物安保处理；且

3）妥善处理所有污水和废弃物，确保灭活变形藻丝囊霉菌，或按照第4.3章、第4.7章进行生物安保处理。

对于此类水生动物或水生动物产品，成员可考虑采取适应本土情况的措施，防控除人类食品外与其他用途相关的风险。

第9.2.10条

从未宣告无变形藻丝囊霉菌感染的国家、地区或生物安全隔离区进口水生动物或水生动物产品，用于除食品加工外其他用途（如动物饲料、农业、工业、科研或制药）

从未宣告无变形藻丝囊霉菌感染的国家、地区或生物安全隔离区进口第9.2.2条所列水生动物或相关水生动物产品，用于除食品加工外其他用途（如动物饲料、农业、工业、科研或制药等），进口国主管部门应要求：

1）直接将货物运至隔离检疫设施中，直至加工成第9.2.3条第1）点或其他由主管部门批准的产品；且

2）妥善处理运输用水（包括冰）、设备、容器和包装材料，确保灭活变形藻丝囊霉菌，或按照第4.3章、第4.7章和第5.5章进行生物安保处理；且

3）妥善处理所有污水和废弃物，确保灭活变形藻丝囊霉菌，或按照第4.3章、第4.7章进行生物安保处理。

第9.2.11条

从未宣告无变形藻丝囊霉菌感染的国家、地区或生物安全隔离区进口水生动物用于实验室或动物园

从未宣告无变形藻丝囊霉菌感染的国家、地区或生物安全隔离区进口第9.2.2条所列水生动物用于实验室或动物园时，进口国主管部门应保障：

1）直接将货物运至主管部门批准的检疫设施，并保存于其中；且

2）妥善处理运输用水（包括冰）、设备、容器和包装材料，确保灭活变形藻丝囊霉菌，或按照第4.3章、第4.7章和第5.5章进行生物安保处理；且

3）妥善处理实验室或动物园检疫设施中产生的所有污水和废弃物，确保灭活变形藻丝囊霉菌，或按照第4.3章和第4.7章进行生物安保处理；且

4）按照第4.7章对动物残骸进行处置。

第9.2.12条

为食品零售从无论是否存在变形藻丝囊霉菌感染的国家、地区或生物安全隔离区进口或过境转运水生动物产品

1） 审批进口或过境转运符合本法典第5.4.2条规定的已加工成零售包装的水生动物产品时，无论出口国、地区或生物安全隔离区内变形藻丝囊霉菌感染状态如何，主管部门均不应提出任何与之相关的要求。

– （尚未列出水生动物产品）。

2） 从未宣告无变形藻丝囊霉菌感染的国家、地区或生物安全隔离区进口除上述第1）点规定外的第9.2.2条所列水生动物衍生产品时，进口国主管部门应进行风险评估，并采取适当的风险缓解措施。

注：于1995年首次通过，于2019年最新修订。

第9.3章　对虾肝杆菌感染（坏死性肝胰腺炎）

Infection with *Hepatobacter penaei*
（Necrotising hepatopancreatitis）

第9.3.1条

本法典中，对虾肝杆菌（*Hepatobacter penaei*）感染指肝胰腺坏死性细菌（*Candidatus Hepatobacter penaei*）引发的感染。该菌为专性细胞内寄生的α-变形杆菌目的成员。该病通常被称为坏死性肝胰腺炎（Necrotising hepatopancreatitis）。

诊断方法参见《水生手册》。

第9.3.2条

范围

本章的建议适用于符合本法典第1.5章易感物种界定标准的下列物种：凡纳滨对虾（*Penaeus vannamei*）。

第9.3.3条

为任何用途从无论是否存在对虾肝杆菌感染的国家、地区或生物安全隔离区进口或过境转运水生动物产品

1）　审批为任何用途而进口或过境转运上述第9.3.2条所列物种且符合本法典第5.4.1条规定的下列水生动物产品时，无论出口国、地区或生物安全隔离区内对虾肝杆菌感染状态如何，主管部门均不应提出任何与之相关的要求：

　　a）　经高温灭菌并密封包装的甲壳动物产品（即经121℃热处理至少3.6分钟或其他任何已证明可灭活对虾肝杆菌的时间/温度等效处理）；

　　b）　经100℃热处理至少3分钟的熟制甲壳动物产品（或其他任何已证明可灭活对虾肝杆菌的时间/温度等效处理）；

c） 经巴氏消毒法63℃热处理至少30分钟的甲壳动物产品（或其他任何已证明可灭活对虾肝杆菌的时间/温度等效处理）；

d） 甲壳动物油；

e） 甲壳动物粉；

f） 化学提取的甲壳素。

2） 审批进口或过境转运第9.3.2条所列物种水生动物产品时，除第9.3.3条第1）点所列产品外，主管部门应要求符合第9.3.7条至第9.3.12条与出口国、地区或生物安全隔离区内对虾肝杆菌感染状态相关的规定。

3） 考虑进口或过境转运第9.3.2条所列物种以外的水生动物产品时，如有合理理由认为可能会构成对虾肝杆菌传播风险，进口国主管部门应按照本法典第2.1章的建议进行风险分析，并将结果告知出口国主管部门。

第9.3.4条

无对虾肝杆菌感染的国家

某国如与一国或多国共享某水域，则只有共享水体所涉及的国家或地区均宣告无对虾肝杆菌感染时，该国方可自行宣告无对虾肝杆菌感染（参见第9.3.5条）。

根据第1.4.6条所述，一个国家如符合下列要求，则可自行宣告无对虾肝杆菌感染：

1） 不存在第9.3.2条所列易感物种，且至少最近两年持续满足基本生物安保条件；

或

2） 存在第9.3.2条所列易感物种，但满足下列条件：

a） 尽管存在引发该病临诊表现的条件（如《水生手册》相应章节所述），但至少最近十年未发生对虾杆细菌感染；且

b） 至少最近两年持续满足基本生物安保条件。

或

3） 开展目标监测前疫病状态不明，但符合以下条件：

a） 至少最近两年持续满足基本生物安保条件；且

b） 根据本法典第1.4章所述进行目标监测，至少最近两年未检测到对虾肝杆菌。

或

4） 曾自行宣告无对虾肝杆菌感染，之后因检测到对虾肝杆菌而失去其无疫状态资格，则只有在满足以下条件时，方可重新自行宣告无对虾肝杆菌：

a） 检测到对虾肝杆菌后，宣布感染地区为疫区，并设立保护区；且

b） 销毁或清除疫区内的感染动物，最大限度地降低疫病进一步蔓延的风险，并已采取适当的

消毒措施（详见第4.3章）；且，

c）审查此前的基础生物安保措施并加以必要修订，并在根除对虾肝杆菌感染后继续保持基本生物安保条件；且

d）根据本法典第1.4章所述进行目标监测，至少最近两年未检测到对虾肝杆菌。

同时，未受影响的部分或全部地区如符合第9.3.5条第3）点的规定，则可宣告为无疫区。

第9.3.5条

无对虾肝杆菌感染地区或生物安全隔离区

一个地区或生物安全隔离区如跨越多个国家，则只有当所有相关国家主管部门均确认符合条件时，方可宣告为无对虾肝杆菌感染地区或生物安全隔离区。

根据第1.4.6条所述，在下列情况下，位于未宣告无对虾肝杆菌感染的一国或多国境内的地区或生物安全隔离区，可由相关国家主管部门宣告其为无感染：

1）地区或生物安全隔离区不存在第9.3.2条所列易感物种，且至少最近两年持续满足基本生物安保条件。

或

2）地区或生物安全隔离区内存在第9.3.2条所列易感物种，但满足以下条件：

a）尽管存在引发该病临诊表现的条件（如《水生手册》相应章节所述），但至少最近十年未发生对虾肝杆菌感染；且

b）至少最近两年持续满足基本生物安保条件。

或

3）开展目标监测前疫病状态不明，但符合以下条件：

a）至少最近两年持续满足基本生物安保条件；且

b）根据本法典第1.4章所述进行目标监测，至少最近两年未检测到对虾肝杆菌。

或

4）曾自行宣告无对虾肝杆菌感染的地区如之后因检测到对虾肝杆菌而失去无疫状态资格，则只有在满足以下条件时，方可重新宣告无对虾肝杆菌：

a）检测到对虾肝杆菌后，宣告感染地区为疫区，并设立保护区；且

b）销毁或清除疫区内的感染动物，最大限度地降低疫病进一步蔓延的风险，并已采取适当的消毒措施（详见第4.3章）；且

c）审查此前的基础生物安保措施并加以必要修订，并在根除对虾肝杆菌感染后继续保持基本生物安保条件；且

d）根据本法典第1.4章所述进行目标监测，至少最近两年未检测到对虾肝杆菌。

第9.3.6条

维持无疫状态

国家、地区或生物安全隔离区如遵照第9.3.4条第1）点、第2）点或第9.3.5条的相关规定宣告无对虾肝杆菌感染，且持续采取基本生物安保措施，则可维持无对虾肝杆菌感染状态。

根据第9.3.4条第3）点或第9.3.5条的相关规定宣告无对虾肝杆菌感染的国家、地区或生物安全隔离区，如存在引发《水生手册》相应章节描述的对虾肝杆菌感染临诊表现的条件，并持续采取基本生物安保措施，则可中断目标监测，并维持无对虾肝杆菌感染状态。

然而，在感染国家内宣告无对虾肝杆菌感染的地区或生物安全隔离区，如不具备有利于引发对虾肝杆菌感染临诊表现的条件，则应继续进行目标监测，并由水生动物卫生机构根据感染发生概率确定监测水平。

第9.3.7条

从宣告无对虾肝杆菌感染的国家、地区或生物安全隔离区进口水生动物或水生动物产品

从宣告无对虾肝杆菌感染的国家、地区或生物安全隔离区进口第9.3.2条所列水生动物或相关水生动物产品时，进口国主管部门应要求货物随附出口国主管部门签发的国际水生动物卫生证书。国际水生动物卫生证书应按照第9.3.4条或第9.3.5条（如适用）和第9.3.6条所述程序，注明水生动物或水生动物产品的产地是宣告无对虾肝杆菌感染的国家、地区或生物安全隔离区。

证书应符合本法典第5.11章所示证书范本格式。

本条不适用于第9.3.3条第1）点所列水生动物产品。

第9.3.8条

为水产养殖从未宣告无对虾肝杆菌感染的国家、地区或生物安全隔离区进口水生动物

为水产养殖从未宣告无对虾肝杆菌感染的国家、地区或生物安全隔离区进口第9.3.2条所列水生动物时，进口国主管部门应根据第2.1章的规定进行风险评估，并考虑采取以下第1）和第2）点措施降低风险：

1）　如引进水生动物用于养成及收获，应考虑采取以下措施：

　　a）　直接将进口水生动物运至隔离检疫设施内，直至养成；且

　　b）　离开隔离检疫设施前（在原设施或通过生物安保运输方式移至另一隔离检疫设施），将水生动物宰杀并加工成第9.3.3条第1）点所述的一种或多种水生动物产品，或主管部门授权

的其他产品；且

　　c）　根据第4.3章、第4.7章、第5.5章的要求对运输用水、设备、废水和废弃物进行处理，确保灭活对虾肝杆菌。

或

2）如引进目的是建立一个新种群，应考虑采取以下措施：

　　a）　出口国：

　　　　ⅰ）确定可能的源种群，并评估其水生动物卫生记录；

　　　　ⅱ）根据第1.4章的要求检测源种群，挑选出相应卫生水平最高的水生动物作为原代种群（F-0）。

　　b）　进口国：

　　　　ⅰ）进口F-0群并运至隔离检疫设施中；

　　　　ⅱ）根据1.4章的要求检测F-0群是否感染对虾肝杆菌，确定是否适合用作亲本；

　　　　ⅲ）在隔离条件下繁殖第一代（F-1）；

　　　　ⅳ）在隔离检疫设施中饲养F-1代，饲养时间和条件足以使对虾肝杆菌感染动物出现症状，根据本法典1.4章及《水生手册》第2.2.3章采样并检测对虾肝杆菌；

　　　　ⅴ）如在F-1代中未检测到对虾肝杆菌，则可被判定为无对虾肝杆菌感染，并可解除隔离；

　　　　ⅵ）如在F-1代中检测到对虾肝杆菌，则不能解除隔离，并应按照第4.7章以生物安保方式进行扑杀和处置。

第9.3.9条

为食品加工从未宣告无对虾肝杆菌感染的国家、地区或生物安全隔离区进口水生动物或水生动物产品

　　为食品加工从未宣告无对虾肝杆菌感染的国家、地区或生物安全隔离区进口第9.3.2条所列水生动物或相关水生动物产品时，进口国主管部门应进行风险评估，如有必要应要求：

1）　直接将货物运至检疫或隔离设施中，直至加工成第9.3.3条第1）点或第9.3.12条第1）点所列产品，或由主管部门批准的其他产品；且

2）　妥善处理运输用水（包括冰）、设备、容器和包装材料，确保灭活对虾肝杆菌，或按照第4.3章、第4.7章和第5.5章进行生物安保处理；且

3）　妥善处理加工过程中产生的所有污水和废弃物，确保灭活对虾肝杆菌，或按照第4.3章和第4.7章进行生物安保处理。

　　对于此类水生动物或水生动物产品，成员可考虑采取适应本土情况的措施，防控除人类食品外与其他用途相关的风险。

第9.3.10条

从未宣告无对虾肝杆菌感染的国家、地区或生物安全隔离区进口水生动物或水生动物产品，用于除食品加工外其他用途（如动物饲料、农业、工业、科研或制药）

从未宣告无对虾肝杆菌感染的国家、地区或生物安全隔离区进口第9.3.2条所列水生动物或相关水生动物产品，用于除食品加工外其他用途（如动物饲料、农业、工业、科研或制药等），进口国主管部门应要求：

1）直接将货物运至隔离检疫设施中，直至加工成第9.3.3条第1）点所列产品，或由主管部门批准的其他产品；且

2）妥善处理运输用水（包括冰）、设备、容器和包装材料，确保灭活对虾肝杆菌，或按照第4.3章、第4.7章、第5.5章进行生物安保处理；且

3）妥善处理加工过程中产生的所有污水和废弃物，确保灭活对虾肝杆菌，或按照第4.3章和第4.7章进行生物安保处理。

第9.3.11条

从未宣告无对虾肝杆菌感染的国家、地区或生物安全隔离区进口用于实验室或动物园的水生动物

从未宣告无对虾肝杆菌感染的国家、地区或生物安全隔离区进口第9.3.2条所列水生动物种类用于实验室或动物园时，进口国主管部门应保障：

1）直接将货物运至主管部门批准的检疫设施，并保存于其中；且

2）妥善处理运输用水（包括冰）、设备、容器和包装材料，确保灭活对虾肝杆菌，或按照第4.3章、第4.7章和第5.5章进行生物安保处理；且

3）妥善处理实验室或动物园的检疫隔离设施中产生的所有污水和废弃物，确保灭活对虾肝杆菌，或按照第4.3章和第4.7章进行生物安保处理；且

4）按照第4.7章对动物残骸进行处置。

第9.3.12条

为食品零售从无论是否存在对虾肝杆菌感染的国家、地区或生物安全隔离区进口或过境转运水生动物产品

1）审批进口或过境转运符合本法典第5.4.2条规定的已加工成零售包装的冷冻去皮对虾（去壳去

头）时，无论出口国、地区或生物安全隔离区内对虾肝杆菌感染状态如何，主管部门均不应提出任何与之相关的要求。

评估上述水生动物产品安全性时做出了一些假设，成员应参阅本法典第5.4.2条所述假设，并考虑是否适用于本国国情。

对于此类水生动物或水生动物产品，成员可考虑采取适应本土情况的措施，防控除人类食品外与其他用途相关的风险。

2）从未宣告无对虾肝杆菌感染的国家、地区或生物安全隔离区进口上述第1）点规定外第9.3.2条所列水生动物衍生产品时，进口国主管部门应进行风险评估，并采取适当的降低风险措施。

注：于2010年首次通过，于2019年最新修订。

第9.4章　传染性皮下及造血组织坏死病毒感染

Infection with infectious hypodermal and haematopoietic necrosis virus

第9.4.1条

本法典中，传染性皮下及造血组织坏死病毒感染指由十足目细角对虾浓核1型病毒（Decapod penstyldensovirus 1）引发的感染。该病毒通常被称为传染性皮下及造血组织坏死病毒（Infectious hypodermal and haematopoietic necrosisvirus，IHHNV），属于细小病毒科（Parvoviridae）细角对虾浓核病毒属（*Penstyldensovirus*）。

诊断方法参见《水生手册》。

第9.4.2条

范围

本章提供的建议适用于符合本法典第1.5章易感物种界定标准的下列物种：加州对虾（*Penaeus californiensis*）、斑节对虾（*Penaeus monodon*）、白对虾（*Penaeus setiferus*）、蓝对虾（*Penaeus stylirostris*）和凡纳滨对虾（*Penaeus vannamei*）。

第9.4.3条

为任何用途从无论是否存在传染性皮下及造血组织坏死病毒感染的国家、地区或生物安全隔离区进口或过境转运水生动物产品

1）审批为任何用途而进口或过境转运第9.4.2条所列物种且符合本法典第5.4.1条规定的下列水生动物产品时，无论出口国、地区或生物安全隔离区内传染性皮下及造血组织坏死病毒感染状态如何，主管部门均不应提出任何与传染性皮下及造血组织坏死病毒相关的要求：

　　a）经高温灭菌并密封包装的甲壳动物产品（即经121℃热处理至少3.6分钟或其他任何已证明可灭活传染性皮下及造血组织坏死病毒的时间/温度等效处理）；

　　b ）　经90℃热处理至少20分钟的熟制甲壳动物产品（或其他任何已证明可灭活传染性皮下及造血组织坏死病毒的时间/温度等效处理）；

　　c ）　甲壳动物油；

　　d ）　甲壳动物粉。

2 ）　审批进口或过境转运第9.4.2条所列物种水生动物产品，除第9.4.3条第1 ）点所列产品外，主管部门应要求符合第9.4.7条至第9.4.12条与出口国、地区或生物安全隔离区内传染性皮下及造血组织坏死病毒感染状态相关的要求。

3 ）　考虑进口或过境转运第9.4.2条所列物种以外的水生动物产品时，如有合理理由认为可能会构成传染性皮下及造血组织坏死病毒传播风险，进口国主管部门应按照本法典第2.1章的建议进行风险分析，并将结果告知出口国主管部门。

第9.4.4条

无传染性皮下及造血组织坏死病毒感染国家

　　某国如与一国或多国共享某水域，则只有共享水体所涉及的国家或地区均宣告无传染性皮下及造血组织坏死病毒感染时，该国方可自行宣告无传染性皮下及造血组织坏死病毒感染（参见第9.4.5条）。

　　根据第1.4.6条所述，一个国家如符合下列要求，则可自行宣告告无传染性皮下及造血组织坏死病毒感染：

1 ）　不存在第9.4.2条所列易感物种，且至少最近两年持续满足基本生物安保条件。

或

2 ）　存在第9.4.2条所列易感动物，但满足下列条件：

　　a ）　尽管存在引发该病临床表现的条件（如《水生手册》相应章节所述），但至少最近十年未发生传染性皮下及造血组织坏死病毒感染；且

　　b ）　至少最近两年持续满足基本生物安保条件。

或

3 ）　开展目标监测前传染性皮下及造血组织坏死病毒感染状态不明，但符合以下条件：

　　a ）　至少最近两年持续满足基本生物安保条件；且

　　b ）　根据本法典第1.4章所述进行目标监测，至少最近两年未检测到传染性皮下及造血组织坏死病毒。

或

4 ）　曾自行宣告无传染性皮下及造血组织坏死病毒感染，之后因检测到传染性皮下及造血组织坏死病毒而失去其无疫资格，则只有在满足以下条件时，方可重新自行宣告无传染性皮下及造血组

织坏死病毒感染：

a) 检测到传染性皮下及造血组织坏死病毒后，宣布感染地区为疫区，并设立保护区；且

b) 销毁或清除疫区内的感染动物，最大限度地降低疫病进一步蔓延的风险，并已采取适当的消毒措施（详见第4.3章）；且

c) 审查此前的基础生物安保措施并加以必要修订，且在根除传染性皮下及造血组织坏死病毒感染后继续保持基本生物安保条件；且

d) 根据本法典第1.4章进行了目标监测，至少最近两年未检测到传染性皮下及造血组织坏死病毒。

同时，未受影响的部分或全部地区如符合第9.4.5条第3）点的规定，可宣告为无疫区。

第9.4.5条

无传染性皮下及造血组织坏死病毒感染的地区或生物安全隔离区

一个地区或生物安全隔离区如跨越多个国家，则只有当所有相关国家的主管部门均确认其符合条件时，方可宣告为无传染性皮下及造血组织坏死病毒感染的地区或生物安全隔离区。

根据第1.4.6条所述，在下列情况下，位于未宣告无传染性皮下及造血组织坏死病毒感染的一国或多国境内的地区或生物安全隔离区，可由相关国家主管部门宣告其为无感染：

1) 该地区或生物安全隔离区内不存在第9.4.2条所列易感物种，且至少最近两年持续满足基本生物安保条件。

或

2) 该地区或生物安全隔离区内存在第9.4.2条所列的易感物种，但满足以下条件：

a) 尽管存在引发该病临诊表现的条件（如《水生手册》相应章节所述），但至少最近十年未发生传染性皮下及造血组织坏死病毒感染；且

b) 至少最近两年持续满足基本生物安保条件。

或

3) 开展目标监测前传染性皮下及造血组织坏死病毒的感染状态不明，但符合以下条件：

a) 至少最近两年持续满足基本生物安保条件；且

b) 根据本法典第1.4章所述进行目标监测，至少最近两年未检测到传染性皮下及造血组织坏死病毒感染。

或

4) 某地区曾自行宣告无传染性皮下及造血组织坏死病毒感染，之后因检测到传染性皮下及造血组织坏死病毒而失去无疫状态资格，则只有在满足以下条件时，方可重新宣告无传染性皮下及造血组织坏死病毒感染：

a） 检测到传染性皮下及造血组织坏死病毒后，宣告感染地区为疫区，并设立保护区；且

b） 销毁或清除疫区内的感染动物，最大限度地降低疫病进一步蔓延的风险，并已采取适当的消毒措施（详见第4.3章）；且

c） 审查此前的基础生物安保措施并加以必要修订，且自根除传染性皮下及造血组织坏死病毒以来继续保持基本生物安保条件；且

d） 根据本法典第1.4章要求进行了目标监测，至少最近两年未检测到传染性皮下及造血组织坏死病毒。

第9.4.6条

维持无传染性皮下及造血组织坏死病毒感染状态

国家、地区或生物安全隔离区如遵照第9.4.4条第1）点、第2）点或第9.4.5条的相关规定宣告无传染性皮下及造血组织坏死病毒感染，且持续采取基本生物安保措施，则可维持无传染性皮下及造血组织坏死病毒感染状态。

根据第9.4.4条第3）点或第9.4.5条相关规定宣告无传染性皮下及造血组织坏死病毒感染的国家、地区或生物安全隔离区，如存在《水生手册》相应章节描述的传染性皮下及造血组织坏死病毒感染临诊症状的诱发条件，并持续保持基本生物安保条件，则可中断目标监测，并维持无传染性皮下及造血组织坏死病毒感染状态。

然而，在感染国家内宣告为无传染性皮下及造血组织坏死病毒感染的地区或生物安全隔离区，如不具备有利于引发传染性皮下及造血组织坏死病毒感染临诊表现的条件，则应继续进行目标监测，并由水生动物卫生机构根据感染发生概率确定监测水平。

第9.4.7条

从宣告无传染性皮下及造血组织坏死病毒感染的国家、地区或生物安全隔离区进口水生动物或水生动物产品

从宣告无传染性皮下及造血组织坏死病毒感染的国家、地区或生物安全隔离区进口第9.4.2条所列水生动物或相关水生动物产品时，进口国主管部门应要求货物随附出口国主管部门签发的国际水生动物卫生证书。国际水生动物卫生证书应按照第9.4.4条或第9.4.5条（如适用）和第9.3.6条所述程序，注明水生动物或水生动物产品的产地是宣告无传染性皮下及造血组织坏死病毒感染的国家、地区或生物安全隔离区。

证书应符合本法典第5.11章所示证书范本格式。

本条不适用于第9.4.3条第1）点所列水生动物产品。

第9.4.8条

为水产养殖从未宣告无传染性皮下及造血组织坏死病毒感染的国家、地区或生物安全隔离区进口水生动物

为水产养殖从未宣告无传染性皮下及造血组织坏死病毒感染的国家、地区或生物安全隔离区进口第9.4.2条所列水生动物时，进口国主管部门应根据第2.1章的规定进行风险评估，并考虑采取以下第1）点和第2）点措施减少风险：

1） 如引进水生动物用于养成及收获，则应考虑采取以下措施：

   a） 直接将进口水生动物运至隔离检疫设施内，直至养成；且

   b） 离开隔离检疫设施前（在原设施或通过生物安保运输方式移至另一隔离检疫设施），将水生动物宰杀并加工成第9.4.3条第1）点所述的一种或多种水生动物产品，或主管部门授权的其他产品；且

   c） 根据第4.3章、第4.7章、第5.5章的要求对运输用水、设备、废水和废弃物进行处理，确保灭活传染性皮下及造血组织坏死病毒。

或

2） 如引进目的是建立一个新种群，应考虑采取以下措施：

   a） 出口国：

      ⅰ）确定可能的源种群，并评估其水生动物卫生记录；

      ⅱ）根据第1.4章的要求检测源种群，挑选出相应卫生水平最高的水生动物作为原代种群（F-0）。

   b） 进口国：

      ⅰ）进口F-0群并运至隔离检疫设施中；

      ⅱ）根据1.4章的要求检测F-0群是否感染传染性皮下及造血组织坏死病毒，确定是否适合用作亲本；

      ⅲ）在隔离条件下繁殖第一代（F-1）；

      ⅳ）在隔离检疫设施中饲养F-1代，饲养时间和条件足以使传染性皮下及造血组织坏死病毒感染动物出现症状，并根据本法典1.4章及《水生手册》第2.2.4章进行采样和检测传染性皮下及造血组织坏死病毒；

      ⅴ）如在F-1代中未检测到传染性皮下及造血组织坏死病毒，则可被判定为无传染性皮下及造血组织坏死病毒感染，并可解除隔离；

      ⅵ）如在F-1代中检测到传染性皮下及造血组织坏死病毒，则不能解除隔离，并应根据第4.7章以生物安保方式进行扑杀和处置。

第9.4.9条

为食品加工从未宣告无传染性皮下及造血组织坏死病毒感染的国家、地区或生物安全隔离区进口水生动物或水生动物产品

为食品加工从未宣告无传染性皮下及造血组织坏死病毒感染的国家、地区或生物安全隔离区进口第9.4.2条所列水生动物或相关水生动物产品，进口国主管部门应进行风险评估，如有必要应要求：

1）直接将货物运至检疫或隔离设施中，直至加工成第9.4.3条第1）点或第9.4.12条第1）点所列产品，或由主管部门批准的其他产品；且

2）妥善处理运输用水（包括冰）、设备、容器和包装材料，确保灭活传染性皮下及造血组织坏死病毒，或按照第4.3章、第4.7章和第5.5章进行生物安保处理；且

3）妥善处理加工过程中产生的所有污水和废弃物，确保灭活传染性皮下及造血组织坏死病毒，或按照第4.3章和第4.7章进行生物安保处理。

对于此类水生动物或水生动物产品，成员可考虑采取适应本土情况的措施，防控除人类食品外与其他用途相关的风险。

第9.4.10条

从未宣告无传染性皮下及造血组织坏死病毒感染的国家、地区或生物安全隔离区进口水生动物或水生动物产品，用于除食品加工外其他用途（如动物饲料、农业、工业、科研或制药）

从未宣告无传染性皮下及造血组织坏死病毒感染的国家、地区或生物安全隔离区进口第9.4.2条所列水生动物或相关水生动物产品，用于除食品加工外其他用途（如动物饲料、农业、工业、科研或制药等），进口国主管部门应要求：

1）直接将货物运至隔离检疫设施中，直至加工成第9.4.3条第1）点或由主管部门批准的其他产品；且

2）妥善处理运输用水（包括冰）、设备、容器和包装材料，确保灭活传染性皮下及造血组织坏死病毒，或按照第4.3章、第4.7章、第5.5章进行生物安保处理；且

3）妥善处理加工过程中产生的所有污水和废弃物，确保灭活传染性皮下及造血组织坏死病毒，或按照第4.3章和第4.7章进行生物安保处理。

第9.4.11条

从未宣告无传染性皮下及造血组织坏死病毒毒的国家、地区或生物安全隔离区进口水生动物用于实验室或动物园

从未宣告无传染性皮下及造血组织坏死病毒感染的国家、地区或生物安全隔离区进口第9.4.2条所列水生动物用于实验室或动物园时，进口国主管部门应确保：

1) 直接将货物运至主管部门批准的检疫设施，并保存于其中；且

2) 妥善处理运输用水（包括冰）、设备、容器和包装材料，确保灭活传染性皮下及造血组织坏死病毒，或按照第4.3章、第4.7章和第5.5章进行生物安保处理；且

3) 妥善处理实验室或动物园的检疫隔离设施产生的所有污水和废弃物，确保灭活传染性皮下及造血组织坏死病毒，或按照第4.3章和第4.7章进行生物安保处理；且

4) 按照第4.7章对动物残骸进行处置。

第9.4.12条

为食品零售从无论是否存在传染性皮下及造血组织坏死病毒感染的国家、地区或生物安全隔离区进口或过境转运水生动物产品

1) 审批进口或过境转运符合本法典第5.4.2条规定的已加工成零售包装的冷冻去皮对虾（去壳去头）时，无论出口国、地区或生物安全隔离区内传染性皮下及造血组织坏死病毒感染状态如何，主管部门均不应提出任何与之相关的要求。

评估上述水生动物产品的安全性时做出了一些假设，成员应参阅本法典第5.4.2条所述假设，并考虑是否适用于本国国情。

对于此类水生动物或水生动物产品，成员可考虑采取适应本土情况的措施，防控除人类食品外与其他用途相关的风险。

2) 从未宣告无传染性皮下及造血组织坏死病毒感染的国家、地区或生物安全隔离区进口除上述第1) 点外的第9.4.2条所列水生动物衍生产品时，进口国主管部门应进行风险评估，并采取适当的风险缓解措施。

注：于1995年首次通过，于2019年最新修订。

第9.5章　传染性肌坏死病毒感染

Infection with infectious myonecrosis virus

第9.5.1条

本法典中，传染性肌坏死病毒感染指由单分病毒科（Totiviridae）（暂定分类）的传染性肌坏死病毒（Infectious myonecrosis virus，IMNV）引发的感染。

诊断方法参见《水生手册》。

第9.5.2条

范围

本章的建议适用于符合本法典第1.5章易感物种界定标准的下列物种：食用对虾（*Penaeus esculentus*）、墨吉对虾（*Penaeus merguiensis*）和凡纳滨对虾（*Penaeus vannamei*）。

第9.5.3条

为任何用途从无论是否存在传染性肌坏死病毒感染的国家、地区或生物安全隔离区进口或过境转运水生动物产品

1）审批为任何用途而进口或过境转运第9.5.2条所列物种且符合本法典第5.4.1条规定的水生动物产品时，无论出口国、地区或生物安全隔离区内传染性肌坏死病毒感染状态如何，主管部门均不应提出任何与之相关的要求：

　　a）经高温灭菌并密封包装的甲壳动物产品（即经121℃热处理至少3.6分钟或其他任何已证明可灭活传染性肌坏死病毒的时间/温度等效处理）；

　　b）经60℃热处理至少3分钟的熟制甲壳动物产品（或其他任何已证明可灭活传染性肌坏死病毒的时间/温度等效处理）；

　　c）甲壳动物油；

　　　d）甲壳动物粉；

　　　e）化学提取的甲壳素。

2）审批进口或过境转运第9.5.2条所列物种水生动物产品时，除第9.5.3条第1）点所列产品外，主管部门应要求符合第9.5.7条至第9.5.12条与出口国、地区或生物安全隔离区内传染性肌坏死病毒感染状态相关的规定。

3）考虑进口或过境转运第9.5.2条所列物种以外水生动物产品时，如有合理理由认为可能会构成传染性肌坏死病毒感染传播风险，进口国主管部门应按照本法典第2.1章的建议进行风险分析，并将分析结果告知出口国主管部门。

第9.5.4条

无传染性肌坏死病毒感染的国家

　　某国如与一国或多国共享某水域，则只有共享水体所涉及的国家或地区均宣告无传染性肌坏死病毒感染时，该国方可自行宣告无传染性肌坏死病毒感染（参见第9.5.5条）。

　　根据第1.4.6条所述，一个国家如符合下列要求，则可自行宣告无传染性肌坏死病毒感染：

1）不存在第9.5.2条所列易感物种，且至少最近两年持续满足基本生物安保条件。

或

2）存在第9.5.2条所列易感物种，但符合下列条件：

　　a）尽管存在引发该病临诊表现的条件（参见《水生手册》相应章节），但至少最近十年未发生传染性肌坏死病毒感染；且

　　b）至少最近两年持续满足基本生物安保条件。

或

3）开展目标监测前疫病状态不明，但符合以下条件：

　　a）至少最近两年持续满足基本生物安保条件；且

　　b）参照本法典第1.4章实行目标监测，至少最近两年未检测到传染性肌坏死病毒感染。

或

4）曾自行宣告无传染性肌坏死病毒感染，之后因检测到传染性肌坏死病毒而失去其无疫状态资格，则只有符合以下条件后，方可重新自行宣告无传染性肌坏死病毒感染：

　　a）检测到传染性肌坏死病毒后，宣布感染地区为疫区，并设立保护区；且

　　b）销毁或清除疫区内的感染动物，最大限度地降低疫病进一步蔓延的风险，并已采取适当的消毒措施（详见第4.3章）；且

　　c）审查此前的基础生物安保措施并加以必要修订，且根除传染性肌坏死病毒感染后继续保持基本生物安保条件；且

d）参照本法典第1.4章实行目标监测，至少最近两年未检测到传染性肌坏死病毒感染。

同时，未受影响的部分或全部地区如果符合第9.5.5条第3）点的规定，则可宣告为传染性肌坏死病毒感染无疫区。

第9.5.5条

无传染性肌坏死病毒感染地区或生物安全隔离区

一个地区或生物安全隔离区如跨越多个国家，则只有当所有相关国家的主管部门均确认符合相关条件时，才能宣告为无传染性肌坏死病毒感染地区或生物安全隔离区。

根据第1.4.6条所述，在下列情况下，位于未宣告无传染性肌坏死病毒感染的一国或多国境内的地区或生物安全隔离区，可由相关国家主管部门宣告其为无感染：

1）地区或生物安全隔离区内不存在第9.5.2条所列易感物种，且至少最近两年持续满足基本生物安保条件。

或

2）地区或生物安全隔离区存在第9.5.2条所列易感物种，但满足以下条件：

    a）尽管存在引发该病临诊表现的条件（如《水生手册》相应章节所述），但至少最近十年未发生传染性肌坏死病毒感染；且

    b）至少最近两年持续满足基本生物安保条件。

或

3）开展目标监测前疫病状态不明，但符合以下条件：

    a）至少最近两年持续满足基本生物安保条件；且

    b）参照本法典第1.4章实行目标监测，至少最近两年未检测到传染性肌坏死病毒感染。

或

4）曾自行宣告无传染性肌坏死病毒感染，之后因检测到传染性肌坏死病毒而失去其无疫状态资格，则只有符合以下条件后，方可重新自行宣告无传染性肌坏死病毒感染：

    a）检测到传染性肌坏死病毒感染后，宣告感染地区为疫区，并设立保护区；且

    b）销毁或清除疫区内的感染动物，最大限度地降低疫病进一步蔓延的风险，并已采取适当的消毒措施（详见第4.3章）；且

    c）审查此前的基础生物安保措施并加以必要修订，且根除传染性肌坏死病毒感染后继续保持基本生物安保条件；且

    d）参照本法典第1.4章实行目标监测，至少最近两年未检测到传染性肌坏死病毒感染。

第9.5.6条

维持传染性肌坏死病毒感染无疫状态

国家、地区或生物安全隔离区如遵照第9.5.4条第1）点、第2）点或第9.5.5条的相关规定宣告无传染性肌坏死病毒感染，且持续采取基本生物安保措施，则可维持无传染性肌坏死病毒感染状态。

根据第9.5.4条第3）点或9.5.5条的相关规定宣告无传染性肌坏死病毒感染的国家、地区或生物安全隔离区，如存在《水生手册》相应章节描述的传染性肌坏死临诊症状的诱发条件，并持续采取基本生物安保措施，则可中断目标监测，并维持其无传染性肌坏死病毒感染状态。

然而，在感染国家内宣告无传染性肌坏死病毒感染的地区或生物安全隔离区，如不具备有利于引发传染性肌坏死病毒感染临诊表现的条件，则应继续实行目标监测，并由水生动物卫生机构根据感染发生概率确定监测水平。

第9.5.7条

从宣告无传染性肌坏死病毒感染的国家、地区或生物安全隔离区进口水生动物或水生动物产品

从宣告无传染性肌坏死病毒感染的国家、地区或生物安全隔离区进口第9.5.2条所列水生动物或相关水生动物产品时，进口国主管部门应要求货物随附出口国主管部门签发的国际水生动物卫生证书。国际水生动物卫生证书应按照第9.5.4条或第9.5.5条（如适用）和第9.5.6条所述程序，注明水生动物或水生动物产品的产地是宣告无传染性肌坏死病毒感染的国家、地区或生物安全隔离区。

证书应符合本法典第5.11章所示证书范本格式。

本条不适用于第9.5.3条第1）点所列水生动物产品。

第9.5.8条

为水产养殖从未宣告无传染性肌坏死病毒感染的国家、地区或生物安全隔离区进口水生动物

为水产养殖从未宣告无传染性肌坏死病毒感染的国家、地区或生物安全隔离区进口第9.5.2条所列水生动物时，进口国主管部门应根据第2.1章的规定进行风险评估，并考虑采取以下第1）点和第2）点措施减少风险。

1）　如引进水生动物用于养成及收获，应考虑采取以下措施：

　　a）　直接将进口水生动物运至隔离检疫设施内，直至养成；且

　　　b）离开隔离检疫设施前（在原设施或通过生物安保运输方式移至另一隔离检疫设施），将水生动物宰杀并加工成第9.5.3条第1）点所述的一种或多种水生动物产品，或主管部门授权的其他产品；且

　　　c）根据第4.3章、第4.7章、第5.5章的要求对运输用水、设备、废水和废弃物进行处理，确保灭活传染性肌坏死病毒。

或

2）如引进目的是建立一个新种群，应考虑采取以下措施：

　　a）出口国：

　　　ⅰ）确定可能的源种群，并评估其水生动物卫生记录；

　　　ⅱ）根据第1.4章的要求检测源种群，挑选出相应卫生水平最高的水生动物作为原代种群（F-0）。

　　b）进口国：

　　　ⅰ）进口F-0群并运至隔离检疫设施中；

　　　ⅱ）根据第1.4章的要求检测F-0群是否感染传染性肌坏死病毒，确定是否适合用作亲本；

　　　ⅲ）在隔离条件下繁殖第一代（F-1代）；

　　　ⅳ）在隔离检疫设施中饲养F-1代，饲养时间和条件足以使传染性肌坏死病毒感染动物出现症状，并根据本法典第1.4章及《水生手册》第2.2.5章采样并检测传染性肌坏死病毒；

　　　ⅴ）如在F-1代中未检测到传染性肌坏死病毒感染，则可被判定为无传染性肌坏死病毒感染，并可解除隔离；

　　　ⅵ）如在F-1代中检测到传染性肌坏死病毒感染，则不能解除隔离，并应按照4.7章以生物安保方式进行扑杀和处置。

第9.5.9条

为食品加工从未宣告无传染性肌坏死病毒感染的国家、地区或生物安全隔离区进口水生动物或水生动物产品

　　为食品加工从未宣告无传染性肌坏死病毒感染的国家、地区或生物安全隔离区进口第9.5.2所列水生动物或相关水生动物产品时，进口国主管部门应进行风险评估，如有必要应要求：

1）直接将货物运至隔离或控制设施中，直至加工成第9.5.3条第1）点或第9.5.12条第1）点所列产品，或由主管部门批准的其他产品；且

2）妥善处理运输用水（包括冰）、设备、容器和包装材料，确保灭活传染性肌坏死病毒，或按照第4.3、第4.7章和第5.5章进行生物安保处理；且

3） 妥善处理加工过程中产生的所有污水和废弃物，确保灭活传染性肌坏死病毒，或按照第4.3章、第4.7章进行生物安保处理。

对于此类水生动物或水生动物产品，成员可考虑采取适应本土情况的措施，防控除人类食品外与其他用途相关的风险。

第9.5.10条

从未宣告无传染性肌坏死病毒感染的国家、地区或生物安全隔离区进口水生动物或水生动物产品，用于除食品加工外其他用途（如动物饲料、农业、工业、科研或制药）

从未宣告无传染性肌坏死病毒感染的国家、地区或生物安全隔离区进口第9.5.2条所列水生动物或相关水生动物产品，用于除食品加工外其他用途（如动物饲料、农业、工业、科研或制药等），进口国主管部门应要求：

1） 直接将货物运至隔离检疫设施中，直至加工成第9.5.3条第1）点所列产品或其他由主管部门批准的产品；且

2） 妥善处理所有运输用水（包括冰）、设备、容器和包装材料，确保灭活传染性肌坏死病毒，或按照第4.3章、第4.7章和第5.5章进行生物安保处理；且

3） 妥善处理加工过程中产生的所有废水和废弃物，确保灭活传染性肌坏死病毒，或按照第4.3章、第4.7章进行生物安保处理。

第9.5.11条

从未宣告无传染性肌坏死病毒感染的国家、地区或生物安全隔离区进口水生动物用于实验室或动物园

从未宣告无传染性肌坏死病毒感染的国家、地区或生物安全隔离区进口第9.5.2条所列水生动物用于实验室或动物园时，进口国主管部门应确保：

1） 直接将货物运至主管部门批准的隔离设施，并保存于其中；且

2） 妥善处理所有运输用水（包括冰）、设备、容器和包装材料，确保灭活传染性肌坏死病毒，或按照第4.3章、第4.7章和第5.5章进行生物安保处理；且

3） 妥善处理加工过程中产生的所有污水和废弃物，确保灭活传染性肌坏死病毒，或按照第4.3章、第4.7章进行生物安保处理；且

4） 按照第4.7章对动物残骸进行处置。

第9.5.12条

为食品零售从无论是否存在传染性肌坏死病毒感染的国家、地区或生物安全隔离区进口或过境水生动物产品

1）审批进口或过境转运符合本法典第5.4.2条规定的已加工成零售包装的冷冻去皮虾（去壳去头）时，无论出口国、地区或生物安全隔离区内传染性肌坏死病毒感染状态如何，主管部门均不应提出任何与之相关的要求。

评估上述水生动物产品的安全性时做出了一些假设，成员应参阅本法典第5.4.2条所述假设，并考虑是否适用于本国国情。

对于此类水生动物或水生动物产品，成员可考虑采取适应本土情况的措施，防控除人类食品外与其他用途相关的风险。

2）从未宣告无传染性肌坏死病毒感染的国家、地区或生物安全隔离区进口上述第1）点外第9.5.2条所列水生动物衍生产品时，进口国主管部门应进行风险评估，并采取适当的降低风险措施。

———————————

注：于2008年首次通过，于2019年最新修订。

第9.6章　罗氏沼虾野田村病毒感染（白尾病）

Infection with *Macrobrachium rosenbergii* nodavirus（White tail disease）

第9.6.1条

本法典中，罗氏沼虾野田村病毒感染指由野田村病毒科罗氏沼虾野田村病毒（*Macrobrachium rosenbergii* nodavirus，MrNV）引发的感染，通常称为白尾病（White tail disease，WTD）。

诊断方法参见《水生手册》。

第9.6.2条

范围

本章的建议适用于符合本法典第1.5章易感物种界定标准的下列物种：罗氏沼虾（*Macrobrachium rosenbergii*）。

第9.6.3条

为任何用途从无论是否存在罗氏沼虾野田村病毒感染的国家、地区或生物安全隔离区进口或过境转运水生动物产品

1）审批进口或过境转运为任何用途而第9.6.2条所列物种且符合本法典第5.4.1条规定的下列水生动物产品时，无论出口国、地区或生物安全隔离区内罗氏沼虾野田村病毒感染状态如何，主管部门均不应提出任何与之相关的要求：

　　a）经高温灭菌并密封包装的甲壳动物产品（即121℃热处理至少3.6分钟或其他经证实可灭活罗氏沼虾野田村病毒的时间/温度等效处理）；

　　b）经60℃热处理至少60分钟的熟制甲壳动物产品（或其他任何经证实可灭活罗氏沼虾野田村病毒的时间/温度等效处理）；

　　c）经巴氏消毒法90℃热处理至少10分钟的甲壳动物产品（或其他任何经证实可灭活罗氏沼虾

　　　　野田村病毒的时间/温度等效处理）；

d）甲壳动物油；

e）甲壳动物粉；

f）化学提取的甲壳素。

2）审批进口或过境转运除第9.6.2条所列物种水生动物产品时，除第9.6.3条第1点所列产品外，主管部门应要求符合第9.6.7条至第9.6.12条与出口国、地区或生物安全隔离区罗氏沼虾野田村病毒感染状态相关的规定。

3）考虑进口或过境转运第9.6.2条所列物种以外的水生动物产品时，如有合理理由认为可能构成罗氏沼虾野田村病毒传播风险，进口国主管部门应参照本法典2.1章的建议进行风险分析，并将分析结果告知出口国主管部门。

第9.6.4条

无罗氏沼虾野田村病毒感染国家

　　某国如与一国或多国共享某水域，则只有共享水体所涉及的国家或地区均宣告无罗氏沼虾野田村病毒感染时，该国方可自行宣告无罗氏沼虾野田村病毒感染（参见第9.6.5条）。

　　根据第1.4.6条所述，一个国家如符合下列条件，则可自行宣告无罗氏沼虾野田村病毒感染。

1）不存在第9.6.2条所列易感动物，且至少最近两年持续基本生物安保条件。

或

2）存在第9.6.2条所列易感动物，但符合下列条件：

a）尽管存在引发临诊表现的条件（如《水生手册》相应章节所述），但至少最近十年未发生罗氏沼虾野田村病毒感染；且

b）至少最近两年持续满足基本生物安保条件。

或

3）开展目标监测前罗氏沼虾野田村病毒感染状态不明，但符合以下条件：

a）至少最近两年持续满足基本生物安保条件；且

b）按照本法典第1.4章要求进行目标监测，最近至少两年未检测到罗氏沼虾野田村病毒感染。

或

4）曾自行宣告无罗氏沼虾野田村病毒感染，之后因检测到罗氏沼虾野田村病毒感染而失去无疫资格，则只有在满足以下条件时，方可重新自行宣告无罗氏沼虾野田村病毒感染：

a）检测到罗氏沼虾野田村病毒后，宣布感染地区为疫区，并设立保护区；且

b）销毁或清除了疫区内的感染动物，以使疫病扩散的风险降到最低，并采取适当的消毒措施（如4.3章描述）；且

c）　审查此前的基本生物安保措施并加以必要修订，并在根除罗氏沼虾野田村病毒感染后继续保持基本生物安保条件；且

d）　按照本法典第1.4章进行了目标监测，至少最近两年未检测到罗氏沼虾野田村病毒感染。

同时，未感染部分或全部地区如符合第9.6.5条第3）点的要求，可宣告为无罗氏沼虾野田村病毒感染地区。

第9.6.5条

无罗氏沼虾野田村病毒感染地区或生物安全隔离区

一个地区或生物安全隔离区如跨越多个国家，则只有当所有相关国家主管部门均确认其符合条件时，方可宣告为无罗氏沼虾野田村病毒的地区或生物安全隔离区。

根据第1.4.6条所述，在下列情况下，位于未宣告无罗氏沼虾野田村病毒感染的一国或多国境内的地区或生物安全隔离区，可由相关国家主管部门宣告其为无感染：

1）　一个地区或生物安全隔离区不存在第9.6.2条所列易感动物，且至少最近两年持续满足基本生物安保条件。

或

2）　一个地区或生物安全隔离区存在第9.6.2条所列易感动物，但满足下列条件：

a）　尽管存在引发该病临诊表现的条件（如《水生手册》相应章节所述），但至少最近十年未发生罗氏沼虾野田村病毒感染；且

b）　至少最近两年持续满足基本生物安保条件。

或

3）　实行目标监测前罗氏沼虾野田村病毒感染状态不明，但满足下列条件：

a）　至少最近两年持续满足基本生物安保条件；且

b）　按照本法典第1.4章进行目标监测，至少最近两年未检测到罗氏沼虾野田村病毒感染。

或

4）　曾自行宣告无罗氏沼虾野田村病毒感染的地区如其后由于检测到罗氏沼虾野田村病毒感染而失去无疫资格，则只有在满足以下条件时，方可重新宣告无：

a）　检测到罗氏沼虾野田村病毒感染后，宣布感染地区为疫区，并设立保护区；且

b）　销毁或清除疫区内的感染动物，最大限度地降低疫病进一步蔓延的风险，并已完成了适当的消毒措施（如第4.3章描述）；且

c）　审查此前的基本生物安保措施并加以必要修订，并在根除罗氏沼虾野田村病毒感染后继续保持基本生物安保条件；且

d）　按照本法典第1.4章要求进行了目标监测，至少最近两年未检测到罗氏沼虾野田村病毒。

第9.6.6条

维持无感染状态

国家、地区或生物安全隔离区如遵照第9.6.4条第1）点、第2）点或第9.6.5条的相关规定宣告无罗氏沼虾野田村病毒感染，且持续采取基本生物安保措施，则可维持无罗氏沼虾野田村病毒感染状态。

遵照第9.6.4条第3）点或第9.6.5条（如适用）的相关规定宣告无罗氏沼虾野田村病毒感染的国家、地区或生物安全隔离区，如存在引发《水生手册》相应章节所述的罗氏沼虾野田村病毒感染临诊表现的条件，并持续采取基本生物安保措施，则可中断目标监测，并维持其无罗氏沼虾野田村病毒感染状态。

但是，在感染国家内宣告无罗氏沼虾野田村病毒感染的地区或生物安全隔离区，如不具备有利于引发罗氏沼虾野田村病毒感染临诊表现的条件，则应继续实行目标监测，并由水生动物卫生机构根据感染发生概率确定监测水平。

第9.6.7条

从宣告无罗氏沼虾野田村病毒感染的国家、地区或生物安全隔离区进口水生动物或水生动物产品

从宣告无罗氏沼虾野田村病毒感染的国家、地区或生物安全隔离区进口第9.6.2条所列水生动物或相关水生动物产品时，进口国主管部门应要求货物随附出口国主管部门签发的国际水生动物卫生证书。国际水生动物卫生证书应按照第9.6.4条或第9.6.5条（如适用）和第9.6.6条所述程序，证明水生动物或水生动物产品产地是宣告无罗氏沼虾野田村病毒感染的国家、地区或生物安全隔离区。

证书应符合本法典第5.11章所示证书范本格式。

本条不适用于第9.6.3条第1）点所列商品。

第9.6.8条

为水产养殖从未宣告无感染罗氏沼虾野田村病毒的国家、地区或生物安全隔离区进口水生动物

为水产养殖从未宣告无罗氏沼虾野田村病毒感染的国家、地区或生物安全隔离区进口第9.6.2条所列水生动物时，进口国主管部门应按照第2.1章内容进行风险评估，并考虑采取以下第1）点和第2）点措施减少风险：

1）　如引进水生动物用于养成及收获，应考虑采取以下措施：

　　a）　直接将进口水生动物运至隔离检疫设施内，直至养成；且

　　b）　离开隔离检疫设施前（在原设施或通过生物安保运输方式移至另一隔离检疫设施），将水生动物宰杀并加工成第9.6.3条第1）点所述的一种或多种水生动物产品，或主管部门授权的其他产品；且

　　c）　根据第4.3章、第4.7章、第5.5章的要求对运输用水、设备、废水和废弃物进行处理，确保灭活罗氏沼虾野田村病毒。

2）　如引进目的是建立一个新种群，则应考虑采取以下措施：

　　a）　出口国：

　　　　ⅰ）确定可能的源种群，并评估其水生动物卫生记录；

　　　　ⅱ）根据第1.4章的要求检测源种群，挑选出相应卫生水平最高的水生动物作为原代种群（F–0）。

　　b）　进口国：

　　　　ⅰ）进口原代动物（F–0）并运至隔离设施内；

　　　　ⅱ）根据第1.4章检测F–0代是否感染罗氏沼虾野田村病毒，确定是否适合用作亲本；

　　　　ⅲ）在隔离设施内繁殖F–1代；

　　　　ⅳ）在隔离检疫设施中饲养F–1代，饲养时间和条件足以使罗氏沼虾野田村病毒感染动物出现症状，根据本法典第1.4章及《水生手册》第2.2.6章采样和检测罗氏沼虾野田村病毒；

　　　　ⅴ）如在F–1群中未检测到罗氏沼虾野田村病毒，则可确定为无罗氏沼虾野田村病毒感染，并可解除隔离；

　　　　ⅵ）如在F–1群中检测到罗氏沼虾野田村病毒，则不能解除隔离，而应按照本法典第4.7章以生物安保的方式进行扑杀和处置。

第9.6.9条

为食品加工从未宣告为无罗氏沼虾野田村病毒感染的国家、地区或生物安全隔离区进口水生动物及水生动物产品

为食品加工从未宣告无罗氏沼虾野田村病毒感染的国家、地区或生物安全隔离区进口第9.6.2条所列水生动物或相关水生动物产品时，进口国主管部门应进行风险评估，如有必要应要求：

1）　直接将进口动物或产品运到隔离或防护设施中，直至加工成第9.6.3条第1）点或第9.6.12条第1）点所列产品，或由主管部门批准的其他产品；且

2）　妥善处理运输用水（包括冰）、设备、容器和包装材料，确保灭活罗氏沼虾野田村病毒，或按

第4.3章、第4.7章和第5.5章进行生物安保处理;

3) 妥善处理所有废水和废弃物,确保灭活罗氏沼虾野田村病毒,或按第4.3章、第4.7章的要求进行生物安保处理。

对于此类水生动物或水生动物产品,成员可考虑采取适应本土情况的措施,防控除人类食品外与其他用途相关的风险。

第9.6.10条

从未宣告无罗氏沼虾野田村病毒感染的国家、地区或生物安全隔离区进口水生动物或水生动物产品,用于除食品加工外其他用途(如动物饲料、农业、工业、科研或制药)

从未宣告为无罗氏沼虾野田村病毒感染的国家、地区或生物安全隔离区进口第9.6.2条所列水生动物或相关水生动物产品,用于除食品加工外其他用途(如动物饲料、农业、工业、科研或制药等),进口国主管部门应要求:

1) 直接将进口动物或产品运至隔离检疫设施中,直至加工成第9.6.3条第1)点所列产品,或由主管部门批准的其他产品;且

2) 妥善处理运输用水(包括冰)、设备、容器和包装材料,确保灭活罗氏沼虾野田村病毒,或按照第4.3章、第4.7章和第5.5章进行生物安保处理;且

3) 妥善处理所有废水和废弃物,确保灭活罗氏沼虾野田村病毒,或按照第4.3章、第4.7章进行生物安保处理。

第9.6.11条

从未宣告无罗氏沼虾野田村病毒感染的国家、地区或生物安全隔离区进口用于实验室或动物园的水生动物

从未宣告无罗氏沼虾野田村病毒感染的国家、地区或生物安全隔离区进口第9.6.2条所列水生动物用于实验室或动物园时,进口国主管部门应要求:

1) 直接将进口动物或产品运至主管部门批准的隔离设施中;且

2) 妥善处理运输用水(包括冰)、设备、容器和包装材料,确保灭活罗氏沼虾野田村病毒,或按照第4.3章、第4.7章和第5.5章进行生物安保处理;且

3) 妥善处理所有废水和废弃物,确保灭活罗氏沼虾野田村病毒,或按照第4.3章、第4.7章进行生物安保处理;且

4) 按第4.7章的要求处理动物残骸。

第9.6.12条

为食品零售从无论是否存在罗氏沼虾野田村病毒感染的国家、地区或生物安全隔离区进口或过境转运水生动物产品

1） 审批进口或过境符合本法典第5.4.2条规定的已加工成零售包装的冷冻去皮虾（去壳去头），无论出口国、地区或生物安全隔离区内罗氏沼虾野田村病毒感染状态如何，主管部门不应提出任何与之相关的要求：

评估以上水生动物及水生动物产品安全性时做出了一些假设，成员应参考本法典第5.4.2条所述假设，并考虑是否适用于本国情况。

对于此类水生动物或水生动物产品，成员可考虑采取适应本土情况的措施，防控除人类食品外与其他用途相关的风险。

2） 从未宣告无罗氏沼虾野田村病毒感染的国家、地区或生物安全隔离区进口除上述第1）点外第9.6.2条所列水生动物衍生产品时，进口国主管部门应进行风险评估，并采取适当降低风险的措施。

注：于2008年首次通过，于2019年最新修订。

第9.7章　桃拉综合征病毒感染

Infection with Taura syndrome virus

第9.7.1条

本法典中，桃拉综合征病毒感染指由桃拉综合征病毒（Taura syndrome virus，TSV）引发的感染，该病毒属于微RNA病毒目（Picornavirales）双顺反子病毒科（Dicistroviridae）急性麻痹病毒属（*Aparavirus*）。

诊断方法参见《水生手册》。

第9.7.2条

范围

本章的建议适用于符合本法典第1.5章易感物种界定标准的下列物种：刀额新对虾（*Metapenaeus ensis*）、褐对虾（*Penaeus aztecus*）、斑节对虾（*Penaeus monodon*）、白对虾（*Penaeus setiferus*）、细角对虾（*Penaueus stylirostris*）和凡纳滨对虾（*Penaeus vannamei*）。

第9.7.3条

为任何用途从无论是否存在桃拉综合征病毒感染的国家、地区或生物安全隔离区进口或过境转运水生动物产品

1）审批为任何用途而进口或过境转运第9.7.2条所列物种且符合本法典第5.4.1条规定的下列水生动物产品时，无论出口国、地区或生物安全隔离区内桃拉综合征病毒感染状态如何，主管部门均不应提出任何与之相关的要求：

　　a）经高温灭菌并密封包装的甲壳动物产品（即经121℃热处理至少3.6分钟或其他任何已证明可灭活桃拉综合征病毒的时间/温度等效处理）；

　　b）经70℃热处理30分钟以上的熟制甲壳动物产品（或其他任何已证明可灭活桃拉综合征病毒的时间/温度等效处理）；

   c）经巴氏消毒法90℃热处理至少10分钟的甲壳动物产品（或其他任何已证明可灭活桃拉综合征病毒的时间/温度等效处理）；

   d）甲壳动物油；

   e）甲壳动物粉；

   f）化学提取的甲壳素。

2）审批进口或过境转运第9.7.2条所列物种水生动物产品时，除第9.7.3条第1）点所列产品外，主管部门应要求符合第9.7.7条至第9.7.12条与出口国、地区或生物安全隔离区内桃拉综合征病毒感染状态相关的规定。

3）考虑进口或过境转运第9.7.2条所列物种以外的水生动物产品时，如有合理理由认为可能会构成桃拉综合征病毒感染传播风险，进口国主管部门应按照本法典第2.1章的建议进行风险分析，并将分析结果告知出口国的主管部门。

第9.7.4条

无桃拉综合征病毒感染国家

某国如与一国或多国共享某水域，则只有共享水体所涉及的国家或地区均宣告无桃拉综合征病毒感染时，该国方可自行宣告无桃拉综合征病毒感染（参见第9.7.5条）。

根据第1.4.6条所述，一个国家如符合下列要求，则可自行宣告无桃拉综合征病毒感染：

1）不存在第9.7.2条所列易感物种，且至少最近两年持续满足基本生物安保条件。

或

2）存在第9.7.2条所列易感物种，但符合下列条件：

   a）尽管存在引发该病临诊表现的条件（参见《水生手册》相应章节），但至少最近十年未发生桃拉综合征病毒感染；且

   b）至少最近两年持续满足基本生物安保条件。

或

3）开展目标监测前疫病状态不明，但符合以下条件：

   a）至少最近两年持续满足基本生物安保条件；且

   b）参照本法典第1.4章实行目标监测，至少最近两年未检测到桃拉综合征病毒感染。

或

4）曾自行宣告无桃拉综合征病毒感染，之后因检测到桃拉综合征病毒而失去其无疫状态资格，则只有符合以下条件后，方可重新自行宣告无对桃拉综合征病毒感染：

   a）检测到桃拉综合征病毒后，宣布感染地区为疫区，并设立保护区；且

   b）销毁或清除疫区内的感染动物，最大限度地降低疫病进一步蔓延的风险，并已采取适当的

消毒措施（详见第4.3章）；且

c）审查此前的基础生物安保措施并加以必要修订，且根除桃拉综合征病毒感染后持续保持基本生物安保条件；且

d）参照本法典第1.4章实行目标监测，至少最近两年未检测到桃拉综合征病毒感染。

同时，未受影响的部分或全部地区如符合第9.7.5条第3）点的规定，则可宣告为无桃拉综合征病毒感染地区。

第9.7.5条

无桃拉综合征病毒感染地区或生物安全隔离区

一个地区或生物安全隔离区如跨越多个国家，则只有当所有相关国家主管部门均确认其符合条件时，才能宣告为无桃拉综合征病毒感染地区或生物安全隔离区。

根据1.4.6条所述，在下列情况下，位于未宣告无桃拉综合征病毒感染的一国或多国境内的地区或生物安全隔离区，可由相关国家主管部门宣告其为无感染：

1）不存在第9.7.2条所列易感物种，且至少最近两年持续满足基本生物安保条件。

或

2）存在第9.7.2条所列易感物种，但满足以下条件：

a）尽管存在引发该病临诊表现的条件（如《水生手册》相应章节所述），但至少最近十年未发生桃拉综合征病毒感染；且

b）至少最近两年持续满足基本生物安保条件。

或

3）开展目标监测前疫病状态不明，但符合以下条件：

a）至少最近两年持续满足基本生物安保条件；且

b）参照本法典第1.4章实行目标监测，至少最近两年未检测到桃拉综合征病毒感染。

或

4）某地区曾自行宣告无桃拉综合征病毒感染，之后因检测到桃拉综合征病毒感染而失去其无疫状态资格，则只有符合以下条件后，方可重新自行宣告无传染性肌坏死病毒感染：

a）检测到桃拉综合征病毒感染后，宣告感染地区为疫区，并设立保护区；且

b）销毁或清除疫区内的感染动物，最大限度地降低疫病进一步蔓延的风险，并已采取适当的消毒措施（详见第4.3章）；且

c）审查此前的基础生物安保措施并加以必要修订，且根除桃拉综合征病毒感染后继续保持基本生物安保条件；且

d）参照本法典第1.4章实行目标监测，至少最近两年目标监测到位，未检测到桃拉综合征病毒感染。

第9.7.6条

维持无疫状态

国家、地区或生物安全隔离区如遵照第9.7.4条第1）点、第2）点或第9.7.5条的相关规定宣告为无桃拉综合征病毒感染，且持续采取基本生物安保措施，则可维持其无桃拉综合征病毒感染状态。

根据第9.7.4条第3）点或9.7.5条的相关规定宣告无桃拉综合征病毒感染的国家、地区或生物安全隔离区，如存在《水生手册》相应章节描述的桃拉综合征病毒感染临诊症状的诱发条件，且持续保持基本生物安保条件，则可中断目标监测，并维持无桃拉综合征感染状态。

然而，在感染国家内宣告无桃拉综合征病毒感染的地区或生物安全隔离区，如不具备有利于引发桃拉综合征病毒感染临诊症状的条件，则应继续实行目标监测，并由水生动物卫生机构根据感染发生概率确定监测水平。

第9.7.7条

从宣告无桃拉综合征病毒感染的国家、地区或生物安全隔离区进口水生动物或水生动物产品

从宣告无桃拉综合征病毒感染的国家、地区或生物安全隔离区进口第9.7.2条所列水生动物或相关水生动物产品时，进口国主管部门应要求货物随附出口国主管部门或进口国认可的出证官员签发的国际水生动物卫生证书。国际水生动物卫生证书应按照第9.7.4条或第9.7.5条（如适用）和第9.7.6条所述程序，注明水生动物或水生动物产品产地是宣告无桃拉综合征病毒感染的国家、地区或生物安全隔离区。

证书应符合本法典第5.11章所示证书范本格式。

本条不适用于第9.7.3条第1）点所列水生动物产品。

第9.7.8条

为水产养殖从未宣告无桃拉综合征病毒感染的国家、地区或生物安全隔离区进口水生动物

为水产养殖从未宣告无桃拉综合征病毒感染的国家、地区或生物安全隔离区进口第9.7.2条所列水生动物时，进口国主管部门应按照第2.1章的规定进行风险评估，并考虑采取以下第1）点和第2）点措施减少风险。

1）　如引进水生动物用于养成及收获，应考虑采取以下措施：

a）直接将进口水生动物运至隔离检疫设施内，直至养成；且

b）离开隔离检疫设施前（在原设施或通过生物安保运输方式移至另一隔离检疫设施），将水生动物宰杀并加工成第9.7.3条第1）点所述的一种或多种水生动物产品，或主管部门授权的其他产品；且

c）根据第4.3章、第4.7章、第5.5章的要求对运输用水、设备、废水和废弃物进行处理，确保灭活桃拉综合征病毒。

或

2）如引进目的是建立一个新种群，应考虑采取以下措施。

a）出口国：

ⅰ）确定可能的源种群，并评估其水生动物卫生记录；

ⅱ）根据第1.4章的要求检测源种群，挑选出相应卫生水平最高的水生动物作为原代种群（F-0）。

b）进口国：

ⅰ）进口F-0群并运至隔离检疫设施中；

ⅱ）根据第1.4章的要求检测F-0群是否感染桃拉综合征病毒，确定是否适合用作亲本；

ⅲ）在隔离条件下繁殖第一代（F-1代）；

ⅳ）在隔离检疫设施中饲养F-1代，饲养时间和条件足以使桃拉综合征病毒感染动物出现症状，根据本法典第1.4章及《水生手册》第2.2.7章采样和检测桃拉综合征病毒；

ⅴ）如在F-1代中未检测到桃拉综合征病毒感染，则可判定为无桃拉综合征病毒感染，并可解除隔离；

ⅵ）如在F-1代中检测到桃拉综合征病毒感染，则不能解除隔离，应按照第4.7章以生物安保方式进行扑杀和处置。

第9.7.9条

为食品加工从未宣告无桃拉综合征病毒感染的国家、地区或生物安全隔离区进口水生动物或水生动物产品

为食品加工从未宣告无桃拉综合征病毒感染的国家、地区或生物安全隔离区进口第9.7.2条所列水生动物或相关水生动物产品时，进口国主管部门应进行风险评估，如有必要应要求：

1）直接将货物运至隔离或控制设施中，直至加工成第9.7.3条第1）点或第9.7.12条第1）点所列产品，或其他由主管部门批准的产品；且

2）妥善处理运输用水（包括冰）、设备、容器和包装材料，确保灭活桃拉综合征病毒，或按照第4.3章、第4.7章和第5.5章进行生物安保方式处理；且

3）妥善处理加工过程中产生的所有污水和废弃物，确保灭活桃拉综合征病毒，或按照第4.3章、第4.7章进行生物安保处理。

对于此类水生动物或水生动物产品，成员可考虑采取适应本土情况的措施，防控除人类食品外与其他用途相关的风险。

第9.7.10条

从未宣告无桃拉综合征病毒感染的国家、地区或生物安全隔离区进口水生动物或水生动物产品，用于除食品加工外其他用途（如动物饲料、农业、工业、科研或制药）

从未宣告无桃拉综合征病毒感染的国家、地区或生物安全隔离区进口第9.7.2条所列水生动物或相关水生动物产品，用于除食品加工外其他用途（如动物饲料、农业、工业、科研或制药等），进口国主管部门应要求：

1）直接将货物运至隔离检疫设施中，直至加工成第9.7.3条第1）点或其他由主管部门批准的产品；且

2）妥善处理运输用水（包括冰）、设备、容器和包装材料，确保灭活桃拉综合征病毒，或按照第4.3章、第4.7章和第5.5章进行生物安保处理；且

3）妥善处理加工过程中产生的所有废水和废弃物，确保灭活桃拉综合征病毒，或按照第4.3章、第4.7章进行生物安保处理。

第9.7.11条

从未宣告无桃拉综合征病毒感染的国家、地区或生物安全隔离区进口水生动物用于实验室或动物园

从未宣告无桃拉综合征病毒感染的国家、地区或生物安全隔离区进口第9.7.2条所列水生动物用于实验室或动物园时，进口国主管部门应保障：

1）直接将货物运至主管部门批准的检疫设施，并保存于其中；且

2）妥善处理运输用水（包括冰）、设备、容器和包装材料，确保灭活桃拉综合征病毒，或按照第4.3章、第4.7章和第5.5章进行生物安保处理；且

3）妥善处理加工过程中产生的所有污水和废弃物，确保灭活桃拉综合征病毒，或按照第4.3章、第4.7章进行生物安保处理；且

4）按照第4.7章对动物残骸进行处置。

第9.7.12条

为食品零售从无论是否存在桃拉综合征病毒感染的国家、地区或生物安全隔离区进口或过境水生动物产品

1） 审批进口或过境转运符合本法典第5.4.2条规定的已加工成零售包装的冷冻去皮虾或其他十足目甲壳动物肉品（去壳去头）时，无论出口国、地区或生物安全隔离区内桃拉综合征病毒感染状态如何，主管部门均不应提出任何与之相关的要求：

评估上述水生动物产品安全性时做出了一些假设，成员应参阅本法典第5.4.2条所述假设，并考虑是否适用于本国国情。

对于此类水生动物或水生动物产品，成员可考虑采取适应本土情况的措施，防控除人类食品外与其他用途相关的风险。

2） 从未宣告无桃拉综合征的国家、地区或生物安全隔离区进口上述第1）点外第9.7.2条所列水生动物衍生产品时，进口国主管部门应进行风险评估，并采取适当的降低风险措施。

———————————

注：于2000年首次通过，于2019年最新修订。

第9.8章　白斑综合征病毒感染

Infection with white spot syndrome virus

第9.8.1条

本法典中，白斑综合征病毒感染指由属于线头病毒科（Nimaviridae）白斑病毒属（*Whispovirus*）的白斑综合征病毒（White spot syndrome virus）引发的感染。

诊断方法参见《水生手册》。

第9.8.2条

范围

本章的建议适用于所有源自海水、半咸水及淡水的十足目甲壳动物。在国际贸易中，这些建议同样适用于《水生手册》中提及的其他易感物种。

第9.8.3条

为任何用途从无论是否存在白斑综合征病毒感染的国家、地区或生物安全隔离区进口或过境转运水生动物产品

1）审批为任何用途而进口或过境转运第9.8.2条所列物种且符合本法典第5.4.1条规定的下列水生动物产品时，无论出口国、地区或生物安全隔离区内白斑综合征病毒感染状态如何，主管部门均不应提出任何与之相关的要求：

a）经高温灭菌并密封包装的甲壳动物产品（即121℃热处理至少3.6分钟或其他任何已证明可灭活白斑综合征病毒的时间/温度等效处理）；

b）经60℃热处理至少1分钟的熟制甲壳动物产品（或其他任何已证明可灭活白斑综合征病毒的时间/温度等效处理）；

c）经巴氏消毒法90℃热处理至少10分钟的甲壳动物产品（或其他任何已证明可灭活白斑综合

征病毒的时间/温度等效处理）；

d）　甲壳动物油；

e）　甲壳动物粉；

f）　化学提取的甲壳素。

2）　审批进口或过境转运第9.8.2条所列物种水生动物产品时，除第9.8.3条第1）点所列产品外，主管部门应要求符合第9.8.7条至第9.8.12条与出口国、地区或生物安全隔离区内白斑综合征病毒感染状态相关的规定。

3）　考虑进口或过境转运第9.8.2条所列物种以外的水生动物产品时，如有合理理由认为可能会构成白斑综合征病毒的传播风险，主管部门应按照本法典第2.1章的建议进行风险分析，并将分析结果告知出口国主管部门。

第9.8.4条

无白斑综合征病毒感染国家

某国如与一国或多国共享某水域，则只有共享水体所涉及的国家或地区均宣告无白斑综合征病毒感染时，该国方可自行宣告无白斑综合征病毒感染（参见第9.8.5条）。

根据第1.4.6条所述，一个国家如符合下列要求，则可自行宣告无白斑综合征病毒感染：

1）　不存在第9.8.2条所列易感物种，且至少最近两年持续满足基本生物安保条件。

或

2）　存在第9.8.2条所列易感物种，但符合下列条件：

　　a）　尽管存在引发该病临诊症状的条件（如《水生手册》相应章节所述），但至少最近十年未发生白斑综合征病毒感染；且

　　b）　至少最近两年持续满足基本生物安保条件。

或

3）　开展目标监测前疫病状态不明，但符合以下条件：

　　a）　至少最近两年持续满足基本生物安保条件；且

　　b）　参照本法典第1.4章实行目标监测，至少最近两年未检测到白斑综合征病毒感染。

或

4）　曾自行宣告无白斑综合征病毒感染，之后因检测到白斑综合征病毒而失去其无疫状态资格，则只有在满足以下条件时，方可重新自行宣告无白斑综合征病毒感染：

　　a）　检测到白斑综合征病毒后，宣布感染地区为疫区，并设立保护区；且

　　b）　销毁或清除疫区内的感染动物，最大限度地降低疫病进一步蔓延的风险，并已采取适当的消毒措施（详见第4.3章）；且

c）审查此前的基础生物安保措施并加以必要修订，且根除白斑综合征病毒感染后继续保持基本生物安保条件；且

d）参照本法典第1.4章实行目标监测，至少最近两年未检测到白斑综合征病毒。

同时，未受影响的部分或全部地区如符合第9.8.5条第3）点的规定，则可宣告为无白斑综合征病毒感染地区。

第9.8.5条

无白斑综合征病毒感染地区或生物安全隔离区

一个地区或生物安全隔离区如跨越多个国家，则只有在所有相关国家主管部门均确认其符合条件时，方可宣告为无白斑综合征病毒感染的地区或生物安全隔离区。

根据第1.4.6条所述，在下列情况下，位于未宣告无白斑综合征病毒感染的一国或多国境内的地区或生物安全隔离区，可由相关国家主管部门宣告其为无感染：

1）不存在第9.8.2条所列易感物种，且至少最近两年持续满足基本生物安保条件。

或

2）存在第9.8.2条所列易感物种，但满足以下条件：

a）尽管存在引发该病临诊表现的条件（如《水生手册》相应章节所述），但至少最近十年未发生白斑综合征病毒感染；且

b）至少最近两年持续满足基本生物安保条件。

或

3）开展目标监测前疫病状态不明，但符合以下条件：

a）至少最近两年持续满足基本生物安保条件；且

b）参照本法典第1.4章实行目标监测，至少最近两年未检测到白斑综合征病毒。

或

4）某地区曾自行宣告无白斑综合征病毒感染，之后因检测到白斑综合征病毒而失去其无疫状态资格，则只有在满足以下条件时，方可重新宣告无白斑综合征病毒感染：

a）检测到白斑综合征病毒后，宣告感染地区为疫区，并设立保护区；且

b）销毁或清除疫区内的感染动物，最大限度地降低疫病进一步蔓延的风险，并已采取适当的消毒措施（参见第4.3章）；且

c）审查此前的基础生物安保措施并加以必要修订，且根除白斑综合征病毒感染后继续保持基本生物安保条件；且

d）参照本法典第1.4章实行目标监测，至少最近两年未检测到白斑综合征病毒。

第9.8.6条

维持无疫状态

国家、地区或生物安全隔离区如遵照第9.8.4条第1）点、第2）点或第9.8.5条的相关规定宣告为无白斑综合征病毒感染，且持续采取基本生物安保措施，则可维持其白斑综合征病毒感染无疫状态。

遵照第9.8.4条第3）点或第9.8.5条的相关规定宣告无白斑综合征病毒感染的国家、地区或生物安全隔离区，如存在《水生手册》相应章节描述的白斑综合征病毒感染临诊症状的诱发条件，并持续保持基本生物安保条件，则可中断目标监测，并维持其白斑综合征病毒感染无疫状态。

然而，在感染国家内宣告无白斑综合征病毒感染的地区或生物安全隔离区，如不具备有利于诱发白斑综合征病毒感染临诊症状的条件，则应继续实行目标监测，并由水生动物卫生机构根据感染发生概率确定监测水平。

第9.8.7条

从宣告无白斑综合征病毒感染的国家、地区或生物安全隔离区进口水生动物或水生动物产品

从宣告无白斑综合征病毒感染的国家、地区或生物安全隔离区进口第9.8.2条所列水生动物或相关水生动物产品时，进口国主管部门应要求货物随附出口国主管部门签发的国际水生动物卫生证书。国际水生动物卫生证书应按照第9.8.4条或第9.8.5条（如适用）和第9.8.6条所述程序，注明水生动物或水生动物产品产地是宣告无白斑综合征病毒感染的国家、地区或生物安全隔离区。

国际水生动物卫生证书应符合本法典第5.11章所示证书范本格式。

本条不适用于第9.8.3条第1）点所列水生动物产品。

第9.8.8条

为水产养殖从未宣告无白斑综合征病毒感染的国家、地区或生物安全隔离区进口水生动物

为水产养殖从未宣告无白斑综合征病毒感染的国家、地区或生物安全隔离区进口第9.8.2条所列水生动物时，进口国主管部门应根据第2.1章的规定进行风险评估，并考虑采取以下第1）点和第2）点措施减少风险：

1）　如引进水生动物用于养成及收获，应考虑采取以下措施：

a）直接将进口水生动物运至隔离检疫设施内，直至养成；且

b）离开隔离检疫设施前（在原设施或通过生物安保运输方式移至另一隔离检疫设施），将水生动物宰杀并加工成第9.8.3条第1）点所述的一种或多种水生动物产品，或主管部门授权的其他产品；且

c）根据第4.3章、第4.7章、第5.5章的要求对运输用水、设备、污水和废弃物进行处理，确保灭活白斑综合征病毒。

或

2）如引进目的是建立一个新种群，应考虑采取以下措施：

a）出口国：

ⅰ）确定可能的源种群，并评估其水生动物卫生记录；

ⅱ）根据第1.4章的要求检测源种群，挑选出相应卫生水平最高的水生动物作为原代种群（F-0）。

b）进口国：

ⅰ）进口F-0群并运至隔离检疫设施中；

ⅱ）根据第1.4章的要求检测F-0群是否感染白斑综合征病毒，确定是否适合用作亲本；

ⅲ）在隔离条件下繁殖第一代（F-1代）；

ⅳ）在隔离检疫设施中饲养F-1代，饲养时间和条件足以使白斑综合征病毒感染动物出现症状，根据本法典第1.4章及《水生手册》第2.2.8章采样并检测白斑综合征病毒；

ⅴ）如在F-1代中未检测到白斑综合征病毒，则可被判定为无白斑综合征病毒感染，并可解除隔离检疫；

ⅵ）如在F-1代中检测到白斑综合征病毒，则不能解除隔离检疫，并应按照第4.7章以生物安保方式进行扑杀和处置。

第9.8.9条

为食品加工从未宣告无白斑综合征病毒感染的国家、地区或生物安全隔离区进口水生动物或水生动物产品

为食品加工从未宣告无白斑综合征病毒感染的国家、地区或生物安全隔离区进口第9.8.2条所列水生动物或相关水生动物产品，进口国主管部门应进行风险评估，如有必要应要求：

1）直接将货物运至隔离检疫或控制设施中，直至加工成第9.8.3条第1）点或第9.8.12条第1）点所列产品，或由主管部门批准的其他产品；且

2）妥善处理运输用水（包括冰）、设备、运输容器和包装材料，确保灭活白斑综合征病毒，或按照第4.3章、第4.7章和第5.5章进行生物安保方式处理；且

3) 妥善处理所有污水和废弃物，确保灭活白斑综合征病毒，或按照第4.3章、第4.7章进行生物安保处理。

对于此类水生动物或水生动物产品，成员可考虑采取适应本土情况的措施，防控除人类食品外与其他用途相关的风险。

第9.8.10条

从未宣告无白斑综合征病毒感染的国家、地区或生物安全隔离区进口水生动物或水生动物产品，用于除食品加工外其他用途（如动物饲料、农业、工业、科研或制药）

从未宣告无白斑综合征病毒感染的国家、地区或生物安全隔离区进口第9.8.2条所列水生动物或相关水生动物产品，用于除食品加工外其他用途（如动物饲料、农业、工业、科研或制药等），进口国主管部门应要求：

1) 直接将货物运至隔离检疫设施中，直至加工成第9.8.3条第1）点或由主管部门批准的其他产品；且

2) 妥善处理运输用水（包括冰）、设备、容器和包装材料，确保灭活白斑综合征病毒，或按照第4.3章、第4.7章和第5.5章进行生物安保处理；且

3) 妥善处理所有污水和废弃物，确保灭活白斑综合征病毒，或按照第4.3章、第4.7章进行生物安保处理。

第9.8.11条

从未宣告无白斑综合征病毒感染的国家、地区或生物安全隔离区进口水生动物用于实验室或动物园

从未宣告无白斑综合征病毒感染的国家、地区或生物安全隔离区进口第9.8.2条所列水生动物用于实验室或动物园时，进口国主管部门应确保：

1) 直接将货物运至主管部门批准的检疫设施内，并保存于其中；且

2) 妥善处理运输用水（包括冰）、设备、容器和包装材料，确保灭活白斑综合征病毒，或按照第4.3章、第4.7章和第5.5章进行生物安保处理；且

3) 妥善处理实验室或动物园检疫设施中产生的所有污水和废弃物，确保灭活白斑综合征病毒，或按照第4.3章、第4.7章进行生物安保处理；且

4) 按照第4.7章对动物残骸进行处置。

第9.8.12条

为食品零售从无论是否存在白斑综合征病毒感染的国家、地区或生物安全隔离区进口或过境转运水生动物产品

1) 审批进口或过境转运符合本法典第5.4.2条规定的已加工成零售包装的冷冻去皮虾或其他十足目甲壳动物肉品（去壳去头）时，无论出口国、地区或生物安全隔离区内白斑综合征病毒感染状态如何，主管部门均不应提出任何与之相关的要求。

   评估上述水生动物产品的安全性时做出了一些假设，成员应参阅本法典第5.4.2条所述假设，并考虑是否适合于本国国情。

   对于此类水生动物或水生动物产品，成员可考虑采取适应本土情况的措施，防控除人类食品外与其他用途相关的风险。

2) 从未宣告无白斑综合征感染的国家、地区或生物安全隔离区进口上述第1）点外第9.8.2条所列水生动物衍生产品时，进口国主管部门应进行风险评估，并采取适当的风险缓解措施。

注：于1997年首次通过，于2019年最新修订。

第9.9章 基因1型黄头病毒感染

Infection with yellow head virus genotype 1

第9.9.1条

本法典中，基因1型黄头病毒感染指由基因1型黄头病毒（Yellow head virus genotype 1，YHV1）引发的感染，该病毒属于套式病毒目（Nidovirales）杆套病毒科（Roniviridae）头甲病毒属（*Okavirus*）。

诊断方法参见《水生手册》。

第9.9.2条

范围

本章的建议适用于符合本法典第1.5章易感物种界定标准的下列物种：近缘新对虾（*Metapenaeus affinis*）、斑节对虾（*Penaeus monodon*）、草虾（*Palaemonetes pugio*）、细角对虾（*Penaeus stylirostris*）、凡纳滨对虾（*Penaeus vannamei*）。

第9.9.3条

为任何用途从无论是否存在基因1型黄头病毒感染的国家、地区或生物安全隔离区进口或过境转运水生动物产品

1）审批为任何用途而进口或过境转运上述第9.9.2条所列物种且符合本法典第5.4.1条规定的下列水生动物产品时，无论出口国、地区或生物安全隔离区内基因1型黄头病毒感染状态如何，主管部门均不应提出任何与之相关的要求：

    a）经高温灭菌并密封包装的甲壳动物产品（即经121℃热处理至少3.6分钟或其他任何已证明可灭活基因1型黄头病毒的时间/温度等效处理）；

    b）经60℃热处理至少15分钟的熟制甲壳动物产品（或其他任何已证明可灭活基因1型黄头病毒的时间/温度等效处理）；

  c）经巴氏消毒法90℃热处理至少10分钟的甲壳动物产品（或其他任何已证明可灭活基因1型黄头病毒的时间/温度等效处理）；

  d）甲壳动物油；

  e）甲壳动物粉；

  f）化学提取的甲壳素。

2）审批进口或过境转运第9.9.2条所列物种水生动物产品时，除第9.9.3条第1）点所列产品外，主管部门应要求符合第9.9.7条至第9.9.12条与出口国、地区或生物安全隔离区内基因1型黄头病毒感染状态相关的规定。

3）考虑进口或过境转运第9.9.2条所列物种以外的水生动物产品时，如有合理理由认为可能会构成基因1型黄头病毒传播风险，主管部门应按照本法典第2.1章的建议进行风险分析，并将分析结果告知出口国的主管部门。

第9.9.4条

无基因1型黄头病毒感染国家

  某国如与一国或多国共享某水域，只有共享水体所涉及的国家或地区均宣告无基因1型黄头病毒感染时，该国方可自行宣告无基因1型黄头病毒感染（参见第9.9.5条）。

  根据第1.4.6条所述，一个国家如符合下列要求，则可自行宣告无基因1型黄头病毒感染：

1）不存在第9.9.2条所列易感物种，且至少最近两年持续满足基本生物安保条件。

或

2）存在第9.9.2条所列易感物种，但符合下列条件：

  a）尽管存在引发该病临诊症状的条件（如《水生手册》相应章节所述），但至少最近十年未发生基因1型黄头病毒感染；且

  b）至少最近两年持续满足基本生物安保条件。

或

3）开展目标监测前疫病状态不明，但符合以下条件：

  a）至少最近两年持续满足基本生物安保条件；且

  b）参照本法典第1.4章实行目标监测，至少最近两年未检测到基因1型黄头病毒感染。

或

4）曾自行宣告无基因1型黄头病毒感染，之后因检测到基因1型黄头病毒而失去其无疫状态资格，则只有在满足以下条件时，方可重新自行宣告无基因1型黄头病毒感染：

  a）检测到基因1型黄头病毒后，宣布感染地区为疫区，并设立保护区；且

  b）销毁或清除疫区内的感染动物，最大限度地降低疫病进一步蔓延的风险，并已采取适当的

消毒措施（详见第4.3章）；且

c) 审查此前的基础生物安保措施并加以必要修订，且根除基因1型黄头病毒感染后继续保持基本生物安保条件；且

d) 参照本法典第1.4章实行目标监测，至少最近两年未检测到基因1型黄头病毒。

同时，未受影响的部分或全部地区如符合第9.9.5条第3）点的规定，则可宣告为基因1型黄头病毒感染无疫地区。

第9.9.5条

无基因1型黄头病毒感染地区或生物安全隔离区

一个地区或生物安全隔离区如跨越多个国家，则只有当所有相关国家的主管部门均确认符合条件时，才能宣告为无基因1型黄头病毒感染的地区或生物安全隔离区。

根据第1.4.6条所述，在下列情况下，位于未宣告无基因1型黄头病毒感染的一国或多国境内的地区或生物安全隔离区，可由相关国家主管部门宣告其为无感染：

1) 不存在第9.9.2条所列易感物种，且至少最近两年持续满足基本生物安保条件。

或

2) 存在第9.9.2条所列易感物种，但满足以下条件：

　　a) 尽管存在引发该病临诊表现的条件（如《水生手册》相应章节所述），但至少最近十年未发生基因1型黄头病毒感染；且

　　b) 至少最近两年持续满足基本生物安保条件。

或

3) 开展目标监测前疫病状态不明，但符合以下条件：

　　a) 至少最近两年持续满足基本生物安保条件；且

　　b) 参照本法典第1.4章实行目标监测，至少最近两年未检测到基因1型黄头病毒。

或

4) 某地区曾自行宣告无基因1型黄头病毒感染，之后因检测到基因1型黄头病毒而失去其无疫状态资格，则只有在满足以下条件时，方可重新宣告无基因1型黄头病毒感染：

　　a) 检测到基因1型黄头病毒后，宣告感染地区为疫区，并设立保护区；且

　　b) 销毁或清除疫区内的感染动物，最大限度地降低疫病进一步蔓延的风险，并已采取适当的消毒措施（参见第4.3章）；且

　　c) 审查此前的基础生物安保措施并加以必要修订，且在根除基因1型黄头病毒感染后继续保持基本生物安保条件；且

　　d) 参照本法典第1.4章实行目标监测，至少最近两年未检测到基因1型黄头病毒。

第9.9.6条

维持无疫状态

国家、地区或生物安全隔离区如遵照第9.9.4条第1）点、第2）点或第9.9.5条的相关规定宣告为无基因1型黄头病毒感染，只要持续保持基本生物安保条件，则可维持其基因1型黄头病毒感染无疫状态。

遵照第9.9.4条第3）点或第9.9.5条的相关规定宣告无基因1型黄头病毒感染的国家、地区或生物安全隔离区，如存在《水生手册》相应章节描述的基因1型黄头病毒感染临诊症状的诱发条件，并持续保持基本生物安保条件，则可中断目标监测，并维持其基因1型黄头病毒感染无疫状态。

然而，在感染国家内宣告无基因1型黄头病毒感染的地区或生物安全隔离区，如不具备有利于诱发基因1型黄头病毒感染临诊症状的条件，则应继续实行目标监测，并由水生动物卫生机构根据感染发生概率确定监测水平。

第9.9.7条

从宣告无基因1型黄头病毒感染的国家、地区或生物安全隔离区进口水生动物或水生动物产品

从宣告无基因1型黄头病毒感染的国家、地区或生物安全隔离区进口第9.9.2条所列水生动物或相关水生动物产品时，进口国主管部门应要求货物随附出口国主管部门签发的国际水生动物卫生证书。国际水生动物卫生证书应按照第9.9.4条或第9.9.5条（如适用）及第9.9.6条所述程序，注明水生动物或水生动物产品产地是宣告无基因1型黄头病毒感染的国家、地区或生物安全隔离区。

国际水生动物卫生证书应符合本法典第5.11章所示证书范本格式。

本条不适用于第9.9.3条第1）点所列水生动物产品。

第9.9.8条

为水产养殖而从未宣告无基因1型黄头病毒感染的国家、地区或生物安全隔离区进口水生动物

为水产养殖从未宣告无基因1型黄头病毒感染的国家、地区或生物安全隔离区进口第9.9.2条所列水生动物时，进口国主管部门应按照第2.1章的规定进行风险评估，并考虑采取以下第1）点和第2）点措施减少风险：

1）如引进水生动物用于养成及收获，应考虑采取以下措施：

a）直接将进口动物运至隔离设施中，直至养成；且

b）离开隔离检疫设施前（在原设施或通过生物安保运输方式移至另一隔离检疫设施），将水生动物宰杀并加工成第9.9.3条第1）点所述的一种或多种水生动物产品，或主管部门授权的其他产品；且

c）根据第4.3章、第4.7章、第5.5章的要求对运输用水、设备、污水和废弃物进行处理，确保灭活基因1型黄头病毒。

或

2）如引进目的是建立一个新种群，应考虑采取以下措施：

a）出口国：

ⅰ）确定可能的源种群，并评估其水生动物卫生记录；

ⅱ）根据第1.4章的要求检测源种群，挑选出相应卫生水平最高的水生动物作为原代种群（F-0）。

b）进口国：

ⅰ）进口F-0群并运至隔离检疫设施中；

ⅱ）根据第1.4章检测F-0群是否感染基因1型黄头病毒，确定是否适合用作亲本；

ⅲ）在隔离检疫条件下繁殖第一代（F-1代）；

ⅳ）在隔离检疫设施中饲养F-1代，饲养时间和条件足以使基因1型黄头病毒感染动物出现症状，根据本法典第1.4章及《水生手册》第2.2.9章采样并检测基因1型黄头病毒；

ⅴ）如在F-1代中未检测到基因1型黄头病毒，则可判定为无基因1型黄头病毒感染，并可解除隔离检疫；

ⅵ）如在F-1代中检测到基因1型黄头病毒，则不能解除隔离检疫，并应按照第4.7章以生物安保方式进行扑杀和处置。

第9.9.9条

为食品加工从未宣告无基因1型黄头病毒感染的国家、地区或生物安全隔离区进口水生动物或水生动物产品

为食品加工未宣告无基因1型黄头病毒感染的国家、地区或生物安全隔离区进口第9.9.2条所列水生动物或相关水生动物产品，进口国主管部门应进行风险评估，如有必要应要求：

1）直接将货物运至隔离检疫设施中，直至加工成第9.9.3条第1）点或第9.9.12条第1）点所列产品，或由主管部门批准的其他产品；且

2）妥善处理运输用水（包括冰）、设备、容器和包装材料，确保灭活基因1型黄头病毒，或按照第4.3章、第4.7章和第5.5章进行生物安保处理；且

3） 妥善处理所有污水和废弃物，确保灭活基因1型黄头病毒，或按照第4.3章、第4.7章进行生物安保处理。

对于此类水生动物或水生动物产品，成员可考虑采取适应本土情况的措施，防控除人类食品外与其他用途相关的风险。

第9.9.10条

从未宣告无基因1型黄头病毒感染的国家、地区或生物安全隔离区进口水生动物或水生动物产品，用于除食品加工外其他用途（如动物饲料、农业、工业、科研或制药）

从未宣告无基因1型黄头病毒感染的国家、地区或生物安全隔离区进口第9.9.2条所列水生动物或相关水生动物产品，用于除食品加工外其他用途（如动物饲料、农业、工业、科研或制药等），进口国主管部门应要求：

1） 直接将货物运至隔离检疫设施中，直至加工成第9.9.3条第1）点或由主管部门批准的其他产品；且

2） 妥善处理运输用水（包括冰）、设备、容器和包装材料，确保灭活基因1型黄头病毒，或按照第4.3章、第4.7章和第5.5章进行生物安保处理；且

3） 妥善处理所有污水和废弃物，确保灭活基因1型黄头病毒，或按照第4.3章、第4.7章进行生物安保处理。

第9.9.11条

从未宣告无基因1型黄头病毒感染的国家、地区或生物安全隔离区进口水生动物用于实验室或动物园

从未宣告无基因1型黄头病毒感染的国家、地区或生物安全隔离区进口第9.9.2条所列水生动物用于实验室或动物园时，进口国主管部门应确保：

1） 直接将货物运至主管部门批准的检疫设施内，并保存于其中；且

2） 妥善处理运输用水（包括冰）、设备、容器和包装材料，确保灭活基因1型黄头病毒，或按照第4.3章、第4.7章和第5.5章进行生物安保处理；且

3） 妥善处理所有污水和废弃物，确保灭活基因1型黄头病毒，或按照第4.3章、第4.7章进行生物安保处理；且

4） 按照第4.7章对动物残骸进行处置。

第9.9.12条

为食品零售从无论是否存在基因1型黄头病毒感染的国家、地区或生物安全隔离区进口或过境转运水生动物产品

1）审批进口或过境转运符合本法典第5.4.2条规定的已加工成零售包装的冷冻去皮对虾或其他十足目甲壳动物肉品（去壳去头）时，无论出口国、地区或生物安全隔离区内基因1型黄头病毒感染的状态如何，主管部门均不应提出任何与基因1型黄头病毒相关的要求。

评估上述水生动物产品的安全性时做出了一些假设，成员应参阅本法典第5.4.2条所述假设，并考虑是否适合于本国国情。

对于此类水生动物或水生动物产品，成员可考虑采取适应本土情况的措施，防控除人类食品外与其他用途相关的风险。

2）从未宣告无基因1型黄头病毒感染的国家、地区或生物安全隔离区进口除上述第1）点外第9.9.2条所列水生动物衍生产品时，进口国主管部门应进行风险评估，并采取适当的风险缓解措施。

_____

注：于1995年首次通过，于2019年最新修订。

第10篇
鱼类疫病

第10.1章　流行性造血器官坏死病毒感染

Infection with epizootic haematopoietic necrosis virus

第10.1.1条

本法典中，流行性造血器官坏死病毒感染（Infection with epizootic haematopoietic necrosis virus）指由流行性造血器官坏死病毒（EHNV）引发的感染，该病毒属于虹彩病毒科（Iridoviridae）蛙病毒属（Ranavirus）。

诊断方法参见《水生手册》。

第10.1.2条

范围

本章的建议适用于符合本法典第1.5章易感动物界定标准的下列物种：黑鮰（Ameiurus melas）、河虹银汉鱼（Melanotaenia fluviatilis）、东部食蚊鱼（Gambusia holbrooki）、河鲈（Perca fluviatilis）、澳洲麦氏鲈（Macquaria australasica）、食蚊鱼（Gambusia affinis）、山南乳鱼（Galaxias olidus）、白斑狗鱼（Esox lucius）、白梭吻鲈（Sander lucioperca）、虹鳟（Oncorhynchus mykiss）和澳洲银鲈（Bidyanus bidyanus）。

第10.1.3条

为任何用途从无论是否存在流行性造血器官坏死病毒感染的国家、地区或生物安全隔离区进口或过境转运水生动物产品

1）　审批为任何用途而进口或过境转运第10.1.2条所列物种且符合本法典第5.4.1条规定的下列水生动物产品时，无论出口国、地区或生物安全隔离区内流行性造血器官坏死病毒感染状态如何，主管部门均不应提出任何与之相关的要求：

　　a）　经高温灭菌并密封包装的鱼产品（即经121℃热处理至少3.6分钟或其他任何已证明可灭活流行性造血器官坏死病毒的时间/温度等效处理）；

b）　经巴氏消毒法90℃热处理至少10分钟的鱼产品（或其他任何已证明可灭活流行性造血器官坏死病毒的时间/温度等效处理）；

c）　经机械干燥处理的鱼产品（即经100℃热处理至少30分钟或其他任何已证明可灭活流行性造血器官坏死病毒的时间/温度等效处理）；

d）　鱼油；

e）　鱼粉；

f）　鱼皮革。

2）　审批进口或过境转运第10.1.2条所列物种水生动物产品时，除第10.1.3条第1）点所列产品外，主管部门应要求符合第10.1.7条至第10.1.12条与出口国、地区或生物安全隔离区内流行性造血器官坏死病毒感染状态相关的规定。

3）　考虑进口或过境转运第10.1.2条所列物种以外的水生动物产品时，如有合理理由认为可能会构成流行性造血器官坏死病毒传播风险，主管部门应按照本法典第2.1章的建议进行风险分析，并将分析结果告知出口国主管部门。

第10.1.4条

无流行性造血器官坏死病毒感染的国家

某国如与一国或多国共享某水域，则只有共享水体所涉及的国家或地区均宣告无流行性造血器官坏死病毒感染时，该国方可自行宣告无流行性造血器官坏死病毒感染（参见第10.1.5条）。

根据第1.4.6条所述，一个国家如符合下列要求，则可自行宣告无流行性造血器官坏死病毒感染。

1）　不存在第10.1.2条所列易感物种，且至少最近两年持续满足基本生物安保条件。

或

2）　存在第10.1.2条所列易感物种，但符合下列条件：

a）　尽管存在引发该病临诊症状的条件（如《水生手册》相应章节所述），但至少最近十年未发生流行性造血器官坏死病毒感染；且

b）　至少最近十年持续满足基本生物安保条件。

或

3）　开展目标监测前疫病状态不明，但符合以下条件：

a）　至少最近两年持续满足基本生物安保条件；且

b）　根据本法典第1.4章所述实行目标监测，至少最近两年未检测到流行性造血器官坏死病毒感染。

或

4） 曾自行宣告无流行性造血器官坏死病毒感染，之后因检测到流行性造血器官坏死病毒而失去其
无疫状态资格，则只有在满足以下条件时，方可重新自行宣告无流行性造血器官坏死病毒感染：

  a） 检测到流行性造血器官坏死病毒后，宣布感染地区为疫区，并设立保护区；且

  b） 销毁或清除疫区内的感染动物，最大限度地降低疫病进一步蔓延的风险，并已采取适当的
消毒措施（详见第4.3章）；且

  c） 审查此前的基础生物安保措施并加以必要修订，且根除流行性造血器官坏死病毒感染后继
续保持基本生物安保条件；且

  d） 根据本法典第1.4章所述实行目标监测，至少最近两年未检测到流行性造血器官坏死病毒。

同时，未受影响的部分或全部地区如果符合第10.1.5条第3）点的规定，可宣告为无流行性造血
器官坏死病毒感染地区。

第10.1.5条

无流行性造血器官坏死病毒感染地区或生物安全隔离区

一个地区或生物安全隔离区如跨越多个国家，则只有当所有相关国家的主管部门均确认符合条
件时，才能宣告为无流行性造血器官坏死病毒感染的地区或生物安全隔离区。

根据第1.4.6条所述，在下列情况下，位于未宣告无流行性造血器官坏死病毒感染的一国或多国
境内的地区或生物安全隔离区，可由相关国家主管部门宣告其为无感染：

1） 地区或生物安全隔离区内不存在第10.1.2条所列易感物种，且至少最近两年持续满足基本生物
安保条件。

或

2） 地区或生物安全隔离区内存在第10.1.2条所列易感物种，但满足以下条件：

  a） 尽管存在引发该病临诊表现的条件（如《水生手册》相应章节所述），但至少最近十年未
发生流行性造血器官坏死病毒感染；且

  b） 至少最近十年持续满足基本生物安保条件。

或

3） 开展目标监测前疫病状态不明，但符合以下条件：

  a） 至少最近两年持续满足基本生物安保条件；且

  b） 根据本法典第1.4章所述实行目标监测，至少最近两年未检测到流行性造血器官坏死病毒
感染。

或

4） 某地区曾自行宣告无流行性造血器官坏死病毒感染，之后因检测到流行性造血器官坏死病毒感
染而失去其无疫状态资格，则只有在满足以下条件时，方可重新宣告无流行性造血器官坏死病

毒感染：

a）　检测到流行性造血器官坏死病毒后，宣告感染地区为疫区，并设立保护区；且

b）　销毁或清除疫区内的感染动物，最大限度地降低疫病进一步蔓延的风险，并已采取适当的消毒措施（详见第4.3章）；且

c）　审查此前的基础生物安保措施并加以必要修订，且根除流行性造血器官坏死病毒感染后继续保持基本生物安保条件；且

d）　根据本法典第1.4章所述实行目标监测，至少最近两年未检测到流行性造血器官坏死病毒。

第10.1.6条

维持无疫状态

国家、地区或生物安全隔离区如遵照第10.1.4条第1）点、第2）点或第10.1.5条的相关规定宣告为无流行性造血器官坏死病毒感染，且持续采取基本生物安保措施，则可维持其流行性造血器官坏死病毒感染无疫状态。

遵照第10.1.4条第3）点或第10.1.5条相关规定宣告无流行性造血器官坏死病毒感染的国家、地区或生物安全隔离区，如存在《水生手册》相应章节描述的流行性造血器官坏死病毒感染临诊症状的诱发条件，并持续采取基本生物安保措施，则可中断目标监测，并维持其流行性造血器官坏死病毒感染无疫状态。

然而，在感染国家内宣告无流行性造血器官坏死病毒感染的地区或生物安全隔离区，如不具备有利于诱发流行性造血器官坏死病毒感染临诊症状的条件，则应继续进行目标监测，并由水生动物卫生机构根据感染发生概率确定监测水平。

第10.1.7条

从宣告无流行性造血器官坏死病毒感染的国家、地区或生物安全隔离区进口水生动物或水生动物产品

从宣告无流行性造血器官坏死病毒感染的国家、地区或生物安全隔离区进口第10.1.2条所列水生动物或相关水生动物产品时，进口国主管部门应要求货物随附出口国的主管部门签发的国际水生动物卫生证书。国际水生动物卫生证书应按照第10.1.4条或第10.1.5条（如适用）和第10.1.6条所述程序，注明水生动物或水生动物产品的产地是宣告无流行性造血器官坏死病毒感染的国家、地区或生物安全隔离区。

国际水生动物卫生证书应符合本法典第5.11章所示证书范本格式。

本条不适用于第10.1.3条第1）点所列水生动物产品。

第10.1.8条

为水产养殖从未宣告无流行性造血器官坏死病毒感染的国家、地区或生物安全隔离区进口水生动物

为水产养殖从未宣告无流行性造血器官坏死病毒感染的国家、地区或生物安全隔离区进口第10.1.2条所列水生动物时，进口国主管部门应根据第2.1章的规定进行风险评估，并考虑采取以下第1）点和第2）点措施减少风险：

1）如引进水生动物用于养成及收获，应考虑采取以下措施：

　　a）直接将进口水生动物运至隔离检疫设施内，直至养成；且

　　b）离开隔离检疫设施前（在原设施或通过生物安保运输方式移至另一隔离检疫设施），将水生动物宰杀并加工成第10.1.3条第1）点所述的一种或多种水生动物产品，或主管部门授权的其他产品；且

　　c）根据第4.3章、第4.7章、第5.5章的要求对运输用水、设备、污水和废弃物进行处理，确保灭活流行性造血器官坏死病毒。

或

2）如引进目的是建立一个新种群，应考虑采取以下措施：

　　a）出口国：

　　　　ⅰ）确定可能的源种群，并评估其水生动物卫生记录；

　　　　ⅱ）根据第1.4章的要求检测源种群，挑选出相应卫生水平最高的水生动物作为原代种群（F–0）。

　　b）进口国：

　　　　ⅰ）进口F–0群并运至隔离检疫设施中；

　　　　ⅱ）根据1.4章的要求检测F–0群是否感染流行性造血器官坏死病毒，确定是否适合用作亲本；

　　　　ⅲ）在隔离检疫条件下繁殖第一代（F–1代）；

　　　　ⅳ）在隔离检疫设施中饲养F–1代，饲养时间和条件足以使流行性造血器官坏死病毒感染动物出现症状，根据本法典1.4章及《水生手册》第2.3.1章采样并检测流行性造血器官坏死病毒；

　　　　ⅴ）如在F–1代中未检测到流行性造血器官坏死病毒，则可判定为无流行性造血器官坏死病毒感染，并可解除隔离检疫；

　　　　ⅵ）如在F–1代中检测到流行性造血器官坏死病毒，则不能解除隔离检疫，应按照第4.7章以生物安保方式进行扑杀和处置。

第10.1.9条

为食品加工从未宣告无流行性造血器官坏死病毒感染的国家、地区或生物安全隔离区进口水生动物或水生动物产品

为食品加工从未宣告无流行性造血器官坏死病毒感染的国家、地区或生物安全隔离区进口第10.1.2条所列水生动物或相关水生动物产品，进口国主管部门应进行风险评估，如有必要应要求：

1）直接将货物运至隔离检疫设施中，直至加工成第10.1.3条第1）点或第10.1.12条第1）点所列产品，或由主管部门批准的其他产品；且

2）妥善处理运输用水（包括冰）、设备、容器和包装材料，确保灭活流行性造血器官坏死病毒，或按照第4.3章、第4.7章、第5.5章进行生物安保处理；且

3）妥善处理所有污水和废弃物，确保灭活流行性造血器官坏死病毒，或按照第4.3章、第4.7章进行生物安保处理。

对于此类水生动物或水生动物产品，成员可考虑采取适应本土情况的措施，防控除人类食品外与其他用途相关的风险。

第10.1.10条

从未宣告无流行性造血器官坏死病毒感染的国家、地区或生物安全隔离区进口水生动物或水生动物产品，用于除食品加工外其他用途（如动物饲料、农业、工业、科研或制药）

从未宣告无流行性造血器官坏死病毒感染的国家、地区或生物安全隔离区进口第10.1.2条所列水生动物或相关水生动物产品，用于除食品加工外其他用途（如动物饲料、农业、工业、科研或制药等），进口国主管部门应要求：

1）直接将货物运至隔离检疫设施中，直至加工成第10.1.3条第1）点或由主管部门批准的其他产品；且

2）妥善处理运输用水（包括冰）、设备、容器和包装材料，确保灭活流行性造血器官坏死病毒，或按照第4.3章、第4.7章和第5.5章进行生物安保处理；且

3）妥善处理所有污水和废弃物，确保灭活流行性造血器官坏死病毒，或按照第4.3章、第4.7章进行生物安保处理。

第10.1.11条

从未宣告无流行性造血器官坏死病毒感染的国家、地区或生物安全隔离区进口水生动物用

于实验室或动物园

从未宣告无流行性造血器官坏死病毒感染的国家、地区或生物安全隔离区进口第10.1.2条所列水生动物用于实验室或动物园时，进口国主管部门应确保：

1）　直接将货物运至主管部门批准的检疫设施内，并保存于其中；且

2）　妥善处理运输用水（包括冰）、设备、容器和包装材料，确保灭活流行性造血器官坏死病毒，或按照第4.3章、第4.7章和第5.5章进行生物安保处理；且

3）　妥善处理实验室或动物园检疫设施中产生的所有污水和废弃物，确保灭活流行性造血器官坏死病毒，或按照第4.3章、第4.7章进行生物安保处理；且

4）　按照第4.7章对动物残骸进行处置。

第10.1.12条

为食品零售从无论是否存在流行性造血器官坏死病毒感染状态如何的国家、地区或生物安全隔离区进口或过境转运水生动物产品

1）　审批进口或过境转运符合本法典第5.4.2条规定的已加工成零售包装的鱼片或鱼排（冷藏或冷冻）时，无论出口国、地区或生物安全隔离区内流行性造血器官坏死病毒感染状态如何，主管部门均不应提出任何与之相关的要求。

　　评估上述水生动物和水生动物产品安全性时做出了一些假设，成员应参阅本法典第5.4.2条所述假设，并考虑其是否适合于本国国情。

　　对于此类水生动物或水生动物产品，成员可考虑采取适应本土情况的措施，防控除人类食品外与其他用途相关的风险。

2）　从未宣告无流行性造血器官坏死病毒感染的国家、地区或生物安全隔离区进口上述第1）点规定之外第10.1.2条所列水生动物衍生产品时，进口国主管部门应进行风险评估，并采取适当的风险缓解措施。

注：于2000年首次通过，于2019年最新修订。

第10.2章 侵入性丝囊霉感染（流行性溃疡综合征）

Infection with *Aphanomyces invadans* (Epizootic ulcerative syndrome)

第10.2.1条

本法典中，丝囊霉感染指由侵入性丝囊霉（*Aphanomyces invadans*）（又称杀鱼丝囊霉，*A. piscicida*）引起的感染。该疫病曾被称为流行性溃疡综合征（Epizootic ulcerative syndrome）。

诊断方法参见《水生手册》。

第10.2.2条

范围

本章中的各项建议适用于：黄鳍棘鲷（*Acantopagrus australis*）、龟壳攀鲈（*Anabas testudineus*）、鳗鲡（Anguillidae）、鲇科鲇（Bagridae）、澳洲银鲈（Bidyanus bidyanus）、大西洋鲱（*Brevoortia tyrannus*）、鲹（*Caranx* spp.）、卡特拉鲃（*Catla catla*）、线鳢（*Channa striatus*）、印度鲮（*Cirrhinus mrigala*）、胡鲇（*Clarius* spp.）、飞鱵（Exocoetidae）、舌虾虎鱼（*Glossogobius giuris*）、云斑尖塘鳢（*Oxyeleotris marmoratus*）、虾虎鱼（Gobiidae）、南亚黑鲮（*Labeo rohita*）、黑鲮（*Labeo* spp.）、尖吻鲈（*Lates calcarifer*）、乌鲻（*Mugil cephalus*）、鲻科鱼类（包括鲻属和鲛属）、香鱼（*Plecoglossus altivelis*）、斑尾刺鲃（*Puntius sophore*）、高体革鯻（宝石鱼）（*Scortum barcoo*）、纤鳕（*Sillago ciliata*）、淡水鲇（Siluridae spp.）、稻田毛腹鱼（*Trichogaster pectoralis*）、查达射水鱼（*Toxotes chatareus*）、银鲃（*Puntius gonionotus*）、金钱鱼（*Scatophagus argus*）、丝足鲈（*Osphronemus goramy*）、宽头鲬（*Platycephalus fuscus*）、鰜（*Psettodes* sp.）、高体鳑鲏（*Rhodeus ocellatus*）、骨鳊（*Rohtee* sp.）、红眼鱼（*Scaridinius erythrophthalmus*）、鯻（*Terapon* sp.）和蓝曼龙鱼（*Trichogaster trichopterus*）。在国际贸易中，这些建议同样适用于《水生手册》提及的任何其他易感物种。

第10.2.3条

为任何用途从无论是否存在侵入性丝囊霉感染的国家、地区或生物安全隔离区进口或过境转运水生动物产品

1）审批为任何用途而进口或过境转运第10.2.2条所列物种且符合本法典第5.4.1条规定的下列水生动物产品时，无论出口国、地区或生物安全隔离区内侵入性丝囊霉感染状态如何，主管部门均不应提出任何与之相关的要求：

　　a）经高温灭菌并密封包装的鱼产品（即经121℃热处理至少3.6分钟或其他任何已被证明可灭活侵入性丝囊霉的时间/温度等效处理）；

　　b）经巴氏消毒法90℃热处理至少10分钟的鱼产品（或其他任何已证明可灭活侵入性丝囊霉的时间/温度等效处理）；

　　c）经机械干燥处理并去除内脏的鱼（即经100℃热处理至少30分钟或其他任何已证明可灭活侵入性丝囊霉的时间/温度等效处理）；

　　d）鱼油；

　　e）鱼粉；

　　f）去除内脏的冷冻鱼；

　　g）冷冻的鱼片或鱼排。

2）审批进口或过境转运第10.2.3条第1）点以外的第10.2.2条所列物种水生动物产品时，主管部门应要求符合第10.2.7条至第10.2.12条与出口国、地区或生物安全隔离区侵入性丝囊霉感染状态相关的要求。

3）考虑进口或过境转运第10.2.2条所列物种以外的水生动物产品时，如有合理理由认为可能会构成侵入性丝囊霉感染传播风险，主管部门应按照本法典第2.1章的建议进行风险评估，并将结果告知出口国主管部门。

第10.2.4条

无侵入性丝囊霉感染国家

某国如与一国或多国共享某水域，则只有共享水体所涉及的国家或地区均宣告无侵入性丝囊霉感染时，该国方可自行宣告无侵入性丝囊霉感染（参见第10.2.5条）。

根据第1.4.6条，一个国家如符合下列要求，则可自行宣告无侵入性丝囊霉感染：

1）一个国家尽管存在引发该病临诊表现的条件（如《水生手册》相应章节所述），但至少最近十年未发生侵入性丝囊霉感染，且至少最近十年持续满足基本生物安保条件；

或

2）开展目标监测前侵入性丝囊霉感染状态不明，但符合以下条件：

　　a）至少最近两年持续满足基本生物安保条件；且

　　b）按照本法典第1.4章实行目标监测，至少最近两年未检测到侵入性丝囊霉感染；

或

3）曾自行宣告无侵入性丝囊霉感染，之后因检测到侵入性丝囊霉而失去其无疫状态资格，则只有符合以下条件时，方可重新自行宣告无侵入性丝囊霉感染：

　　a）检测到侵入性丝囊霉后，宣布感染地区为疫区，并设立保护区；且

　　b）销毁或清除疫区内的感染动物，从而最大限度地降低疫病进一步传播的风险，并采取适当的消毒措施（详见第4.3章）；且

　　c）审查之前的基本生物安保措施并加以必要修订，且根除侵入性丝囊霉感染后继续保持基本生物安保条件；且

　　d）按照本法典第1.4章实行目标监测，至少最近两年未检测到侵入性丝囊霉感染。

同时，未感染的部分或全部地区如符合第10.2.5条第2）点的规定，则可宣告为无侵入性丝囊霉感染的地区。

第10.2.5条

无侵入性丝囊霉感染地区或生物安全隔离区

一个地区或生物安全隔离区如跨越多个国家，则只有当所有相关国家主管部门均确认符合相关条件时，才能宣告为无侵入性丝囊霉感染地区或生物安全隔离区。

根据第1.4.6条所述，在下列情况下，位于未宣告无侵入性丝囊霉感染的一国或多国境内的地区或生物安全隔离区，可由相关国家主管部门宣告其为无感染：

1）一个地区或生物安全隔离区存在第10.2.2条所列物种，尽管存在引发《水生手册》相应章节描述的临诊表现的条件，但至少最近十年未发生侵入性丝囊霉感染，且至少最近十年持续满足基本生物安保条件；

或

2）开展目标监测前侵入性丝囊霉感染状态不明，但符合以下条件：

　　a）至少最近两年持续满足基本生物安保条件；且

　　b）按照本法典第1.4章实行目标监测，至少最近两年未检测到侵入性丝囊霉感染。

或

3）曾自行宣告无侵入性丝囊霉感染，之后因检测到侵入性丝囊霉而失去其无疫状态资格，则只有符合以下条件时，方可重新宣告无侵入性丝囊霉感染：

　　a）检测到侵入性丝囊霉感染后，宣告感染地区为疫区，并设立保护区；且

b) 销毁或清除疫区内的感染动物，最大限度地降低疫病进一步蔓延的风险，并采取适当的消毒措施（详见第4.3章）；且

c) 审查之前的基本生物安保措施并加以必要修订，且根除侵入性丝囊霉感染后继续保持基本生物安保条件；且

d) 按照本法典第1.4章实行目标监测，至少最近两年未检测到侵入性丝囊霉感染。

第10.2.6条

维持无疫状态

国家、地区或生物安全隔离区如遵照第10.2.4条第1）点或第10.2.5条的相关规定宣告为无侵入性丝囊霉感染，且持续采取基本生物安保措施，则可维持无侵入性丝囊霉感染状态。

根据第10.2.4条第2点或第10.2.5条相关规定宣告为无侵入性丝囊霉感染的国家、地区或生物安全隔离区，如存在《水生手册》相应章节描述的引发侵入性丝囊霉感染临诊症状的条件，只要持续满足基本生物安保条件，则可中断目标监测，并维持无侵入性丝囊霉感染状态。

然而，在感染国家内宣告无侵入性丝囊霉感染的地区或生物安全隔离区，如不具备有利于引发侵入性丝囊霉感染临诊症状的条件，则应继续进行目标监测，并由水生动物卫生机构根据感染发生概率确定监测水平。

第10.2.7条

从宣告无侵入性丝囊霉感染的国家、地区或生物安全隔离区进口水生动物或水生动物产品

从宣告无侵入性丝囊霉感染的国家、地区或生物安全隔离区进口第10.2.2条所列水生动物或相关水生动物产品时，进口国主管部门应要求货物随附出口国主管部门签发的国际水生动物卫生证书。国际水生动物卫生证书应按照第10.2.4条或第10.2.5条（如适用）和第10.2.6条所述程序，注明水生动物或水生动物产品产地是宣告无侵入性丝囊霉感染的国家、地区或生物安全隔离区。

国际水生动物卫生证书应符合本法典第5.11章所示证书范本格式。

本条不适用于第10.2.3条第1）点所列水生动物产品。

第10.2.8条

为水产养殖从未宣告为无侵入性丝囊霉感染的国家、地区或生物安全隔离区进口水生动物

为水产养殖从未宣告为无侵入性丝囊霉感染的国家、地区或生物安全隔离区进口第10.2.2条所

列水生动物时，进口国主管部门应根据第2.1章的规定进行风险评估，并考虑采取以下第1）点和第2）点措施减少风险：

1） 如引进水生动物用于养成及收获，应考虑采用以下措施：

    a） 直接将进口水生动物运至隔离检疫设施内，直至养成；且

    b） 离开隔离检疫设施前（在原设施或通过生物安保运输方式移至另一隔离检疫设施），将水生动物宰杀并加工成第10.2.3条第1）点所述的一种或多种水生动物产品或主管部门授权的其他产品；且

    c） 根据第4.3章、第4.7章、第5.5章的要求对运输用水、设备、废水和废弃物进行处理，灭活侵入性丝囊霉。

或

2） 如引进目的是建立一个新种群，应考虑采用以下措施：

    a） 出口国：

      ⅰ）确定可能的源种群，并评估其水生动物卫生记录；

      ⅱ）按照第1.4章对源种群进行检测，挑选出相应卫生水平最高的水生动物作为原代种群（F-0）。

    b） 进口国：

      ⅰ）进口F-0种群并运至隔离检疫设施中；

      ⅱ）按照第1.4章检测F-0种群是否感染侵入性丝囊霉，确定是否适合作为种用；

      ⅲ）在隔离条件下繁殖第一代（F-1代）；

      ⅳ）在隔离检疫设施中饲养F-1代，饲养时间和条件足以使侵入性丝囊霉感染动物表现出临诊症状，并按照本法典第1.4章和《水生手册》第2.3.2章进行采样并检测侵入性丝囊霉；

      Ⅴ）如在F-1代中未检测到侵入性丝囊霉，则可判定无侵入性丝囊霉感染，并可解除隔离；

      ⅵ）如在F-1代中检测到侵入性丝囊霉，则不能解除隔离，应按照第4.7章以生物安保方式进行扑杀和处置。

第10.2.9条

为食品加工从未宣告无侵入性丝囊霉感染的国家、地区或生物安全隔离区进口水生动物或水生动物产品

为食品加工从未宣告无侵入性丝囊霉的国家、地区或生物安全隔离区进口第10.2.2条所列水生动物或相关水生动物产品时，进口国主管部门应进行风险评估，如有必要应要求：

1） 直接将货物运至隔离或防护设施中，直至加工成第10.2.3条第1点或第10.2.12条第1）点所列产

品，或由主管部门批准的其他产品；且

2）妥善处理运输用水（包括冰）、设备、容器和包装材料，确保灭活侵入性丝囊霉，或按照第4.3章、第4.7章和第5.5章进行生物安保处理；且

3）妥善处理加工过程中产生的所有污水和废弃物，确保灭活侵入性丝囊霉，或按照第4.3章和第4.7章进行生物安保处理。

对于此类水生动物或水生动物产品，成员可考虑采取适应本土情况的措施，防控除人类食品外与其他用途相关的风险。

第10.2.10条

从未宣告无侵入性丝囊霉感染的国家、地区或生物安全隔离区进口水生动物或水生动物产品，用于除食品加工外其他用途（如动物饲料、农业、工业、科研或制药）

从未宣告无侵入性丝囊霉感染的国家、地区或生物安全隔离区进口第10.2.2条所列水生动物或相关水生动物产品，用于除食品加工外其他用途（如动物饲料、农业、工业、科研或制药等），进口国主管部门应要求：

1）直接将进口货物运至隔离检疫设施中，直至加工成第10.2.3条第1）点所列或其他由主管部门批准的产品；且

2）妥善处理运输用水（包括冰）、设备、容器和包装材料，确保灭活侵入性丝囊霉，或按照第4.3章、第4.7章和第5.5章进行生物安保处理；且

3）妥善处理加工过程中产生的所有污水和废弃物，确保灭活侵入性丝囊霉，或按照第4.3章、第4.7章进行生物安保处理。

第10.2.11条

从未宣告无侵入性丝囊霉感染的国家、地区或生物安全隔离区进口水生动物用于实验室或动物园

从未宣告无侵入性丝囊霉感染的国家、地区或生物安全隔离区进口第10.2.2条所列水生动物用于实验室或动物园时，进口国主管部门应确保：

1）直接将货物运至主管部门批准的检疫设施内，并保存于其中；且

2）妥善处理运输用水（包括冰）、设备、容器和包装材料，确保灭活侵入性丝囊霉，或按照第4.3章、第4.7章和第5.5章进行生物安保处理；且

3）妥善处理加工过程中产生的所有污水和废弃物，确保灭活侵入性丝囊霉，或按照第4.3章、第

4.7章进行生物安保处理；

4) 按照第4.7章对动物残骸进行处置。

第10.2.12条

为食品零售从未宣告侵入性丝囊霉感染状态的国家、地区或生物安全隔离区进口或过境水生动物产品

1) 审批进口或过境转运符合本法典第5.4.2条规定的已加工成零售包装的鱼片或鱼排（冷冻）时，无论出口国、地区或生物安全隔离区的侵入性丝囊霉感染状态如何，主管部门均不应提出任何与之相关的要求。

   评估上述水生动物产品安全性时做出了一些假设，各成员应参阅本法典第5.4.2条所述假设，并考虑是否适用于本国国情。

   对于此类水生动物或水生动物产品，成员可考虑采取适应本土情况的措施，防控除人类食品外与其他用途相关的风险。

2) 从未宣告无侵入性丝囊霉感染的国家、地区或生物安全隔离区进口除上述第1）点以外的第10.2.2条所列水生动物衍生产品时，进口国主管部门应进行风险评估，并采取适当的风险缓解措施。

注：于1995年首次通过，于2019年最新修订。

原文为英文版

第10.3章　大西洋鲑三代虫感染

Infection with *Gyrodactylus salaris*

第10.3.1条

本法典中，大西洋鲑三代虫感染指由大西洋鲑三代虫（*Gyrodactylus salaris*）引发的感染。大西洋鲑三代虫是淡水中胎生体外寄生虫，属于单殖吸虫纲（Monogenea）三代虫科（Gyrodactylidae）。

诊断方法参见《水生手册》。

第10.3.2条

范围

本章的建议适用于符合本法典第1.5章易感物种界定标准的下列物种：北极红点鲑（*Salvelinus alpinus*）、大西洋鲑（*Salmo salar*）、褐鳟（*Salmo trutta*）、河鳟（*Thymallus thymallus*）、美洲红点鲑（*Salvelinus fontinalis*）和虹鳟（*Oncorhynchus mykiss*）。

第10.3.3条

为任何用途从无论是否存在大西洋鲑三代虫感染的国家、地区或生物安全隔离区进口或过境转运水生动物产品

1）审批为任何用途而进口或过境转运第10.3.2条所列物种且符合本法典第5.4.1条规定的下列水生动物产品时，无论出口国、地区或生物安全隔离区内大西洋鲑三代虫感染状态如何，主管部门均不应提出任何与之相关的要求：

　　a）经高温灭菌并密封包装的鱼产品（即经121℃热处理至少3.6分钟或任何已证明可灭活大西洋鲑三代虫的时间/温度等效处理）；

　　b）经巴氏消毒法63℃热处理至少30分钟的鱼产品（或任何已证明可灭活大西洋鲑三代虫的时间/温度等效处理）；

    c） 经机械干燥处理的去内脏的鱼产品（即经100℃热处理至少30分钟或任何已证明可灭活大西洋鲑三代虫的时间/温度等效处理）；

    d） 经自然干燥去除内脏的鱼（晒干或风干）；

    e） 去除内脏并在−18℃或更低温度冷冻的鱼；

    f） 在−18℃或更低温度冷冻的鱼片或鱼排；

    g） 在盐度至少25的海水中捕捞的去除内脏的冷藏鱼；

    h） 在盐度至少25的海水中捕捞的冷藏鱼片或鱼排；

    i） 去除鱼皮、鳍和鳃的冷藏产品；

    j） 非活鱼卵；

    k） 鱼油；

    l） 鱼粉；

    m） 鱼皮革。

2） 审批进口或过境转运的第10.3.2条所列物种水生动物产品时，除第10.3.3条第1）点所列产品外，主管部门应要求符合第10.3.7条至第10.3.12条与出口国、地区或生物安全隔离区内大西洋鲑三代虫感染状态相关的规定。

3） 考虑进口或过境转运第10.3.2条所列物种以外的水生动物产品时，如有合理理由认为可能会构成大西洋鲑三代虫传播风险，进口国主管部门应按照本法典第2.1章的建议进行风险分析，并将分析结果告知出口国的主管部门。

第10.3.4条

无大西洋鲑三代虫感染的国家

    某国如与一国或多国共享某水域，则只有共享水体所涉及的国家或地区均宣告无大西洋鲑三代虫感染时，该国方可自行宣告无大西洋鲑三代虫感染（参见第10.3.5条）。

    根据第1.4.6条所述，一个国家如符合下列要求，则可自行宣告无大西洋鲑三代虫感染。

1） 不存在第10.3.2条所列易感物种，且至少最近两年持续满足基本生物安保条件。

或

2） 存在第10.3.2条所列易感物种，但符合下列条件：

    a） 尽管存在引发该病临诊症状的条件（如《水生手册》相应章节所述），但至少最近十年未发生大西洋鲑三代虫感染；且

    b） 至少最近十年持续满足基本生物安保条件。

或

3） 开展目标监测前大西洋鲑三代虫感染状态不明，但符合以下条件：

a）至少最近两年持续满足基本生物安保条件；且

b）根据本法典第1.4章所述进行目标监测，至少最近两年未检测到大西洋鲑三代虫感染。

或

4）曾自行宣告无大西洋鲑三代虫感染，之后因检测到大西洋鲑三代虫而失去其无疫状态资格，则只有在满足以下条件时，方可重新自行宣告无大西洋鲑三代虫感染：

a）检测到大西洋鲑三代虫后，宣布感染地区为疫区，并设立保护区；且

b）销毁或清除疫区内的感染动物，最大限度地降低疫病进一步蔓延的风险，并已采取适当的消毒措施（详见第4.3章）；且

c）审查此前的基础生物安保措施并加以必要修订，且根除大西洋鲑三代虫感染后继续保持基本生物安保条件；且

d）根据本法典第1.4章所述进行目标监测，至少最近五年未检测到大西洋鲑三代虫。

同时，未受影响的部分或全部地区如符合第10.3.5条第3）点的规定，则可宣告为无大西洋鲑三代虫感染地区。

第10.3.5条

无大西洋鲑三代虫感染地区或生物安全隔离区

一个地区或生物安全隔离区如跨越多个国家，则只有当所有相关国家的主管部门均确认符合条件时，才能宣告为无大西洋鲑三代虫感染地区或生物安全隔离区。

根据第1.4.6条所述，在下列情况下，位于未宣告无大西洋鲑三代虫感染的一国或多国境内的地区或生物安全隔离区，可由相关国家主管部门宣告其为无感染：

1）地区或生物安全隔离区内不存在第10.3.2条所列易感物种，且至少最近两年持续满足基本生物安保条件。

或

2）地区或生物安全隔离区内存在第10.3.2条所列易感物种，但满足以下条件：

a）尽管存在引发该病临诊表现的条件（如《水生手册》相应章节所述），但至少最近十年未发生大西洋鲑三代虫感染；且

b）至少最近五年持续满足基本生物安保条件。

或

3）海水盐度至少为25的地区或生物安全隔离区，如从该地区或生物安全隔离区转运活鱼前14天内，未从大西洋鲑三代虫感染卫生状态较差的地区引进第10.3.2条所列物种水生动物产品，则可宣告无大西洋鲑三代虫感染。

或

4）开展目标监测前大西洋鲑三代虫感染状态不明，但符合以下条件：

    a）至少最近十年持续满足基本生物安保条件；且

    b）根据本法典第1.4章所述进行目标监测，至少最近五年未检测到大西洋鲑三代虫。

或

5）某地区曾自行宣告无大西洋鲑三代虫感染，之后因检测到大西洋鲑三代虫而失去其无疫状态资格，则只有在满足以下条件时，方可重新宣告无大西洋鲑三代虫感染：

    a）检测到大西洋鲑三代虫后，宣告感染地区为疫区，并设立保护区；且

    b）销毁或清除疫区内的感染动物，最大限度地降低疫病进一步蔓延的风险，并已采取适当的消毒措施（详见第4.3章）；或存有感染鱼的水体经可杀灭寄生虫的化学药品消毒后；且

    c）审查此前的基础生物安保措施并加以必要修订，且根除大西洋鲑三代虫感染后继续保持基本生物安保条件；且

    d）根据本法典第1.4章所述进行目标监测，至少最近五年未检测到大西洋鲑三代虫。

第10.3.6条

维持无疫状态

遵照第10.3.4条第1）点、第2）点或第10.3.5条相关规定宣告为无大西洋鲑三代虫感染的国家、地区或生物安全隔离区，且持续采取基本生物安保措施，则可维持其无大西洋鲑三代虫感染状态。

遵照第10.3.4条第3）点或第10.3.5条相关规定宣告无大西洋鲑三代虫感染的国家、地区或生物安全隔离区，如存在《水生手册》相应章节描述的大西洋鲑三代虫感染临诊症状的诱发条件，且持续采取基本生物安保措施，则可中断目标监测，并维持其无大西洋鲑三代虫感染状态。

然而，在感染国家内宣告无大西洋鲑三代虫感染的地区或生物安全隔离区，如不具备有利于诱发大西洋鲑三代虫感染临诊症状的条件，则应继续进行目标监测，并由水生动物卫生机构根据感染发生概率确定监测水平。

第10.3.7条

从宣告无大西洋鲑三代虫感染的国家、地区或生物安全隔离区进口水生动物或水生动物产品

从宣告无大西洋鲑三代虫感染的国家、地区或生物安全隔离区进口第10.3.2条所列水生动物或相关水生动物产品时，进口国主管部门应要求货物随附出口国主管部门签发的国际水生动物卫生证书。国际水生动物卫生证书应按照第10.3.4条或第10.3.5条（如适用）和第10.3.6条所述程序，注明

水生动物或水生动物产品产地是宣告无大西洋鲑三代虫感染的国家、地区或生物安全隔离区。

国际水生动物卫生证书应符合本法典第5.11章所示证书范本格式。

本条不适用于第10.3.3条第1）点所列水生动物产品。

第10.3.8条

为水产养殖而从未宣告无大西洋鲑三代虫感染的国家、地区或生物安全隔离区进口水生动物

为水产养殖从未宣告无大西洋鲑三代虫感染的国家、地区或生物安全隔离区进口第10.3.2条所列水生动物时，进口国主管部门应根据第2.1章的规定进行风险评估，并考虑采取以下第1）点和第2）点措施减少风险：

1）

  a） 直接将进口动物运至隔离设施中，直至养成；且

  b） 根据第4.3章、第4.7章、第5.5章的要求对运输用水、设备、污水和废弃物进行处理，确保灭活大西洋鲑三代虫。

或

2） 移动该批水生动物前至少连续14天：

  a） 一直保持在盐度至少为25的水体中；且

  b） 与第10.3.2条所列水生动物无接触。

3） 若是鱼卵，则需已用证明杀灭大西洋鲑三代虫有效方法消毒，且消毒后未接触任何可能影响其卫生状态的物质。

第10.3.9条

为食品加工从未宣告无大西洋鲑三代虫感染的国家、地区或生物安全隔离区进口水生动物或水生动物产品

为食品加工从未宣告无大西洋鲑三代虫感染的国家、地区或生物安全隔离区进口第10.3.2条所列水生动物或相关水生动物产品时，进口国主管部门应进行风险评估，如有必要应要求：

1） 直接将货物运至隔离检疫或控制设施中，直至加工成第10.3.3条第1）点或10.3.12条第1）点所列产品，或由主管部门批准的其他产品；且

2） 妥善处理运输用水（包括冰）、设备、运输容器和包装材料，确保灭活大西洋鲑三代虫，或按照第4.3章、第4.7章、第5.5章进行生物安保处理；且

3） 妥善处理所有污水和废弃物，确保灭活大西洋鲑三代虫，或按照第4.3章、第4.7章进行生物安保处理。

对于此类水生动物或水生动物产品，成员可考虑采取适应本土情况的措施，防控除人类食品外与其他用途相关的风险。

第10.3.10条

从未宣告无大西洋鲑三代虫感染的国家、地区或生物安全隔离区进口水生动物或水生动物产品，用于除食品加工外其他用途（如动物饲料、农业、工业、科研或制药）

从未宣告无大西洋鲑三代虫感染的国家、地区或生物安全隔离区进口第10.3.2条所列水生动物或相关水生动物产品，用于除食品加工外其他用途（如动物饲料、农业、工业、科研或制药等），进口国主管部门应要求：

1） 出口国主管部门签发国际水生动物卫生证书，证明水生动物在出口前至少连续14天保留在盐度至少为25的水系中，且在此期间未引进第10.3.2条所列其他水生动物；

或

2） 直接将货物运至隔离检疫设施中，直至加工成第10.3.3条第1）点或由主管部门批准的其他产品；且

3） 妥善处理运输用水（包括冰）、设备、容器和包装材料，确保灭活大西洋鲑三代虫，或按照第4.3章、第4.7章和第5.5章进行生物安保处理；且

4） 妥善处理所有污水和废弃物，确保灭活大西洋鲑三代虫，或按照第4.3章、第4.7章进行生物安保处理。

第10.3.11条

从未宣告无大西洋鲑三代虫感染的国家、地区或生物安全隔离区进口水生动物用于实验室或动物园

从未宣告无大西洋鲑三代虫感染的国家、地区或生物安全隔离区进口第10.3.2条所列水生动物用于实验室或动物园时，进口国主管部门应确保：

1） 直接将货物运至主管部门批准的检疫设施内，并保存于其中；且

2） 妥善处理运输用水（包括冰）、设备、容器和包装材料，确保灭活大西洋鲑三代虫，或按照第4.3章、第4.7章和第5.5章进行生物安保处理；且

3） 妥善处理实验室或动物园检疫设施中产生的所有污水和废弃物，确保灭活大西洋鲑三代虫，或

按照第4.3章、第4.7章进行生物安保处理；且

4）按照第4.7章对动物残骸进行处置。

第10.3.12条

为食品零售从无论是否存在大西洋鲑三代虫感染的国家、地区或生物安全隔离区进口或过境转运水生动物产品

1）审批进口或过境转运符合本法典第5.4.2条规定的已加工成零售包装的下列水生动物产品时，无论出口国、地区或生物安全隔离区内大西洋鲑三代虫感染状态如何，主管部门均不应提出任何与之相关的要求。

－（未列出水生动物产品）。

2）从未宣告无大西洋鲑三代虫感染的国家、地区或生物安全隔离区进口上述第1）点规定之外第10.3.2条所列水生动衍生产品时，进口国主管部门应进行风险评估，并采取适当的风险缓解措施。

_____

注：于1997年首次通过，于2018年最新修订。

第10.4章 鲑传染性贫血症病毒感染

Infection with infectious salmon anaemia virus

第10.4.1条

本法典中，鲑传染性贫血症病毒感染指由鲑传染性贫血症病毒（Infectious salmon anaemia virus，ISAV）引发的感染。该病毒属于正黏病毒科（Orthomyxoviridae）鲑传染性贫血症病毒属（*Isavirus*），包括致病性的高度多态区缺失型（highly polymorphic region，HPR）和非致病性的高度多态区非缺失型（non-deleted highly polymorphic region，HPR0）两种基因型。这两种基因型均属应按照第1.1章进行通报的病原。

非致病性HPR0型鲑传染性贫血症病毒和致病性HPR缺失型鲑传染性贫血症病毒之间存在联系，HPR缺失型可从HPR0型衍生而来，从而可能导致疫病暴发。

本章的规定是为了确认以下三种可能的鲑传染性贫血症病毒疫病状态：

1） 无HPR0型和无HPR缺失型鲑传染性贫血症病毒；

2） HPR0型鲑传染性贫血症病毒呈地方流行性（但无HPR缺失型鲑传染性贫血症病毒感染）；

3） HPR0型和HPR缺失型鲑传染性贫血症病毒感染均呈地方流行性。

诊断方法参见《水生手册》。

第10.4.2条

范围

本章的建议适用于符合本法典第1.5章易感物种界定标准的下列物种：大西洋鲑（*Salmo salar*）、褐鳟（*Salmo trutta*）和虹鳟（*Onchorynchus mykiss*）。

第10.4.3条

为任何用途从无论是否存在鲑传染性贫血症病毒感染的国家、地区或生物安全隔离区进口

或过境转运水生动物产品

本条涉及HPR缺失型和HPR0型鲑传染性贫血症病毒。

1）审批为任何用途而进口或过境转运第10.4.2条所列水生动物并符合本法典第5.4.1条规定的下列水生动物产品时，无论出口国、地区或生物安全隔离区内鲑传染性贫血症病毒感染的状态如何，主管部门均不应提出任何与之相关的要求：

    a）经高温加热消毒并密封包装的鱼产品（即121℃热处理至少3.6分钟或已证明可灭活鲑传染性贫血症病毒的任何时间/温度等效处理）；

    b）经巴氏消毒法90℃热处理至少10分钟的鱼产品（或已证明可灭活鲑传染性贫血症病毒的任何时间/温度等效处理）；

    c）经机械干燥处理并去除内脏的鱼（即经100℃热处理至少30分钟或已证明可灭活鲑传染性贫血症病毒的任何时间/温度等效处理）；

    d）鱼油；

    e）鱼粉；

    f）鱼皮革。

2）审批进口或过境转运第10.4.2条所列物种水生动物产品时，除第10.4.3条第1）点外所列产品外，主管部门应要求符合第10.4.10条至第10.4.17条与出口国、地区或生物安全隔离区鲑传染性贫血症病毒感染状态相关的规定。

3）考虑审批进口或过境转运第10.4.2条所列物种以外的水生动物产品时，如有合理理由认为可能构成鲑传染性贫血症病毒感染传播风险，进口国主管部门应按照本法典第2.1章的建议进行风险分析，并将结果告知出口国主管部门。

第10.4.4条

无鲑传染性贫血症病毒感染国家

本条所涉无鲑传染性贫血症病毒感染国家，指无任何可检测到的鲑传染性贫血症病毒，包括HPR0型鲑传染性贫血症病毒。

某国如与一国或多国共享某水域，则只有共享水体所涉及的国家或地区均宣告无鲑传染性贫血症病毒感染时，该国方可自行宣告无鲑传染性贫血症病毒感染（参见第10.4.6条）。

根据第1.4.6条所述，一个国家如符合下列条件，则可自行宣告无鲑传染性贫血症病毒感染：

1）不存在第10.4.2条所列易感物种，且至少最近两年持续满足基本生物安保条件。

或

2）开展目标监测前鲑传染性贫血症病毒感染状态不明，但符合以下条件：

    a）至少最近两年持续满足基本生物安保条件；且

b）　按照本法典第1.4章进行目标监测，至少最近两年未检测到鲑传染性贫血症病毒。

或

3）　曾自行宣告无鲑传染性贫血症病毒感染，之后因检测到鲑传染性贫血症病毒而失去其无疫状态资格，则只有在满足以下条件时，方可重新自行宣告无鲑传染性贫血症病毒感染：

a）　检测到鲑传染性贫血症病毒后，宣布感染地区为疫区，并设立保护区；且

b）　销毁或清除疫区内的感染动物，最大限度地降低疫病进一步蔓延的风险，并已采取适当的消毒措施（详见第4.3章）；且

c）　审查之前的基本生物安保条件并加以必要修订，且根除鲑传染性贫血症病毒感染后继续保持基本生物安保条件；且

d）　按照本法典第1.4章进行目标监测，至少最近两年未检测到鲑传染性贫血症病毒。

同时，未受影响的部分或全部地区如符合第10.4.6条第3）点的规定，则可宣告为无鲑传染性贫血症病毒感染地区。

由于鲑传染性贫血症病毒HPR0感染不引发任何临诊症状，因此无法基于无鲑传染性贫血症病毒感染临诊表现（在第1.4.6条中称为历史无疫）而自行宣告无HPR0型鲑传染性贫血症病毒感染。

第10.4.5条

无HPR缺失型鲑传染性贫血症病毒感染国家

本条所涉无HPR缺失型鲑传染性贫血症病毒感染国家不一定无HPR0型鲑传染性贫血症病毒感染。

某国如与一国或多国共享某水域，则只有共享水体所涉及的国家或地区均宣告无HPR缺失型鲑传染性贫血症病毒感染时（参见第10.4.7条），该国方可自行宣告无HPR缺失型鲑传染性贫血症病毒感染。

根据第1.4.6条，一个国家如符合下列要求，则可自行宣告无HPR缺失型鲑传染性贫血症病毒感染：

1）　存在第10.4.2条所列易感物种，但满足下列条件：

a）　尽管存在引发该病临诊症状的条件（如《水生手册》相应章节所述），但至少最近十年未发生HPR缺失型鲑传染性贫血症病毒感染；且

b）　至少最近十年持续满足基本生物安保条件。

或

2）　开展目标监测前HPR缺失型鲑传染性贫血症病毒感染状态不明，但符合以下条件：

a）　至少最近两年持续满足基本生物安保条件；且

b）　根据本法典第1.4章进行目标监测，至少最近两年未检测到HPR缺失型鲑传染性贫血症病毒。

或

3） 曾自行宣告无HPR缺失型鲑传染性贫血症病毒感染，之后因检测到HPR缺失型鲑传染性贫血症病毒而失去其无疫状态资格，则只有在满足以下条件时，方可重新自行宣告无HPR缺失型鲑传染性贫血症病毒感染：

　　a） 检测到HPR缺失型鲑传染性贫血症病毒后，宣布感染地区为疫区，并设立保护区；且

　　b） 销毁或清除疫区内的感染动物，最大限度地降低疫病进一步蔓延的风险，并已采取适当的消毒措施（详见第4.3章）；且

　　c） 审查之前的基本生物安保条件并加以必要修订，且根除HPR缺失型鲑传染性贫血症病毒感染后继续保持基本生物安保条件；且

　　d） 按照本法典第1.4章进行目标监测，至少最近两年未检测到HPR缺失型鲑传染性贫血症病毒感染。

同时，未受影响的部分或全部地区如符合第10.4.7条第3）点的规定，则可宣告为无疫区。

第10.4.6条

无鲑传染性贫血症病毒感染地区或生物安全隔离区

本条所涉无鲑传染性贫血症病毒感染的地区或生物安全隔离区，指无任何可检测到的鲑传染性贫血症病毒，包括HPR0型鲑传染性贫血症病毒。

一个地区或生物安全隔离区如跨越多个国家，则只有当所有国家的主管部门均确认符合相关条件时，才能宣告为无鲑传染性贫血症病毒感染地区或生物安全隔离区。

根据第1.4.6条所述，在下列情况下，位于未宣告无鲑传染性贫血症病毒感染的一国或多国境内的地区或生物安全隔离区，可由相关国家主管部门宣告其为无感染：

1） 地区或生物安全隔离区内不存在第10.4.2条所列易感物种，且至少最近两年持续满足基本生物安保条件。

或

2） 开展目标监测前鲑传染性贫血症病毒感染状态不明，但符合以下条件：

　　a） 至少最近两年持续满足基本生物安保条件；且

　　b） 按照本法典第1.4章进行目标监测，至少最近两年未检测到鲑传染性贫血症病毒。

或

3） 曾自行宣告无鲑传染性贫血症病毒感染，之后因检测到鲑传染性贫血症病毒而失去其无疫状态资格，则只有在满足以下条件时，方可重新宣告无鲑传染性贫血症病毒感染：

　　a） 检测到鲑传染性贫血症病毒后，宣布感染地区为疫区，并设立保护区；且

　　b） 销毁或清除疫区内的感染动物，最大限度地降低疫病进一步蔓延的风险，并已采取适当的消毒措施（详见第4.3章）；

c）　审查之前的基本生物安保条件并加以必要修订，且根除鲑传染性贫血症病毒感染后，继续保持基本生物安保条件；且

d）　按照本法典第1.4章进行目标监测，至少最近两年未检测到鲑传染性贫血症病毒。

第10.4.7条

无HPR缺失型鲑传染性贫血症病毒感染的地区或生物安全隔离区

本条所涉无HPR缺失型鲑传染性贫血症病毒感染地区或生物安全隔离区，指无HPR缺失型鲑传染性贫血症病毒感染，但不一定无HPR0型鲑传染性贫血症病毒感染。

一个地区或生物安全隔离区如跨越多个国家，则只有当所有国家的主管部门均确认符合相关条件时，才能宣告为无HPR缺失型鲑传染性贫血症病毒感染地区或生物安全隔离区。

根据第1.4.6条，未宣告为无HPR缺失型鲑传染性贫血症病毒感染的一国或多国境内的地区或生物安全隔离区如符合下列要求，相关国家的主管部门可宣告无HPR缺失型鲑传染性贫血症病毒感染：

1）　地区或生物安全隔离区存在第10.4.2条所列易感物种，但满足下列条件：

　　a）　尽管存在引发该病临诊症状的条件（如《水生手册》相应章节所述），但至少过去十年未发生HPR缺失型鲑传染性贫血症病毒感染；且

　　b）　至少最近十年持续满足基本生物安保条件。

或

2）　开展目标监测前HPR缺失型鲑传染性贫血症病毒感染状态不明，但符合以下条件：

　　a）　至少最近两年持续满足基本生物安保条件；且

　　b）　根据本法典第1.4章进行目标监测，至少最近两年未检测到HPR缺失型鲑传染性贫血症病毒；

或

3）　曾自行宣告无HPR缺失型鲑传染性贫血症病毒感染，之后因检测到HPR缺失型鲑传染性贫血症病毒而失去其无疫状态资格，则只有在满足以下条件时，方可重新宣告无HPR缺失型鲑传染性贫血症病毒感染：

　　a）　检测到HPR缺失型鲑传染性贫血症病毒后，宣布感染地区为疫区，并设立保护区；且

　　b）　销毁或清除疫区内的感染动物，最大限度地降低疫病进一步蔓延的风险，并已采取适当的消毒措施（详见第4.3章）；

　　c）　审查之前的基本生物安保条件并加以必要修订，且根除HPR缺失型鲑传染性贫血症病毒感染后，继续保持基本生物安保条件；且

　　d）　按照本法典第1.4章进行目标监测，至少最近两年未检测到HPR缺失型鲑传染性贫血症病毒。

第10.4.8条

维持鲑传染性贫血症病毒感染无疫状态

本条所涉无鲑传染性贫血症病毒感染的国家、地区或生物安全隔离区，指无任何可检测到的鲑传染性贫血症病毒，包括HPR0型鲑传染性贫血症病毒。

国家、地区或生物安全隔离区如遵照第10.4.4条第1）点或第10.4.6条（如适用）的相关规定宣告为无鲑传染性贫血症病毒感染，且持续采取基本生物安保措施，则可维持其无疫状态。

遵照第10.4.4条第2）点或第10.4.6条（如适用）相关规定宣告为无鲑传染性贫血症病毒感染的国家、地区或生物安全隔离区，如按照水生动物卫生机构根据感染发生概率确定的监测水平持续进行目标监测，并持续保持基本生物安保条件，则可维持其无疫状态。

第10.4.9条

维持无HPR缺失型鲑传染性贫血症病毒感染状态

本条所涉无HPR缺失型鲑传染性贫血症病毒感染的地区或生物安全隔离区，指无HPR缺失型鲑传染性贫血症病毒感染，但不一定无HPR0型鲑传染性贫血症病毒感染。

国家、地区或生物安全隔离区遵照第10.4.5条第1）点、第2）点或第10.4.7条（如适用）相关规定宣告为无HPR缺失型鲑传染性贫血症病毒感染，且持续采取基本生物安保措施，则可维持其无疫状态。

根据第10.4.5条第3点或第10.4.7条（如适用）相关规定宣告为无HPR缺失型鲑传染性贫血症病毒感染的国家、地区或生物安全隔离区，如存在《水生手册》相应章节描述的HPR缺失型鲑传染性贫血症病毒感染临诊症状的诱发条件，并持续保持基本生物安保条件，则可中断目标监测，并维持其无疫状态。

然而，在感染国家内宣告为无鲑传染性贫血症病毒感染的地区或生物安全隔离区，如不具备有利于诱发HPR缺失型鲑传染性贫血症病毒感染临诊症状的条件，则应继续进行目标监测，并由水生动物卫生机构根据感染发生概率确定监测水平。

第10.4.10条

从宣告无鲑传染性贫血症病毒感染的国家、地区或生物安全隔离区进口水生动物或水生动物产品

本条所涉无鲑传染性贫血症病毒感染的国家、地区或生物安全隔离区，包括无HPR缺失型和无

HPR0型鲑传染性贫血症病毒感染。

从宣告无鲑传染性贫血症病毒感染的国家、地区或生物安全隔离区进口第10.4.2条所列水生动物或相关水生动物产品时，进口国主管部门应要求货物随附出口国主管部门签发的国际水生动物卫生证书。国际水生动物卫生证书应按照第10.4.4条或第10.4.6条（如适用）和第10.4.8条所述程序，注明水生动物或水生动物产品产地是宣告无鲑传染性贫血症病毒感染的国家、地区或生物安全隔离区。

国际水生动物卫生证书应符合本法典第5.11章所示证书范本格式。

本条不适用于第10.4.3条第1）点所列水生动物产品。

第10.4.11条

从宣告无HPR缺失型鲑传染性贫血症病毒感染的国家、地区或生物安全隔离区进口水生动物或水生动物产品

本条所涉无HPR缺失型鲑传染性贫血症病毒感染的国家、地区或生物安全隔离区，指无HPR缺失型鲑传染性贫血症病毒感染，但不一定无HPR0型鲑传染性贫血症病毒感染。

从宣告无HPR缺失型鲑传染性贫血症病毒感染的国家、地区或生物安全隔离区进口第10.4.2条所列水生动物或相关水生动物产品时，进口国主管部门应要求货物随附出口国主管部门签发的国际水生动物卫生证书。国际水生动物卫生证书应按照第10.4.5条或第10.4.7条（如适用）和第10.4.9条所述程序，注明水生动物或水生动物产品产地是宣告无HPR缺失型鲑传染性贫血症病毒感染的国家、地区或生物安全隔离区。

国际水生动物卫生证书应符合本法典第5.11章所示证书范本格式。

本条不适用于第10.4.3条第1）点所列水生动物产品。

第10.4.12条

为水产养殖从未宣告无鲑传染性贫血症病毒感染国家、地区或生物安全隔离区进口水生动物

本条所涉鲑传染性贫血症病毒感染，指任何可检测到的鲑传染性贫血症病毒，包括HPR0型鲑传染性贫血症病毒。

为水产养殖从未宣告无鲑传染性贫血症病毒感染的国家、地区或生物安全隔离区进口第10.4.2条所列水生动物时，进口国主管部门应根据第2.1章的规定进行风险评估，并考虑采取以下第1）点和第2）点措施减少风险：

1）　如引进水生动物用于养成和收获，应考虑采取以下措施：

　　a）　直接将进口水生动物运至隔离检疫设施内，直至养成；且

b） 离开隔离检疫设施前（在原设施或通过生物安保运输方式移至另一隔离检疫设施），将水生动物宰杀并加工成第10.4.3条第1）点所述的一种或多种水生动物产品或主管部门授权的其他产品；且

c） 根据第4.3章、第4.7章和第5.5章的要求对运输用水、设备、废水和废弃物进行处理，确保灭活鲑传染性贫血症病毒。

或

2） 如引进目的是建立一个新种群，应考虑采取以下措施：

a） 出口国：

ⅰ） 确定可能的源种群，并评估其水生动物卫生记录；

ⅱ） 根据第1.4章对源种群进行检测，挑选出相应卫生水平最高的水生动物作为原代种群（F–0）。

b） 进口国：

ⅰ） 进口F–0群并运至隔离检疫设施中；

ⅱ） 按照第1.4章检测F–0种群的鲑传染性贫血症病毒感染情况，确定是否适合作为种用；

ⅲ） 在隔离条件下繁殖第一代（F–1代）；

ⅳ） 在隔离检疫设施中饲养F–1代，饲养时间和条件足以使鲑传染性贫血症病毒感染动物出现症状，根据本法典第1.4章和《水生手册》第2.3.5章进行采样并检测鲑传染性贫血症病毒；

ⅴ） 如在F–1代中未检测到鲑传染性贫血症病毒，则可判定为无鲑传染性贫血症病毒感染，并可解除隔离检疫；

ⅵ） 如在F–1代中检测到鲑传染性贫血症病毒，则不能解除隔离检疫，并应按照第4.7章以生物安保方式进行扑杀和处置。

第10.4.13条

为食品加工从未宣告无鲑传染性贫血症病毒感染的国家、地区或生物安全隔离区进口水生动物或水生动物产品

本条所涉鲑传染性贫血症病毒感染，指任何可检测到的鲑传染性贫血症病毒，包括HPR0型鲑传染性贫血症病毒。

为食品加工从未宣告无鲑传染性贫血症病毒感染的国家、地区或生物安全隔离区进口第10.4.2条所列水生动物或相关水生动物产品时，进口国主管部门应进行风险评估，如有必要应要求：

1） 直接将货物运至隔离检疫设施中，直至加工成第10.4.3条第1）点或10.4.16条第1）点所列产品，或由主管部门批准的其他产品；且

2）妥善处理运输用水（包括冰）、设备、容器和包装材料，确保灭活鲑传染性贫血症病毒，或按照第4.3章、第4.7章和第5.5章进行生物安保处理；且

3）妥善处理加工过程中产生的所有污水和废弃物，确保灭活鲑传染性贫血症病毒，或按照第4.3章、第4.7章进行生物安保处理。

对于此类水生动物或水生动物产品，成员可考虑采取适应本土情况的措施，防控除人类食品外与其他用途相关的风险。

第10.4.14条

从未宣告无鲑传染性贫血症病毒感染的国家、地区或生物安全隔离区进口水生动物或水生动物产品，用于除食品加工外其他用途（如动物饲料、农业、工业、科研或制药）

本条所涉鲑传染性贫血症病毒感染，指任何可检测到的鲑传染性贫血症病毒，包括HPR0型鲑传染性贫血症病毒。

从未宣告无鲑传染性贫血症病毒感染的国家、地区或生物安全隔离区进口第10.4.2条所列水生动物或相关水生动物产品，用于除食品加工外其他用途（如动物饲料、农业、工业、科研或制药等），进口国主管部门应要求：

1）直接将货物运至隔离检疫设施中，直至加工成第10.4.3条第1）点所列或其他由主管部门批准的产品；且

2）妥善处理运输用水（包括冰）、设备、容器和包装材料，确保灭活鲑传染性贫血症病毒，或按照第4.3章、第4.7章和第5.5章进行生物安保处理；且

3）妥善处理加工过程中产生的所有污水和废弃物，确保灭活鲑传染性贫血症病毒，或按照第4.3章、第4.7章进行生物安保处理。

第10.4.15条

从未宣告无鲑传染性贫血症病毒感染的国家、地区或生物安全隔离区进口水生动物用于实验室或动物园

本条所涉鲑传染性贫血症病毒感染，包括HPR缺失型鲑传染性贫血症病毒和HPR0型鲑传染性贫血症病毒。

从未宣告无鲑传染性贫血症病毒感染的国家、地区或生物安全隔离区进口第10.4.2条所列水生动物用于实验室或动物园时，进口国主管部门应确认：

1）直接将货物运至主管部门批准的检疫设施，并在检疫设施中养殖；且

2）　妥善处理运输用水（包括冰）、设备、容器和包装材料，确保灭活鲑传染性贫血症病毒，或按照第4.3章、第4.7章和第5.5章进行生物安保处理；且

3）　妥善处理加工过程中产生的所有污水和废弃物，确保灭活鲑传染性贫血症病毒，或按照第4.3章、第4.7章进行生物安保处理；且

4）　按照第4.7章对动物残骸进行处置。

第10.4.16条

为食品零售从无论是否存在鲑传染性贫血症病毒感染的国家、地区或生物安全隔离区进口或过境转运水生动物产品

本条所涉鲑传染性贫血症病毒感染，包括HPR缺失型鲑传染性贫血症病毒和HPR0型鲑传染性贫血症病毒。

1）　审批进口或过境转运符合本法典第5.4.2条规定的已加工成零售包装的鱼片或鱼排（冷冻或冷藏）时，无论出口国、地区或生物安全隔离区的鲑传染性贫血症病毒感染状态如何，主管部门均不应提出任何与之相关的要求。

评估上述水生动物产品安全性时做出了一些假设，成员应参阅本法典第5.4.2条所述假设，并考虑其是否适用于本国国情。

对于此类水生动物或水生动物产品，成员可考虑采取适应本土情况的措施，防控除人类食品外与其他用途相关的风险。

2）　从未宣告无鲑传染性贫血症病毒感染的国家、地区或生物安全隔离区进口除上述第1）点以外第10.4.2条所列水生动物衍生产品时，进口国主管部门应进行风险评估，并采取适当的风险缓解措施。

第10.4.17条

为水产养殖从未宣告无鲑传染性贫血症病毒感染的国家、地区或生物安全隔离区进口消毒卵

本条所涉鲑传染性贫血症病毒感染，指任何可检测到的鲑传染性贫血症病毒，包括HPR0型鲑传染性贫血症病毒。

1）　为水产养殖从未宣告无鲑传染性贫血症病毒感染的国家、地区或生物安全隔离区进口第10.4.2条所列物种的消毒卵时，进口国主管部门至少应评估以下相关风险：

a）　鱼卵消毒用水的鲑传染性贫血症病毒感染情况；

　　b）　亲鱼鲑传染性贫血症病毒感染的流行情况；

　　c）　消毒用水的温度和pH。

2）　如进口国主管部门认为适于进口，则应采取以下降低风险的措施，包括：

　　a）　进口前应按照《水生手册》第4.4章推荐的方法或进口国主管部门规定的方法对鱼卵进行消毒；

　　b）　在消毒和进口期间，鱼卵不得接触任何可能影响其卫生状态的物品；

　　主管部门可考虑采取适应本土情况的措施，如到达进口国时对鱼卵重新消毒。

3）　为水产养殖从未宣告无鲑传染性贫血症病毒感染的国家、地区或生物安全隔离区进口第10.4.2条所列物种的消毒卵时，进口国主管部门应要求货物随附由出口国主管部门签发的国际水生动物卫生证书，证明已履行本条第2）点所述程序。

―――――――――――――

注：于1995年首次通过，于2019年最新修订。

第10.5章　鲑甲病毒感染

Infection with Salmonid alphavirus

第10.5.1条

本法典中，鲑甲病毒（Salmonid alphavirus）感染指由致病性鲑甲病毒的任何亚型所引起的感染，该病毒属于披膜病毒科（Togaviridae）甲病毒属（*Alphavirus*）。

诊断方法参见《水生手册》。

第10.5.2条

范围

本章的建议适用于符合本法典第1.5章易感物种界定标准的下列物种：北极红点鲑（*Salvelinus alpinus*）、大西洋鲑（*Salmo salar*）、欧洲黄盖鲽（*Limanda limanda*）、虹鳟（*Onchorynchus mykiss*）。

第10.5.3条

为任何用途从无论是否存在鲑甲病毒感染的国家、地区或生物安全隔离区进口或过境转运水生动物产品

1) 审批为任何用途而进口或过境转运第10.5.2条所列物种并符合本法典第5.4.1条规定的下列水生动物产品时，无论出口国、地区或生物安全隔离区内鲑甲病毒感染状态如何，主管部门均不应提出任何与之相关的要求：

   a) 经高温灭菌并密封包装的鱼产品（即经121℃热处理至少3.6分钟或其他任何已证明可灭活鲑甲病毒的时间/温度等效处理）；

   b) 经巴氏消毒法90℃热处理至少10分钟的鱼产品（或其他任何已证明可灭活鲑甲病毒的时间/温度等效处理）；

   c) 经机械干燥处理并去除内脏的鱼（即经100℃热处理至少30分钟或其他任何已证明可灭活鲑甲病毒的时间/温度等效处理）；

d）　鱼油；

e）　鱼粉；

f）　鱼皮革。

2）　审批进口或过境转运第10.5.2条所列物种水生动物产品时，除第10.5.3条第1）点所列产品外，主管部门应要求符合第10.5.7条至第10.5.12条与出口国、地区或生物安全隔离区内鲑甲病毒感染状态相关的规定。

3）　考虑进口或过境转运第10.5.2条所列物种以外的水生动物产品时，如有合理理由认为可能会构成鲑甲病毒感染传播风险，进口国主管部门应按照本法典第2.1章的建议进行风险分析，并将结果告知出口国主管部门。

第10.5.4条

无鲑甲病毒感染的国家

某国如与一国或多国共享某水域，则只有共享水体所涉及的国家或地区均宣告无鲑甲病毒感染时，该国方可自行宣告无鲑甲病毒感染（参见第10.5.5条）。

根据第1.4.6条所述，一个国家如符合下列要求，则可自行宣告无鲑甲病毒感染：

1）　不存在第10.5.2条所列易感物种，且至少最近两年持续满足基本生物安保条件。

或

2）　存在第10.5.2条所列易感物种，但符合下列条件：

a）　尽管存在引发该病临诊表现的条件（如《水生手册》相应章节所述），但至少最近十年未发生鲑甲病毒感染；且

b）　至少最近十年持续满足基本生物安保条件。

或

3）　开展目标监测前疫病状态不明，但符合以下条件：

a）　至少最近两年持续满足基本生物安保条件；且

b）　根据本法典第1.4章实行目标监测，至少最近两年未检测到鲑甲病毒感染。

或

4）　曾自行宣告无鲑甲病毒感染，之后因检测到鲑甲病毒而失去其无疫状态资格，则只有符合以下条件后，方可重新自行宣告无鲑甲病毒感染：

a）　检测到鲑甲病毒后，宣布感染地区为疫区，并设立保护区；且

b）　销毁或清除疫区内的感染动物，最大限度地降低疫病进一步蔓延的风险，并已采取适当的消毒措施（详见第4.3章）；且

c）　审查此前的基础生物安保措施并加以必要修订，且根除鲑甲病毒感染后，继续保持基本生

物安保条件；且

d) 根据本法典第1.4章实行目标监测，至少最近两年未检测到鲑甲病毒感染。

同时，未受影响的部分或全部地区如符合第10.5.5条第3）点的规定，则可宣告为无鲑甲病毒感染地区。

第10.5.5条

无鲑甲病毒感染地区或生物安全隔离区

一个地区或生物安全隔离区如跨越多个国家，则只有当所有相关国家的主管部门均确认符合条件时，才能宣告为无鲑甲病毒感染地区或生物安全隔离区。

根据第1.4.6条所述，在下列情况下，位于未宣告无鲑甲病毒感染的一国或多国境内的地区或生物安全隔离区，可由相关国家主管部门宣告其为无感染：

1) 地区或生物安全隔离区内不存在第10.5.2条所列易感物种，且至少最近两年持续满足基本生物安保条件。

或

2) 地区或生物安全隔离区内存在第10.5.2条所列易感物种，但满足以下条件：

    a) 尽管存在引发该病临诊表现的条件（如《水生手册》相应章节所述），但至少最近十年未发生鲑甲病毒感染；且

    b) 至少最近十年持续满足基本生物安保条件。

或

3) 开展目标监测前疫病状态不明，但符合以下条件：

    a) 至少最近两年内持续满足基本生物安保条件；且

    b) 根据本法典第1.4章进行目标监测，至少最近两年未检测到鲑甲病毒感染。

或

4) 某地区曾自行宣告无鲑甲病毒感染，之后因检测到鲑甲病毒感染而失去其无疫状态资格，则只有符合以下条件后，方可重新自行宣告无鲑甲病毒感染：

    a) 检测到鲑甲病毒感染后，宣告感染地区为疫区，并设立保护区；且

    b) 销毁或清除疫区内的感染动物，最大限度地降低疫病进一步蔓延的风险，并已采取适当的消毒措施（详见第4.3章）；且

    c) 审查此前的基本生物安保措施并加以必要修订，且根除鲑甲病毒感染后，继续保持基本生物安保条件；且

    d) 根据本法典第1.4章进行目标监测，至少最近两年未检测到鲑甲病毒感染。

第10.5.6条

维持无疫状态

国家、地区或生物安全隔离区如遵照第10.5.4条第1）点或第2）点或10.5.5条的相关规定宣告为无鲑甲病毒感染，且持续采取基本生物安保措施，则可维持鲑甲病毒感染无疫状态。

根据第10.5.4条第3）点或10.5.5条相关规定宣告无鲑甲病毒感染的国家、地区或生物安全隔离区，如存在《水生手册》相应章节所述诱发鲑甲病毒感染临诊症状的条件，并持续保持基本生物安保条件，则可中断目标监测，并维持鲑甲病毒感染无疫状态。

然而，在感染国家内宣告为无鲑甲病毒感染的地区或生物安全隔离区，如不具备有利于诱发鲑甲病毒感染临诊症状的条件，则应继续实行目标监测，并由水生动物卫生机构根据感染发生概率确定监测水平。

第10.5.7条

从宣告无鲑甲病毒感染的国家、地区或生物安全隔离区进口水生动物或水生动物产品

从宣告无鲑甲病毒感染的国家、地区或生物安全隔离区进口第10.5.2条所列水生动物或相关水生动物产品时，进口国主管部门应要求货物随附出口国主管部门签发的国际水生动物卫生证书。国际水生动物卫生证书应按照第10.5.4条或第10.5.5条（如适用）和第10.5.6条所述程序，注明水生动物或水生动物产品产地是宣告无鲑甲病毒感染的国家、地区或生物安全隔离区。

证书应符合本法典第5.11章所示证书范本格式。

本条不适用于第10.5.3条第1）点所列商品。

第10.5.8条

为水产养殖从未宣告无鲑甲病毒感染的国家、地区或生物安全隔离区进口水生动物

为水产养殖从未宣告无鲑甲病毒感染的国家、地区或生物安全隔离区进口第10.5.2条所列水生动物时，进口国主管部门应根据第2.1章的规定进行风险评估，并考虑采取以下第1）点和第2）点措施减少风险：

1）　如引进水生动物用于养成及收获，应考虑采取以下措施：

    a）　直接将进口水生动物运至隔离检疫设施内，直至养成；且

    b）　离开隔离检疫设施前（在原设施或通过生物安保方式运输移至另一隔离检疫设施），将水生动物宰杀并加工成第10.5.3条第1）点所述的一种或多种水生动物产品或主管部门授权的

其他产品；且

c）根据第4.3章、第4.7章、第5.5章的要求对运输用水、设备、废水和废弃物进行处理，确保灭活鲑甲病毒。

或

2）如引进目的是建立一个新种群，应考虑采取以下措施：

  a）出口国：

    ⅰ）确定可能的源种群，并评估其水生动物卫生记录；

    ⅱ）根据第1.4章的要求检测源种群，挑选出相应卫生水平最高的水生动物作为原代种群（F-0）。

  b）进口国：

    ⅰ）进口F-0群并运至隔离检疫设施中；

    ⅱ）根据1.4章的要求检测F-0群是否感染鲑甲病毒，确定是否适合作为种用；

    ⅲ）在隔离条件下繁殖第一代（F-1）；

    ⅳ）在隔离检疫设施中饲养F-1代，饲养时间和条件足以使鲑甲病毒感染动物出现症状，根据本法典1.4章及《水生手册》第2.3.6章采样并检测鲑甲病毒；

    ⅴ）如在F-1代中未检测到鲑甲病毒感染，则可判定为无鲑甲病毒感染，可解除隔离；

    ⅵ）如在F-1代中检测到鲑甲病毒感染，则不能解除隔离，并应按照第4.7章以生物安保方式进行扑杀和处置。

第10.5.9条

为食品加工从未宣告无鲑甲病毒感染的国家、地区或生物安全隔离区进口水生动物或水生动物产品

为食品加工从未宣告无鲑甲病毒感染的国家、地区或生物安全隔离区进口第10.5.2条所列水生动物或相关水生动物产品时，进口国主管部门应进行风险评估，如有必要应要求：

1）直接将货物运至隔离检疫设施中，直至加工成第10.5.3条第1）点或第10.5.12条第1）点所列产品，或由主管部门批准的其他产品；且

2）妥善处理运输用水（包括冰）、设备、容器和包装材料，确保灭活鲑甲病毒，或按照第4.3章、第4.7章和第5.5章进行生物安保处理；且

3）妥善处理加工过程中产生的所有污水和废弃物，确保灭活鲑甲病毒，或按照第4.3章、第4.7章进行生物安保处理。

对于此类水生动物或水生动物产品，成员可考虑采取适应本土情况的措施，防控除人类食品外与其他用途相关的风险。

第10.5.10条

从未宣告无鲑甲病毒感染的国家、地区或生物安全隔离区进口水生动物或水生动物产品，用于除食品加工外其他用途（如动物饲料、农业、工业、科研或制药）

从未宣告无鲑甲病毒感染的国家、地区或生物安全隔离区进口第10.5.2条所列水生动物或相关水生动物产品，用于除食品加工外其他用途（如动物饲料、农业、工业、科研或制药等），进口国主管部门应要求：

1）　直接将货物运至隔离检疫设施中，直至加工成第10.5.3条第1）点或其他由主管部门批准的产品；且

2）　妥善处理运输用水（包括冰）、设备、容器和包装材料，确保灭活鲑甲病毒，或按照第4.3章、第4.7章和第5.5章进行生物安保处理；且

3）　妥善处理加工过程中产生的所有污水和废弃物，确保灭活鲑甲病毒，或按照第4.3章、第4.7章进行生物安保处理。

第10.5.11条

从未宣告无鲑甲病毒感染的国家、地区或生物安全隔离区进口水生动物用于实验室或动物园

从未宣告无鲑甲病毒感染的国家、地区或生物安全隔离区进口第10.5.2条所列水生动物用于实验室或动物园时，进口国主管部门应保障：

1）　直接将货物运至主管部门批准的隔离检疫设施，并保存其中；且

2）　妥善处理运输用水（包括冰）、设备、容器和包装材料，确保灭活鲑甲病毒，或按照第4.3章、第4.7章和第5.5章进行生物安保处理；且

3）　妥善处理加工过程中产生的污水和废弃物，确保灭活鲑甲病毒，或按照第4.3章和第4.7章进行生物安保处理；且

4）　按照第4.7章对动物残骸进行处置。

第10.5.12条

为食品零售从无论是否存在鲑甲病毒感染的国家、地区或生物安全隔离区进口或过境转运水生动物产品

1）　审批进口或过境转运符合本法典第5.4.2条规定的已加工成零售包装的鱼片或鱼排（冷冻）时，

无论出口国、地区或生物安全隔离区内鲑甲病毒感染状态如何，主管部门均不应提出任何与之相关的要求。

评估上述水生动物产品安全性时做出了一些假设，成员应参阅本法典第5.4.2条所述假设，并考虑其是否适用于本国国情。

对于此类水生动物产品，成员可考虑采取相应的国内措施加以解决，防控除人类食品外与其他用途相关的风险。

2）从未宣告无鲑甲病毒感染的国家、地区或生物安全隔离区进口除上述第1）点规定外第10.5.2条所列水生动物衍生产品时，进口国主管部门应进行风险评估，并采取适当的风险缓解措施。

第10.5.13条

为水产养殖从未宣告无鲑甲病毒感染的国家、地区或生物安全隔离区进口消毒卵

1）为水产养殖从未宣告无鲑甲病毒感染的国家、地区或生物安全隔离区进口第10.5.2条所列物种的消毒卵时，进口国主管部门应进行风险评估，至少包括：

a）鱼卵消毒用水鲑甲病毒感染情况；

b）产卵亲鱼的鲑甲病毒感染水平；

c）消毒用水的温度和pH。

2）如进口国主管部门认为适于进口，应采取以下降低风险的措施，包括：

a）进口前应根据本法典第4.4章的建议或进口国主管部门规定的方法对鱼卵进行消毒；

b）在消毒和进口期间，鱼卵不得接触可能影响其卫生状态的任何物品。

进口国主管部门可考虑采取适应本土情况的措施，如对鱼卵重新进行消毒等。

3）为水产养殖从未宣告无鲑甲病毒感染的国家、地区或生物安全隔离区进口第10.5.2条所列物种的消毒卵时，进口国主管部门应要求货物随附出口国主管部门签发的国际水生动物卫生证书，证明已执行本条第2）点所述程序。

———————————

注：于2014年首次通过，于2019年最新修订。

第10.6章 传染性造血器官坏死病毒感染

Infectious with infectious haematopoietic necrosis virus

第10.6.1条

本法典中，传染性造血器官坏死病毒感染指由鲑科鱼粒外弹状病毒［又称传染性造血器官坏死病毒（Infectious haematopoietic necrosis virus，IHNV）］引发的感染，该病毒属于弹状病毒科（Rhabdoviridae）粒外弹状病毒属（Novirhabdovirus）。

诊断方法参见《水生手册》。

第10.6.2条

范围

本章的建议适用于符合本法典第1.5章易感物种界定标准的下列物种：北极红点鲑（Salvelinus alpinus）、大西洋鲑（Salmo salar）、溪红点鲑（Salvelinus fontinalis）、褐鳟（Salmo trutta）、大鳞大马哈鱼（Oncorhynchus tshawytscha）、大马哈鱼（Oncorhynchus keta）、银鲑（Oncorhynchus kisutch）、切喉鳟（Onchorynchus clarkii）、湖红点鲑（Salvelinus namaycush）、马苏大马哈鱼（Oncorhynchus masou）、大理石鳟（Salmo marmoratus）、白斑狗鱼（Esox lucius）、虹鳟（Oncorhynchus mykiss）以及红大马哈鱼（Oncorhynchus nerka）。

第10.6.3条

为任何用途而从无论是否存在传染性造血器官坏死病毒感染的国家、地区或生物安全隔离区进口或过境转运水生动物产品

1）审批为任何用途而进口或过境转运第10.6.2条所列水生动物且符合本法典第5.4.1条规定的下列水生动物产品时，无论出口国、地区或生物安全隔离区的传染性造血器官坏死病毒感染状态如何，主管部门均不应提出任何与之相关的要求：

a）经高温加热消毒并密封包装的鱼产品（即121℃热处理至少3.6分钟或已证明可灭活传染性

造血器官坏死病毒的时间/温度等效处理）；

b） 经巴氏消毒法90℃热处理至少10分钟的鱼产品（或已证实可灭活传染性造血器官坏死病毒的时间/温度等效处理）；

c） 经机械干燥处理并去除内脏的鱼（即100℃热处理至少30分钟或已证实可灭活传染性造血器官坏死病毒的时间/温度等效处理）；

d） 鱼油；

e） 鱼粉；

f） 鱼皮革。

2） 审批进口或过境转运第10.6.2条所列物种水生动物产品时，除第10.6.3条第1）点所列产品外，主管部门应要求符合第10.6.7条至第10.6.13条规定的有关出口国、地区或生物安全隔离区传染性造血器官坏死病毒感染状态的相关规定；

3） 考虑进口或过境转运第10.6.2条所列物种以外的水生动物产品时，如有合理理由认为可能构成传染性造血器官坏死病毒感染传播风险，主管部门应按照本法典第2.1章的建议进行风险分析，并将结果告知出口国主管部门。

第10.6.4条

无传染性造血器官坏死病毒感染国家

某国如与一国或多国共享某水域，则只有共享水体所涉及的国家或地区均宣告无传染性造血器官坏死病毒感染时，该国方可自行宣告无传染性造血器官坏死病毒感染（参见第10.6.5条）。

根据第1.4.6条，一个国家如符合下列要求，则可自行宣告无传染性造血器官坏死病毒感染。

1） 不存在第10.6.2条所列易感物种，且至少最近两年持续满足基本生物安保条件。

或

2） 存在第10.6.2条所列易感物种，但符合以下条件：

a） 尽管存在引发该病临诊表现的条件（如《水生手册》相应章节所述），但至少最近十年未发生传染性造血器官坏死病毒感染；且

b） 至少最近十年持续满足基本生物安保条件。

或

3） 开展目标监测前传染性造血器官坏死病毒感染状态不明，但符合以下条件：

a） 至少最近两年持续满足基本生物安保条件；且

b） 按照本法典第1.4章进行目标监测，至少最近两年未检测到传染性造血器官坏死病毒。

或

4） 曾自行宣告无传染性造血器官坏死病毒感染，之后因检测到传染性造血器官坏死病毒而失去

其无疫状态资格，则只有在满足以下条件时，方可重新自行宣告无传染性造血器官坏死病毒感染：

a）　检测到传染性造血器官坏死病毒后，宣布感染地区为疫区，并设立保护区；且

b）　销毁或清除疫区内的感染动物，最大限度地降低疫病进一步蔓延的风险，并已采取适当的消毒措施（详见第4.3章）；且

c）　审查之前的基本生物安保条件并加以必要修订，且根除传染性造血器官坏死病毒感染后，继续保持基本生物安保条件；且

d）　按照本法典第1.4章进行目标监测，至少最近两年未检测到传染性造血器官坏死病毒。

同时，未受影响的部分或全部地区如符合第10.6.5条第3）点的规定，则可宣告为无疫地区。

第10.6.5条

无传染性造血器官坏死病毒感染地区或生物安全隔离区

一个地区或生物安全隔离区如跨越多个国家，则只有当所有相关国家的主管部门均确认符合相关条件时，才能宣告为无传染性造血器官坏死病毒感染的地区或生物安全隔离区。

根据第1.4.6条所述，在下列情况下，位于未宣告无传染性造血器官坏死病毒感染的一国或多国境内的地区或生物安全隔离区，可由相关国家主管部门宣告其为无感染：

1）　地区或生物安全隔离区内不存在第10.6.2条所列易感物种，且至少最近两年持续满足基本生物安保条件。

或

2）　地区或生物安全隔离区存在第10.6.2条所列易感物种，但满足以下条件：

a）　尽管存在引发该病临诊表现的条件（如《水生手册》相应章节所述），但至少最近十年未发生传染性造血器官坏死病毒感染；且

b）　至少最近十年持续满足基本生物安保条件。

或

3）　开展目标监测前传染性造血器官坏死病毒感染状态不明，但符合以下条件：

a）　至少最近两年持续满足基本生物安保条件；且

b）　按照本法典第1.4章进行目标监测，至少最近两年未检测到传染性造血器官坏死病毒。

或

4）　曾自行宣告无传染性造血器官坏死病毒感染，之后因检测到传染性造血器官坏死病毒而失去其无疫状态资格，则只有在满足以下条件时，方可重新自行宣告无传染性造血器官坏死病毒感染：

a）　检测到传染性造血器官坏死病毒后，宣布感染地区为疫区，并设立保护区；且

b）销毁或清除疫区内的感染动物，最大限度地降低疫病进一步蔓延的风险，并已采取适当的消毒措施（详见第4.3章）；且

c）审查之前的基本生物安保条件并加以必要修订，且根除传染性造血器官坏死病毒感染后，继续保持基本生物安保条件；且

d）按照本法典第1.4章进行目标监测，至少最近两年未检测到传染性造血器官坏死病毒。

第10.6.6条

维持无疫状态

国家、地区或生物安全隔离区遵照第10.6.4条第1）点、第2）点或第10.6.5条（如适用）相关规定宣告无传染性造血器官坏死病毒感染，且持续保持基本生物安保条件，即可维持其传染性造血器官坏死病毒感染无疫状态。

遵照第10.6.4条第3）点或第10.6.5条（如适用）相关规定宣告无传染性造血器官坏死病毒感染的国家、地区或生物安全隔离区，如存在《水生手册》相应章节描述的传染性造血器官坏死病毒感染临诊症状的诱发条件，并持续保持基本生物安保条件，即可中断目标监测，并维持其传染性造血器官坏死病毒感染无疫状态。

然而，在感染国家内宣告为无传染性造血器官坏死病毒感染的地区或生物安全隔离区，如不具备有利于诱发传染性造血器官坏死病毒感染临诊症状的条件，则应继续实行目标监测，并由水生动物卫生机构根据感染发生概率确定监测水平。

第10.6.7条

从宣告无传染性造血器官坏死病毒感染的国家、地区或生物安全隔离区进口水生动物或水生动物产品

从宣告无传染性造血器官坏死病毒感染的国家、地区或生物安全隔离区进口第10.6.2条所列水生动物或相关水生动物产品时，进口国主管部门应要求货物随附出口国主管部门签发的国际水生动物卫生证书。国际水生动物卫生证书应按照第10.6.4条或第10.6.5条（如适用）和第10.6.6条所述程序，注明水生动物或水生动物产品来自宣告无传染性造血器官坏死病毒感染的国家、地区或生物安全隔离区。

国际水生动物卫生证书应符合第5.11章所示证书范本格式。

本条不适用于第10.6.3条第1）点所列水生动物产品。

第10.6.8条

为水产养殖从未宣告无传染性造血器官坏死病毒感染的国家、地区或生物安全隔离区进口水生动物

为水产养殖从未宣告无传染性造血器官坏死病毒感染的国家、地区或生物安全隔离区进口第10.6.2条所列水生动物时，进口国主管部门应根据第2.1章的规定进行风险评估，并考虑采取以下第1）点和第2）点措施减少风险：

1）　如引进水生动物用于养成及收获，应考虑采取以下措施：

   a）　直接将进口水生动物运至隔离检疫设施内，直至养成；且

   b）　离开隔离检疫设施前（在原设施或通过生物安保运输方式移至另一隔离检疫设施），将水生动物宰杀并加工成第10.6.3条第1）点所述的一种或多种水生动物产品，或主管部门授权的其他产品；且

   c）　根据第4.3章、第4.7章和第5.5章的要求对运输用水、设备、废水和废弃物进行处理，灭活传染性造血器官坏死病毒。

或

2）　如引进 目的是建立一个新种群，应考虑采取下列措施：

   a）　出口国：

      ⅰ）确定可能的源种群，并评估该水生动物卫生记录；

      ⅱ）按照第1.4章对源种群进行检测，挑选出相应卫生水平最高的水生动物作为原代种群（F-0）。

   b）　进口国：

      ⅰ）进口F-0种群并运至隔离检疫设施中；

      ⅱ）按照第1.4章检测F-0种群的传染性造血器官坏死病毒感染情况，确定是否适合作为种用；

      ⅲ）在隔离条件下繁殖第一代（F-1代）；

      ⅳ）在隔离检疫设施中饲养F-1代，饲养时间和条件足以使传染性造血器官坏死病毒感染动物出现症状，并根据本法典第1.4章和《水生手册》第2.3.4章进行采样并检测传染性造血器官坏死病毒；

      ⅴ）如在F-1代中未检测到传染性造血器官坏死病毒，则可判定为无传染性造血器官坏死病毒感染，并可解除隔离；

      ⅵ）如在F-1代中检测到传染性造血器官坏死病毒，则不能解除隔离，应按照第4.7章以生物安保方式进行扑杀和处置。

第10.6.9条

为食品加工从未宣告无传染性造血器官坏死病毒感染的国家、地区或生物安全隔离区进口水生动物或水生动物产品

为食品加工从未宣告无传染性造血器官坏死病毒感染的国家、地区或生物安全隔离区进口第10.6.2条所列水生动物或相关水生动物产品时，进口国主管部门应进行风险评估，如有必要应要求：

1）直接将货物运至隔离检疫设施中，直至加工成第10.6.3条第1点或第10.6.12条第1）点所列产品，或由主管部门批准的其他产品；且

2）妥善处理运输用水（包括冰）、设备、容器和包装材料，确保灭活传染性造血器官坏死病毒，或按照第4.3章、第4.7章和第5.5章进行生物安保处理；且

3）妥善处理加工过程中产生的所有污水和废弃物，确保灭活传染性造血器官坏死病毒，或按照第4.3章和第4.7章进行生物安保处理。

对于此类水生动物或水生动物产品，成员可考虑采取适应本土情况的措施，防控除人类食品外与其他用途相关的风险。

第10.6.10条

从未宣告无传染性造血器官坏死病毒感染的国家、地区或生物安全隔离区进口水生动物或水生动物产品，用于除食品加工外其他用途（如动物饲料、农业、工业、科研或制药）

从未宣告无传染性造血器官坏死病毒感染的国家、地区或生物安全隔离区进口第10.6.2条所列水生动物或相关水生动物产品，用于除食品加工外其他用途（如动物饲料、农业、工业、科研或制药等），进口国主管部门应要求：

1）直接将货物运至隔离检疫设施中，直至加工成第10.6.3条第1）点所列或由主管部门批准的其他产品；且

2）妥善处理运输用水（包括冰）、设备、容器和包装材料，确保灭活传染性造血器官坏死病毒，或按照第4.3章、第4.7章和第5.5章进行生物安保处理；且

3）妥善处理加工过程中产生的所有污水和废弃物，确保灭活传染性造血器官坏死病毒，或按照第4.3章和第4.7章进行生物安保处理。

第10.6.11条

从未宣告无传染性造血器官坏死病毒感染的国家、地区或生物安全隔离区进口水生动物用于实验室或动物园

从未宣告无传染性造血器官坏死病毒感染的国家、地区或生物安全隔离区进口第10.6.2条所列水生动物用于实验室或动物园时，进口国主管部门应确认：

1）　直接将货物运至主管部门批准的检疫设施，并保存于其中；且

2）　妥善处理运输用水（包括冰）、设备、容器和包装材料，确保灭活传染性造血器官坏死病毒，或按照第4.3章、第4.7章和第5.5章进行生物安保处理；且

3）　妥善处理加工过程中产生的所有污水和废弃物，确保灭活传染性造血器官坏死病毒，或按照第4.3章、第4.7章进行生物安保处理；且

4）　按照第4.7章对动物残骸进行处置。

第10.6.12条

为食品零售从无论是否存在传染性造血器官坏死病毒感染的国家、地区或生物安全隔离区进口或过境转运水生动物产品

1）　审批进口或过境转运用符合本法典第5.4.2条规定的已加工成零售包装的鱼片或鱼排（冷冻或冷藏）时，无论出口国、地区或生物安全隔离区的传染性造血器官坏死病毒感染状态如何，主管部门均不应提出任何与之相关的要求。

　　评估上述水生动物产品安全性时做出了一些假设，成员应参阅本法典第5.4.2条所述假设，并考虑其是否适用于本国国情。

　　对于此类水生动物或水生动物产品，成员可考虑采取适应本土情况的措施，防控除人类食品外与其他用途相关的风险。

2）　从未宣告无传染性造血器官坏死病毒感染状态的国家、地区或生物安全隔离区进口除上述第1）点外第10.6.2条所列水生动物衍生产品时，进口国主管部门应进行风险评估，并采取适当的风险缓解措施。

第10.6.13条

为水产养殖从未宣告无传染性造血器官坏死病毒感染的国家、地区或生物安全隔离区进口消毒卵

1）为水产养殖从未宣告无传染性造血器官坏死病毒感染的国家、地区或生物安全隔离区进口第10.6.2条所列水生动物的消毒卵时，进口国主管部门至少应评估以下相关风险：

    a）鱼卵消毒用水的传染性造血器官坏死病毒感染情况；

    b）亲鱼（卵巢液和精液）传染性造血器官坏死病毒感染的流行情况；

    c）消毒用水的温度和pH。

2）进口国主管部门如认为适于进口，应采取如下降低风险的措施，包括：

    a）进口前应按照第4.4章推荐的方法或进口国主管部门规定的方法对鱼卵进行消毒；

    b）在消毒和进口期间，鱼卵不得接触任何可能影响其卫生状态的物品；

    主管部门可考虑采取适应本土情况的措施，如在到达进口国时对鱼卵重新消毒。

3）为水产养殖从未宣告无传染性造血器官坏死病毒感染的国家、地区或生物安全隔离区进口第10.6.2条所列水生动物的消毒卵时，进口国主管部门应要求货物随附由出口国主管部门签发的国际水生动物卫生证书，证明已执行本条第2）点所述程序。

注：于2000年首次通过，于2019年最新修订。

第10.7章　锦鲤疱疹病毒感染

Infection with koi herpesvirus

第10.7.1条

本法典中，锦鲤疱疹病毒（Koi herpesvirus）感染指由锦鲤疱疹病毒（KHV）引发的感染，该病毒属于鱼疱疹病毒科（Alloherpesviridac）鲤疱疹病毒属（*Cyprinivirus*）。

诊断方法参见《水生手册》。

第10.7.2条

范围

本章的建议适用于符合本法典第1.5章易感物种界定标准的下列物种：鲤（*Cyprinus carpio*）以及鲤杂交种（如*Cyprinus carpio*和*Carassius auratus*杂交）的所有品种和亚种。

第10.7.3条

为任何用途而从无论是否存在锦鲤疱疹病毒感染的国家、地区或生物安全隔离区进口或过境转运水生动物产品

1）审批为任何用途而进口或过境转运第10.7.2条所列物种且符合本法典第5.4.1条规定的下列水生动物产品时，无论出口国、地区或生物安全隔离区内锦鲤疱疹病毒感染状态如何，主管部门均不应提出任何与之相关的要求：

　　a）经高温灭菌并密封包装的鱼产品（即经121℃热处理至少3.6分钟或其他任何已证明可灭活锦鲤疱疹病毒的时间/温度等效处理）；

　　b）经巴氏消毒法90℃热处理至少10分钟的鱼产品（或其他任何已证明可灭活锦鲤疱疹病毒的时间/温度等效处理）；

　　c）经机械干燥处理的去内脏鱼产品（即经100℃热处理至少30分钟或其他任何已证明可灭活

　　　　锦鲤疱疹病毒的时间/温度等效处理）;

　　d）　鱼油;

　　e）　鱼粉。

2）　审批进口或过境转运第10.7.2条所列物种水生动物产品时，除第10.7.3条第1）点所列产品外，主管部门应要求符合第10.7.7条至第10.7.12条与出口国、地区或生物安全隔离区内锦鲤疱疹病毒感染状态相关的规定。

3）　考虑进口或过境转运第10.7.2条所列物种以外的水生动物产品时，如有合理理由认为可能构成锦鲤疱疹病毒传播风险，进口国主管部门应按照本法典第2.1章的建议进行风险分析，并将分析结果告知出口国主管部门。

第10.7.4条

无锦鲤疱疹病毒感染国家

　　某国如与一国或多国共享某水域，则只有共享水域所涉及的国家均宣告无锦鲤疱疹病毒感染时（参见第10.7.5条），该国方可自行宣告无锦鲤疱疹病毒感染。

　　根据第1.4.6条所述，一个国家如符合下列要求，则可自行宣告无锦鲤疱疹病毒感染:

1）　不存在第10.7.2条所列易感物种，且至少最近两年持续满足基本生物安保条件。

或

2）　存在第10.7.2条所列易感动物，但符合以下条件:

　　a）　尽管存在引发该病临诊表现的条件（如《水生手册》相应章节所述），但至少最近十年未发生锦鲤疱疹病毒感染；且

　　b）　至少最近十年持续满足基本生物安保条件。

或

3）　开展目标监测前疫病状态不明，但符合以下条件:

　　a）　至少最近两年持续满足基本生物安保条件；且

　　b）　参照本法典第1.4章实行目标监测，至少最近两年未检测到锦鲤疱疹病毒。

或

4）　曾自行宣告无锦鲤疱疹病毒感染，之后因检测到锦鲤疱疹病毒而失去其无疫状态资格，则只有符合以下条件后，方可重新自行宣告无锦鲤疱疹病毒感染:

　　a）　检测到锦鲤疱疹病毒后，宣布感染地区为疫区，并设立保护区；且

　　b）　销毁或清除疫区内的感染动物，最大限度地降低疫病进一步蔓延的风险，并已采取适当的消毒措施（详见第4.3章）；且

　　c）　审查此前的基础生物安保措施并加以必要修订，且根除锦鲤疱疹病毒感染后，继续保持基

本生物安保条件；且

d）参照本法典第1.4章实行目标监测，至少最近两年未检测到锦鲤疱疹病毒。

同时，未受影响的部分或全部地区如符合第10.7.5条第3）点的规定，可宣告为锦鲤疱疹病毒感染无疫区。

第10.7.5条

无锦鲤疱疹病毒感染地区或生物安全隔离区

地区或生物安全隔离区如跨越多个国家，则只有当所有相关国家的主管部门均确认符合条件时，才能宣告为无锦鲤疱疹病毒感染地区或生物安全隔离区。

根据第1.4.6条所述，在下列情况下，位于未宣告无锦鲤疱疹病毒感染的一国或多国境内的地区或生物安全隔离区，可由相关国家主管部门宣告其为无感染：

1）地区或生物安全隔离区内不存在第10.7.2条所列易感物种，且至少最近两年持续满足基本生物安保条件。

或

2）地区或生物安全隔离区内存在第10.7.2条所列易感物种，但满足以下条件：

　　a）尽管存在引发该病临诊表现的条件（如《水生手册》相应章节所述），但至少最近十年未发生锦鲤疱疹病毒感染，且

　　b）至少最近十年持续满足基本生物安保条件。

或

3）开展目标监测前疫病状态不明，但符合以下条件：

　　a）至少最近两年持续满足基本生物安保条件；且

　　b）参照本法典第1.4章实行目标监测，至少最近两年未检测到锦鲤疱疹病毒。

或

4）曾自行宣告无锦鲤疱疹病毒感染，之后因检测到锦鲤疱疹病毒而失去其无疫状态资格，则只有符合以下条件后，方可重新自行宣告无锦鲤疱疹病毒感染：

　　a）检测到锦鲤疱疹病毒后，宣告感染地区为疫区，并设立保护区；且

　　b）销毁或清除疫区内的感染动物，最大限度地降低疫病进一步蔓延的风险，并已采取适当的消毒措施（详见第4.3章）；且

　　c）审查此前的基础生物安保措施并加以必要修订，且根除锦鲤疱疹病毒感染后，继续保持基本生物安保条件；且

　　d）参照本法典第1.4章实行目标监测，至少最近两年未检测到锦鲤疱疹病毒。

第10.7.6条

维持无锦鲤疱疹病毒感染无疫状态

国家、地区或生物安全隔离区如遵照第10.7.4条第1）点、第2）点或第10.7.5条（如适用）相关规定宣告为无锦鲤疱疹病毒感染，且持续采取基本生物安保措施，则可维持无锦鲤疱疹病毒感染无疫状态。

根据第10.7.4条第3）点或第10.7.5条（如适用）相关规定宣告无锦鲤疱疹病毒感染的国家、地区或生物安全隔离区，如存在《水生手册》相应章节描述的锦鲤疱疹病毒感染临诊症状的诱发条件，并持续保持基本生物安保条件，则可中断目标监测，并维持锦鲤疱疹病毒感染无疫状态。

然而，在感染国家内宣告无锦鲤疱疹病毒感染的地区或生物安全隔离区，如不具备有利于诱发锦鲤疱疹病毒感染临诊症状的条件，则应继续实行目标监测，并由水生动物卫生机构根据感染发生概率确定监测水平。

第10.7.7条

从宣告无锦鲤疱疹病毒感染的国家、地区或生物安全隔离区进口水生动物或水生动物产品

从宣告无锦鲤疱疹病毒感染的国家、地区或生物安全隔离区进口第10.7.2条所列水生动物或相关水生动物产品时，进口国主管部门应要求货物随附出口国主管部门签发的国际水生动物卫生证书。国际水生动物卫生证书应按照第10.7.4条或第10.7.5条（如适用）和第10.7.6条所述程序，注明水生动物或水生动物产品的产地是宣告无锦鲤疱疹病毒感染的国家、地区或生物安全隔离区。

国际水生动物卫生证书应符合本法典第5.11章所示证书范本格式。

本条不适用于第10.7.3条第1）点所列水生动物产品。

第10.7.8条

为水产养殖从未宣告无锦鲤疱疹病毒感染的国家、地区或生物安全隔离区区进口水生动物

为水产养殖从未宣告无锦鲤疱疹病毒感染的国家、地区或生物安全隔离区进口第10.7.2条所列水生动物时，进口国主管部门应根据第2.1章的规定进行风险评估，并考虑采取以下第1）点和第2）点措施减少风险：

1）　如引进水生动物用于养成及收获，应考虑采取以下措施：

　　a）　直接将进口水生动物运至隔离检疫设施内，直至养成；且

　　b）　离开隔离检疫设施前（在原设施或通过生物安保运输方式移至另一隔离检疫设施），将水生动物宰杀并加工成第10.7.3条第1）点所述的一种或多种水生动物产品，或主管部门授权的其他产品；且

　　c）　根据第4.3章、第4.7章、第5.5章的要求对运输用水、设备、废水和废弃物进行处理，确保灭活锦鲤疱疹病毒。

或

2）　如引进目的是建立一个新种群，应考虑采取以下措施：

　　a）　出口国：

　　　　ⅰ）确定可能的源种群，并评估其水生动物卫生记录；

　　　　ⅱ）根据第1.4章的要求检测源种群，挑选出相应卫生水平最高的水生动物作为原代种群（F-0）。

　　b）　进口国：

　　　　ⅰ）进口F-0群并运至隔离检疫设施中；

　　　　ⅱ）根据1.4章的要求检测F-0群是否感染锦鲤疱疹病毒，确定是否适合作为种用；

　　　　ⅲ）在隔离检疫条件下繁殖第一代（F-1代）；

　　　　ⅳ）在隔离检疫设施中饲养F-1代，饲养时间和条件足以使锦鲤疱疹病毒感染动物出现症状，并根据本法典1.4章及《水生手册》第2.3.7章采样并检测锦鲤疱疹病毒；

　　　　Ⅴ）如在F-1中代未检测到锦鲤疱疹病毒，则可判定为无锦鲤疱疹病毒感染，并可解除隔离检疫；

　　　　ⅵ）如在F-1代中检测到锦鲤疱疹病毒，则不能解除隔离检疫，应按照第4.7章以生物安保方式进行扑杀和处置。

第10.7.9条

为食品加工从未宣告无锦鲤疱疹病毒感染的国家、地区或生物安全隔离区进口水生动物或水生动物产品

　　为食品加工从未宣告无锦鲤疱疹病毒感染的国家、地区或生物安全隔离区进口第10.7.2条所列水生动物或相关水生动物产品时，进口国主管部门应进行风险评估，如有必要应要求：

1）　直接将货物运至隔离检疫设施中，直至加工成第10.7.3条第1）点或10.7.12条第1）点所列产品，或由主管部门批准的其他产品；且

2）　妥善处理运输用水（包括冰）、设备、容器和包装材料，确保灭活锦鲤疱疹病毒，或按照第4.3

章、第4.7章和第5.5章进行生物安保处理；且

3）妥善处理所有污水和废弃物，确保灭活锦鲤疱疹病毒，或按照第4.3章、第4.7章进行生物安保处理。

　　对于此类水生动物或水生动物产品，成员可考虑采取适应本土情况的措施，防控除人类食品外与其他用途相关的风险。

第10.7.10条

从未宣告无锦鲤疱疹病毒感染的国家、地区或生物安全隔离区进口水生动物或水生动物产品，用于除食品加工外其他用途（如动物饲料、农业、工业、科研或制药）

　　从未宣告无锦鲤疱疹病毒感染的国家、地区或生物安全隔离区进口第10.7.2条所列水生动物或相关水生动物产品，用于除食品加工外其他用途（如动物饲料、农业、工业、科研或制药等），进口国主管部门应要求：

1）直接将货物运至隔离检疫设施中，直至加工成第10.7.3条第1）点或其他由主管部门批准的产品；且

2）妥善处理运输用水（包括冰）、设备、运输容器和包装材料，确保灭活锦鲤疱疹病毒，或按照第4.3章、第4.7章和第5.5章进行生物安保处理；且

3）妥善处理所有污水和废弃物，确保灭活锦鲤疱疹病毒，或按照第4.3章、第4.7章进行生物安保处理。

第10.7.11条

从未宣告无锦鲤疱疹病毒感染的国家、地区或生物安全隔离区进口水生动物用于实验室或动物园

　　从未宣告无锦鲤疱疹病毒感染的国家、地区或生物安全隔离区进口第10.7.2条所列水生动物用于实验室或动物园时，进口国主管部门应保障：

1）直接将货物运至主管部门批准的检疫设施，并保存于其中；且

2）妥善处理运输用水（包括冰）、设备、运输容器和包装材料，确保灭活锦鲤疱疹病毒，或按照第4.3章、第4.7章和第5.5章进行生物安保处理；且

3）妥善处理实验室或动物园检疫设施中产生的所有污水和废弃物，确保灭活锦鲤疱疹病毒，或按照第4.3章和第4.7章进行生物安保处理；且

4）按照第4.7章对动物残骸进行处置。

第10.7.12条

为食品零售无论锦鲤疱疹病毒感染状态如何的国家、地区或生物安全隔离区进口或过境转运水生动物产品

1） 审批进口或过境转运符合本法典第5.4.2条规定的已加工成零售包装的鱼片或鱼排（冷藏或冷冻）时，无论出口国、地区或生物安全隔离区内锦鲤疱疹病毒感染状态如何，主管部门均不应提出任何与之相关的要求。

　　评估上述水生动物产品安全性时做出了一些假设，成员应参阅本法典第5.4.2条所述假设，并考虑其是否适用于本国国情。

　　对于此类水生动物或水生动物产品，成员可考虑采取适应本土情况的措施，防控除人类食品外与其他用途相关的风险。

2） 从未宣告无锦鲤疱疹病毒感染的国家、地区或生物安全隔离区进口除上述第1）点规定外第10.7.2条所列水生动物衍生产品时，进口国主管部门应进行风险评估，并采取适当的风险缓解措施。

注：于2007年首次通过，于2019年最新修订。

第10.8章　真鲷虹彩病毒感染

Infection with red sea bream iridovirus

第10.8.1条

本法典中，真鲷虹彩病毒（Red sea bream iridovirus）感染指由真鲷虹彩病毒（RSIV）引发的感染，该病毒属于虹彩病毒科（Iridoviridae）肿大细胞病毒属（*Megalocytivirus*）。

诊断方法参见《水生手册》。

第10.8.2条

范围

本章中的建议适用于：真鲷（*Pagrus major*）、青甘鱼（*Seriola quinqueradiata*）、琥珀鱼（红甘鲹）（*Seriola dumerili*）、鲈（*Lateolabrax* sp.和*Lates calcarifer*）、长鳍金枪鱼（*Thunnus thynnus*）、日本纤鹦嘴鱼（条石鲷）（*Oplegnathus fasciatus*）、黄带鲹（*Caranx delicatissimus*）、鳜（*Siniperca chuatsi*）、眼斑拟石首鱼（美国红鱼）（*Sciaenops ocellatus*）、鲻（*Mugil cephalus*）和石斑鱼（*Epinephelus* spp.）。在国际贸易中，这些建议同样适用于《水生手册》中提及的任何其他易感物种。

第10.8.3条

为任何用途从无论是否存在真鲷虹彩病毒感染的国家、地区或生物安全隔离区进口或过境转运水生动物产品

1）审批进口或过境转运第10.8.2条所列物种并符合本法典第5.4.1条规定的下列水生动物产品时，无论出口国、地区或生物安全隔离区内真鲷虹彩病毒感染状态如何，主管部门均不应提出任何与之相关的要求：

　　a）经高温灭菌并密封包装的鱼产品（即经121℃热处理至少3.6分钟或其他任何已证明可灭活真鲷虹彩病毒的时间/温度等效处理）；

b ）　经巴氏消毒法90℃热处理至少10分钟的鱼产品（或其他任何已证明可灭活真鲷虹彩病毒的时间/温度等效处理）；

c ）　经机械干燥处理的去内脏鱼产品（即经100℃热处理至少30分钟或其他任何已证明可灭活真鲷虹彩病毒的时间/温度等效处理）；

d ）　鱼油；

e ）　鱼粉；

f ）　鱼皮革。

2 ）　审批进口或过境转运第10.8.2条所列物种水生动物产品时，除第10.8.3条第1）点所列产品外，主管部门应要求符合第10.8.7条至第10.8.12条与出口国、地区或生物安全隔离区内真鲷虹彩病毒感染状态相关的规定。

3 ）　考虑进口或过境转运第10.8.2条所列物种以外的水生动物产品时，如有合理理由认为可能会构成真鲷虹彩病毒传播风险，进口国主管部门应按照本法典第2.1章的建议进行风险分析，并将分析结果告知出口国主管部门。

第10.8.4条

无真鲷虹彩病毒感染国家

某国如与一国或多国共享某水域，则只有共享水体所涉及的国家或地区均宣告无锦鲤疱疹病毒感染时（参见第10.8.5条），该国方可自行宣告无真鲷虹彩病毒感染。

根据第1.4.6条所述，一个国家如符合下列要求，则可自行宣告无真鲷虹彩病毒感染：

1 ）　不存在第10.8.2条所列易感物种，且至少最近两年持续满足基本生物安保条件。

或

2 ）　存在第10.8.2条所列易感动物，但符合以下条件：

a ）　尽管存在引发该病临诊表现的条件（如《水生手册》相应章节所述），但至少最近十年未发生真鲷虹彩病毒感染；且

b ）　至少最近十年持续满足基本生物安保条件。

或

3 ）　开展目标监测前疫病状态不明，但符合以下条件：

a ）　至少最近两年持续满足基本生物安保条件；且

b ）　参照本法典第1.4章实行目标监测，至少最近两年未检测到真鲷虹彩病毒。

或

4 ）　曾自行宣告无真鲷虹彩病毒感染，之后因检测到真鲷虹彩病毒而失去其无疫状态资格，则只有符合以下条件时，方可重新自行宣告无真鲷虹彩病毒感染：

a) 检测到真鲷虹彩病毒后，宣布感染地区为疫区，并设立保护区；且

b) 销毁或清除疫区内的感染动物，最大限度地降低疫病进一步蔓延的风险，并已采取适当的消毒措施（详见第4.3章）；且

c) 审查此前的基础生物安保措施并加以必要修订，且根除真鲷虹彩病毒感染后，继续保持基本生物安保条件；且

d) 根据本法典第1.4章开展目标监测，至少最近两年未检测到真鲷虹彩病毒。

同时，未受影响的部分或全部地区如符合第10.8.5条第3）点的规定，则可宣告为无真鲷虹彩病毒感染地区。

第10.8.5条

无真鲷虹彩病毒感染地区或生物安全隔离区

一个地区或生物安全隔离区如跨越多个国家，则只有当所有相关国家的主管部门均确认符合条件时，才能宣告为无真鲷虹彩病毒感染的地区或生物安全隔离区。

根据第1.4.6条所述，在下列情况下，位于未宣告无真鲷虹彩病毒感染的一国或多国境内的地区或生物安全隔离区，可由相关国家主管部门宣告其为无感染：

1) 地区或生物安全隔离区内不存在第10.8.2条所列易感物种，且至少最近两年持续满足基本生物安保条件。

或

2) 地区或生物安全隔离区内存在第10.8.2条所列易感物种，但满足以下条件：

a) 尽管存在引发该病临诊表现的条件（如《水生手册》相应章节所述），但至少最近十年未发生真鲷虹彩病毒感染；且

b) 至少最近十年持续满足基本生物安保条件。

或

3) 开展目标监测前疫病状态不明，但符合以下条件：

a) 至少最近两年持续满足基本生物安保条件；且

b) 根据本法典第1.4章开展目标监测，至少最近两年未检测到真鲷虹彩病毒。

或

4) 某地区曾自行宣告无真鲷虹彩病毒感染，之后因检测到真鲷虹彩病毒而失去其无疫状态资格，则只有符合以下条件后，方可重新自行宣告无真鲷虹彩病毒感染：

a) 检测到真鲷虹彩病毒后，宣告感染地区为疫区，并设立保护区；且

b) 销毁或清除疫区内的感染动物，最大限度地降低疫病进一步蔓延的风险，并已采取适当的消毒措施（详见第4.3章）；且

c）　审查此前的基础生物安保措施并加以必要修订，且根除真鲷虹彩病毒感染后，继续保持基本生物安保条件；且

d）　参照本法典第1.4章实行目标监测，至少最近两年未检测到真鲷虹彩病毒。

第10.8.6条

维持无真鲷虹彩病毒感染状态

国家、地区或生物安全隔离区如遵照第10.8.4条第1）点、第2）点或第10.8.5条的相关规定宣告为无真鲷虹彩病毒感染，且持续采取基本生物安保措施，则可维持无真鲷虹彩病毒感染状态。

根据第10.8.4条第3）点或第10.8.5条相关规定宣告无真鲷虹彩病毒感染的国家、地区或生物安全隔离区，如存在《水生手册》相应章节描述的真鲷虹彩病毒感染临诊症状的诱发条件，并持续保持基本生物安保条件，则可中断目标监测，并维持真鲷虹彩病毒感染无疫状态。

然而，在感染国家内宣告无真鲷虹彩病毒感染的地区或生物安全隔离区，如不具备有利于诱发真鲷虹彩病毒感染临诊症状的条件，则应继续实行目标监测，并由水生动物卫生机构根据感染发生概率确定监测水平。

第10.8.7条

从宣告无真鲷虹彩病毒感染的国家、地区或生物安全隔离区进口水生动物或水生动物产品

从宣告无真鲷虹彩病毒感染的国家、地区或生物安全隔离区进口第10.8.2条所列水生动物或相关水生动物产品时，进口国主管部门应要求货物随附出口国主管部门签发的国际水生动物卫生证书。国际水生动物卫生证书应按照第10.8.4条或第10.8.5条（如适用）和第10.8.6条所述程序，注明水生动物或水生动物产品产地是宣告无真鲷虹彩病毒感染的国家、地区或生物安全隔离区。

国际水生动物卫生证书应符合本法典第5.11章所示证书范本格式。

本条不适用于第10.8.3条第1）点所列水生动物产品。

第10.8.8条

为水产养殖从未宣告无真鲷虹彩病毒感染的国家、地区或生物安全隔离区区进口水生动物

为水产养殖从未宣告无真鲷虹彩病毒感染的国家、地区或生物安全隔离区进口第10.8.2条所列水生动物时，进口国主管部门应根据第2.1章的规定进行风险评估，并考虑采取以下第1）点和第2）

点措施减少风险：

1) 如引进水生动物用于养成及收获，考虑采取以下措施：

　　a) 直接将进口水生动物运至隔离检疫设施内，直至养成；且

　　b) 离开隔离检疫设施前（在原设施或通过生物安保运输方式移至另一隔离检疫设施），将水生动物宰杀并加工成第10.8.3条第1)点所述的一种或多种水生动物产品或主管部门授权的其他产品；且

　　c) 根据第4.3章、第4.7章、第5.5章的要求对运输用水、设备、废水和废弃物进行处理，确保灭活真鲷虹彩病毒。

或

2) 如引进目的是建立一个新种群，应考虑采取以下措施：

　　a) 出口国：

　　　ⅰ) 确定可能的源种群，并评估其水生动物卫生记录；

　　　ⅱ) 根据第1.4章的要求检测源种群，挑选出相应卫生水平最高的水生动物作为原代种群（F-0）。

　　b) 进口国：

　　　ⅰ) 进口F-0群并运至隔离检疫设施中；

　　　ⅱ) 根据第1.4章检测F-0群是否感染真鲷虹彩病毒，确定是否适合作为种用；

　　　ⅲ) 在隔离检疫条件下繁殖第一代（F-1代）；

　　　ⅳ) 在隔离检疫设施中饲养F-1代，饲养时间和条件足以使真鲷虹彩病毒感染动物出现症状，并根据本法典第1.4章及《水生手册》第2.3.8章采样并检测真鲷虹彩病毒；

　　　ⅴ) 如在F-1代中未检测到真鲷虹彩病毒，则可判定为无真鲷虹彩病毒感染，并可解除隔离检疫；

　　　ⅵ) 如在F-1代中检测到真鲷虹彩病毒，则不能解除隔离检疫，并应按照第4.7章以生物安保方式进行扑杀和处置。

第10.8.9条

为食品加工从未宣告无真鲷虹彩病毒感染的国家、地区或生物安全隔离区进口水生动物或水生动物产品

为食品加工从未宣告无真鲷虹彩病毒感染的国家、地区或生物安全隔离区进口第10.8.2条所列水生动物或相关水生动物产品时，进口国主管部门应进行风险评估，如有必要应要求：

1) 直接将货物运至隔离检疫设施中，直至加工成第10.8.3条第1点或第10.8.12条第1)点所列产品，或由主管部门批准的其他产品；且

2）妥善处理运输用水（包括冰）、设备、容器和包装材料，确保灭活真鲷虹彩病毒，或按照第4.3章、第4.7章和第5.5章进行生物安保处理；且

3）妥善处理所有污水和废弃物，确保灭活真鲷虹彩病毒，或按照第4.3章、第4.7章进行生物安保处理。

对于此类水生动物或水生动物产品，成员可考虑采取适应本土情况的措施，防控除人类食品外与其他用途相关的风险。

第10.8.10条

从未宣告无真鲷虹彩病毒感染的国家、地区或生物安全隔离区进口水生动物或水生动物产品，用于除食品加工外其他用途（如动物饲料、农业、工业、科研或制药）

从未宣告无真鲷虹彩病毒感染的国家、地区或生物安全隔离区进口第10.8.2条所列水生动物或相关水生动物产品，用于除食品加工外其他用途（如动物饲料、农业、工业、科研或制药等），进口国主管部门应要求：

1）直接将货物运至隔离检疫设施中，直至加工成第10.8.3条第1）点或其他由主管部门批准的产品；且

2）妥善处理运输用水（包括冰）、设备、容器和包装材料，确保灭活真鲷虹彩病毒，或按照第4.3章、第4.7章和第5.5章进行生物安保处理；且

3）妥善处理所有污水和废弃物，确保灭活真鲷虹彩病毒，或按照第4.3章、第4.7章进行生物安保处理。

第10.8.11条

从未宣告无真鲷虹彩病毒感染的国家、地区或生物安全隔离区进口水生动物用于实验室或动物园

从未宣告无真鲷虹彩病毒感染的国家、地区或生物安全隔离区进口第10.8.2条所列水生动物用于实验室或动物园时，进口国主管部门应保障：

1）直接将货物运至主管部门批准的检疫设施，并保存其中；且

2）妥善处理运输用水（包括冰）、设备、容器和包装材料，确保灭活真鲷虹彩病毒，或按照第4.3章、第4.7章和第5.5章进行生物安保处理；且

3）妥善处理实验室或动物园检疫设施中产生的所有污水和废弃物，确保灭活真鲷虹彩病毒，或按照第4.3章、第4.7章进行生物安保处理；且

4） 按照第4.7章对动物残骸进行处置。

第10.8.12条

为食品零售从无论是否存在真鲷虹彩病毒感染的国家、地区或生物安全隔离区进口或过境转运水生动物产品

1） 审批进口或过境转运符合本法典第5.4.2条规定的已加工成零售包装的鱼片或鱼排（冷藏或冷冻）时，无论出口国、地区或生物安全隔离区内真鲷虹彩病毒感染状态如何，主管部门均不应提出任何与之相关的要求。

评估上述水生动物产品安全性时做出了一些假设，成员应参阅本法典第5.4.2条所述假设，并考虑是否适用于本国国情。

为了防控此类水生动物产品在除人类食品外做其他用途时带来的风险，成员可考虑采取相应的国内措施加以解决。

2） 从未宣告无真鲷虹彩病毒感染的国家、地区或生物安全隔离区进口上述第1）点外第10.8.2条所列水生动物衍生产品时，进口国主管部门应进行风险评估，并采取适当的风险缓解措施。

注：于2000年首次通过，于2019年最新修订。

第10.9章　鲤春病毒血症病毒感染

Infection with spring viraemia of carp virus

第10.9.1条

本法典中，鲤春病毒血症病毒（Spring viraemia of carp virus）感染指由鲤春病毒血症病毒（SVCV）引发的感染，该病毒属于弹状病毒科（Rhabdoviridae）春病毒属（*Sprivivirus*）。

诊断方法参见《水生手册》。

第10.9.2条

范围

本章的建议适用于符合本法典第1.5章易感物种界定标准的下列物种：鲤（*Cyprinus carpio*）、鳙（*Aristichthys nobilis*）、鲷（*Abramis brama*）、里海白鱼（*Rutilus kutum*）、黑头呆鱼（*Pimephales promelas*）、美鳊（*Notemigonus crysoleucas*）、金鱼（*Carassius auratus*）、草鱼（鲩）（*Ctenopharyngodon idellus*）、斜齿鳊（*Rutilus rutilus*）、鲇（也称为欧洲鲇或六须鲇）（*Silurus glanis*）。

第10.9.3条

为任何用途从无论是否存在鲤春病毒血症病毒感染的国家、地区或生物安全隔离区进口或过境转运水生动物产品

1）审批为任何用途而进口或过境转运第10.9.2条所列物种并符合本法典第5.4.1条规定的下列水生动物产品时，无论出口国、地区或生物安全隔离区内鲤春病毒血症病毒感染状态如何，主管部门均不应提出任何与之相关的要求：

　　a）经高温灭菌并密封包装的鱼产品（即经121℃热处理至少3.6分钟或其他任何已证明可灭活鲤春病毒血症病毒的时间/温度等效处理）；

　　b）经巴氏消毒法90℃热处理至少10分钟的鱼产品（或其他任何已证明可灭活鲤春病毒血症病

毒的时间/温度等效处理）；

    c）经机械干燥处理的去内脏鱼产品（即经100℃热处理至少30分钟或其他任何已证明可灭活鲤春病毒血症病毒的时间/温度等效处理）；

    d）鱼油；

    e）鱼粉。

2）审批进口或过境转运第10.9.2条所列物种水生动物产品时，除第10.9.3条第1）点所列产品外，主管部门应要求符合第10.9.7条至第10.9.12条与出口国、地区或生物安全隔离区内鲤春病毒血症病毒感染状态相关的规定。

3）考虑进口或过境转运第10.9.2条所列物种以外的水生动物产品时，如有合理理由认为可能会构成鲤春病毒血症病毒传播风险，进口国主管部门应按照本法典第2.1章的建议进行风险分析，并将分析结果告知出口国主管部门。

第10.9.4条

无鲤春病毒血症病毒感染国家

某国如与一国或多国共享某水域，则只有共享水体所涉及的国家或地区均宣告无鲤春病毒血症病毒感染时（参见第10.9.5条），该国方可自行宣告无鲤春病毒血症病毒感染。

根据第1.4.6条所述，一个国家如符合下列要求，则可自行宣告无鲤春病毒血症病毒感染：

1）不存在第10.9.2条所列易感物种，且至少最近两年持续满足基本生物安保条件。

或

2）存在第10.9.2条所列易感动物，但符合以下条件：

    a）尽管存在引发该病临诊表现的条件（如《水生手册》相应章节所述），但至少最近十年未发生鲤春病毒血症病毒感染；且

    b）至少最近十年持续满足基本生物安保条件。

或

3）开展目标监测前疫病状态不明，但符合以下条件：

    a）至少最近两年持续满足基本生物安保条件；且

    b）参照本法典第1.4章实行目标监测，至少最近两年未检测到鲤春病毒血症病毒。

或

4）曾自行宣告无鲤春病毒血症病毒感染，之后因检测到鲤春病毒血症病毒而失去其无疫状态资格，则只有符合以下条件后，方可重新自行宣告无鲤春病毒血症病毒感染：

    a）检测到鲤春病毒血症病毒后，宣布感染地区为疫区，并设立保护区；且

    b）销毁或清除疫区内的感染动物，最大限度地降低疫病进一步蔓延的风险，并已采取适当的

消毒措施（详见第4.3章）；且

c）审查此前的基础生物安保措施并加以必要修订，且根除鲤春病毒血症病毒感染后，继续保持基本生物安保条件；且

d）根据本法典第1.4章实行目标监测，至少最近两年未检测到鲤春病毒血症病毒。

同时，未受影响的部分或全部地区如符合第10.9.5条第3）点的规定，则可宣告为无鲤春病毒血症病毒感染地区。

第10.9.5条

无鲤春病毒血症病毒感染地区或生物安全隔离区

一个地区或生物安全隔离区如跨越多个国家，则只有当所有相关国家主管部门均确认符合条件时，才能宣告为无鲤春病毒血症病毒感染地区或生物安全隔离区。

根据第1.4.6条所述，在下列情况下，位于未宣告无鲤春病毒血症病毒感染的一国或多国境内的地区或生物安全隔离区，可由相关国家主管部门宣告其为无感染：

1）地区或生物安全隔离区内不存在第10.9.2条所列易感物种，且至少最近两年持续满足基本生物安保条件。

或

2）地区或生物安全隔离区内存在第10.9.2条所列易感物种，但满足以下条件：

a）尽管存在引发该病临诊表现的条件（如《水生手册》相应章节所述），但至少最近十年未发生鲤春病毒血症病毒感染；且

b）至少最近十年持续满足基本生物安保条件。

或

3）开展目标监测前疫病状态不明，但符合以下条件：

a）至少最近两年持续满足基本生物安保条件；且

b）参照本法典第1.4章实行目标监测，至少最近两年未检测到鲤春病毒血症病毒。

或

4）某地区曾自行宣告无鲤春病毒血症病毒感染，之后因检测到鲤春病毒血症病毒而失去其无疫状态资格，则只有在满足以下条件时，方可重新宣告无鲤春病毒血症病毒感染：

a）检测到鲤春病毒血症病毒后，宣告感染地区为疫区，并设立保护区；且

b）销毁或清除疫区内的感染动物，最大限度地降低疫病进一步蔓延的风险，并已采取适当的消毒措施（详见第4.3章）；且

c）审查此前的基础生物安保措施并加以必要修订，且根除鲤春病毒血症病毒感染后，继续保持基本生物安保条件；且

d） 根据本法典第1.4章实行目标监测，至少最近两年未检测到鲤春病毒血症病毒。

第10.9.6条

维持无疫状态

国家、地区或生物安全隔离区如遵照第10.9.4条第1）点、第2）点或第10.9.5条的相关规定宣告无鲤春病毒血症病毒感染，且持续采取基本生物安保措施，则可维持鲤春病毒血症病毒感染无疫状态。

根据第10.9.4条第3）点或第10.9.5条相关规定宣告无鲤春病毒血症病毒感染的国家、地区或生物安全隔离区，如存在《水生手册》相应章节描述的鲤春病毒血症病毒感染临诊症状的诱发条件，并持续保持基本生物安保条件，则可中断目标监测，并维持鲤春病毒血症病毒感染无疫状态。

然而，在感染国家内宣告无鲤春病毒血症病毒感染的地区或生物安全隔离区，如不具备有利于诱发鲤春病毒血症病毒感染临诊症状的条件，则应继续实行目标监测，并由水生动物卫生机构根据感染发生概率确定监测水平。

第10.9.7条

从宣告无鲤春病毒血症病毒感染的国家、地区或生物安全隔离区进口水生动物或水生动物产品

从宣告无鲤春病毒血症病毒感染的国家、地区或生物安全隔离区进口第10.9.2条所列水生动物或相关水生动物产品时，进口国主管部门应要求货物随附出口国主管部门签发的国际水生动物卫生证书。国际水生动物卫生证书应按照第10.9.4条或第10.9.5条（如适用）和第10.9.6条所述程序，注明水生动物或水生动物产品产地是宣告无鲤春病毒血症病毒感染的国家、地区或生物安全隔离区。

国际水生动物卫生证书应符合本法典第5.11章所示证书范本格式。

本条不适用于第10.9.3条第1）点所列水生动物产品。

第10.9.8条

为水产养殖从未宣告无鲤春病毒血症病毒感染的国家、地区或生物安全隔离区进口水生动物

为水产养殖从未宣告无鲤春病毒血症病毒感染的国家、地区或生物安全隔离区进口第10.9.2条

所列水生动物时，进口国主管部门应根据第2.1章的规定进行风险评估，并考虑采取以下第1）点和第2）点措施减少风险：

1）　如引进水生动物用于养成及收获，应考虑采取以下措施：

　　a）　直接将进口水生动物运至隔离检疫设施内，直至养成；且

　　b）　离开隔离检疫设施前（在原设施或通过生物安保运输方式移至另一隔离检疫设施），将水生动物宰杀并加工成第10.9.3条第1）点所述的一种或多种水生动物产品或主管部门授权的其他产品；且

　　c）　根据第4.3章、第4.7章、第5.5章的要求对运输用水、设备、废水和废弃物进行处理，确保灭活鲤春病毒血症病毒。

或

2）　如引进目的是建立一个新种群，应考虑采取以下措施：

　　a）　出口国：

　　　　ⅰ）确定可能的源种群，并评估其水生动物卫生记录；

　　　　ⅱ）根据第1.4章的要求检测源种群，挑选出相应卫生水平最高的水生动物作为原代种群（F–0）。

　　b）　进口国：

　　　　ⅰ）进口F–0群并运至隔离检疫设施中；

　　　　ⅱ）根据第1.4章检测F–0群是否感染鲤春病毒血症病毒，确定是否适合作为种用；

　　　　ⅲ）在隔离检疫条件下繁殖第一代（F–1代）；

　　　　ⅳ）在隔离检疫设施中饲养F–1代，饲养时间和条件足以使鲤春病毒血症病毒感染动物出现症状，并根据本法典第1.4章及《水生手册》第2.3.9章采样并检测鲤春病毒血症病毒；

　　　　ⅴ）如在F–1代中未检测到鲤春病毒血症病毒，则可判定为无鲤春病毒血症病毒感染，并可解除隔离检疫；

　　　　ⅵ）如在F–1代中检测到鲤春病毒血症病毒，则不能解除隔离检疫，并应按照第4.7章以生物安保方式进行扑杀和处置。

第10.9.9条

为食品加工从未宣告无鲤春病毒血症病毒感染的国家、地区或生物安全隔离区进口水生动物或水生动物产品

从未宣告无鲤春病毒血症病毒感染的国家、地区或生物安全隔离区进口第10.9.2条所列水生动物或相关水生动物产品时，进口国主管部门应进行风险评估，如有必要应要求：

1） 直接将货物运至隔离检疫设施中，直至加工成第10.9.3.条第1）点或10.9.12条第1）点所列产品，或由主管部门批准的其他产品；且

2） 妥善处理运输用水（包括冰）、设备、容器和包装材料，确保灭活鲤春病毒血症病毒，或按照第4.3章、第4.7章和第5.5章进行生物安保处理；且

3） 妥善处理所有污水和废弃物，确保灭活鲤春病毒血症病毒，或按照第4.3章、第4.7章进行生物安保处理。

对于此类水生动物或水生动物产品，成员可考虑采取适应本土情况的措施，防控除人类食品外与其他用途相关的风险。

第10.9.10条

从未宣告无鲤春病毒血症病毒感染的国家、地区或生物安全隔离区进口水生动物或水生动物产品，用于除食品加工外其他用途（如动物饲料、农业、工业、科研或制药）

从未宣告无鲤春病毒血症病毒感染的国家、地区或生物安全隔离区进口第10.9.2条所列水生动物或相关水生动物产品，用于除食品加工外其他用途（如动物饲料、农业、工业、科研或制药等），进口国主管部门应要求：

1） 直接将货物运至隔离检疫设施中，直至加工成第10.9.3条第1）点或其他由主管部门批准的产品；且

2） 妥善处理运输用水（包括冰）、设备、容器和包装材料，确保灭活鲤春病毒血症病毒，或按照第4.3章、第4.7章、第5.5章进行生物安保处理；且

3） 妥善处理所有污水和废弃物，确保灭活鲤春病毒血症病毒，或按照第4.3章、第4.7章进行生物安保处理。

第10.9.11条

从未宣告无鲤春病毒血症病毒感染的国家、地区或生物安全隔离区进口水生动物用于实验室或动物园

从未宣告无鲤春病毒血症病毒感染的国家、地区或生物安全隔离区进口第10.9.2条所列水生动物用于实验室或动物园时，进口国主管部门应保障：

1） 直接将货物运至主管部门批准的检疫设施，并保存于其中；且

2） 妥善处理运输用水（包括冰）、设备、容器和包装材料，确保灭活鲤春病毒血症病毒，或按照第4.3章、第4.7章、第5.5章进行生物安保处理；且

3）妥善处理实验室或动物园检疫设施中产生的所有污水和废弃物，确保灭活鲤春病毒血症病毒，或按照第4.3章和第4.7章进行生物安保处理；且

4）按照第4.7章对动物残骸进行处置。

第10.9.12条

为食品零售从无论是否存在鲤春病毒血症病毒感染的国家、地区或生物安全隔离区进口或过境水生动物产品

1）审批进口或过境转运符合本法典第5.4.2条规定的已加工成零售包装的鱼片或鱼排（冷藏或冷冻）时，无论出口国、地区或生物安全隔离区内鲤春病毒血症病毒感染状态如何，主管部门均不应提出任何与之相关的要求。

评估上述水生动物产品安全性时做出了一些假设，成员应参阅本法典第5.4.2条所述假设，并考虑是否适用于本国国情。

为了防控此类水生动物产品在除人类消费外做其他用途使用时带来的风险，成员可考虑采取相应的国内措施加以解决。

2）从未宣告无鲤春病毒血症病毒感染的国家、地区或生物安全隔离区进口上述第1）点外第10.9.2条所列水生动物衍生产品时，进口国主管部门应进行风险评估，并采取适当的风险缓解措施。

注：于2000年首次通过，于2019年最新修订。

第10.10章　病毒性出血性败血症病毒感染

Infection with Viral haemorrhagic septicaemia virus

第10.10.1条

本法典中，病毒性出血性败血症病毒（Viral haemorrhagic septicaemia virus）感染指由病毒性出血性败血症病毒（VHSV）引发的感染，该病毒属于弹状病毒科（Rhabdoviridae）粒外弹状病毒属（Novirhabdovirus）。

诊断方法参见《水生手册》。

第10.10.2条

范围

本章中的各项建议适用于：虹鳟（Oncorhynchus mykiss）、褐鳟（Salmo trutta）、茴鱼（Thymallus thymallus）、白鲑（Coregonus spp.）、白斑狗鱼（Esox lucius）、大菱鲆（Scophthalmus maximus）、鲱（Clupea spp.）、太平洋鲑（Oncorhynchus spp.）、大西洋鳕（Gadus morhua）、太平洋鳕（Gadus macrocephalus）、黑线鳕（Gadus aeglefinus）和黎鳕（Onos mustelus）。在国际贸易中，这些建议同样适用于《水生手册》提及的任何其他易感物种。

第10.10.3条

为任何用途从无论是否存在病毒性出血性败血症病毒感染的国家、地区或生物安全隔离区进口或过境转运水生动物产品

1) 审批为任何用途而进口或过境转运第10.10.2条所列物种并符合本法典第5.4.1条规定的下列水生动物产品时，无论出口国、地区或生物安全隔离区内病毒性出血性败血症病毒感染状态如何，主管部门均不应提出任何与之相关的要求：

　　a) 经高温灭菌并密封包装的鱼产品（即经121℃热处理至少3.6分钟或其他任何已证明可灭活病毒性出血性败血症病毒的时间/温度等效处理）；

b）经巴氏消毒法90℃热处理至少10分钟的鱼产品（或其他任何已证明可灭活病毒性出血性败血症病毒的时间/温度等效处理）；

c）经机械干燥处理的去内脏鱼（即经100℃热处理至少30分钟或其他任何已证明可灭活病毒性出血性败血症病毒的时间/温度等效处理）；

d）自然干燥的去内脏鱼（即晒干或风干）；

e）鱼油；

f）鱼粉；

g）鱼皮革。

2）审批进口或过境转运第10.10.2条所列物种水生动物产品时，除第10.10.3条第1）点所列产品外，主管部门应要求符合第10.10.7条至第10.10.13条与出口国、地区或生物安全隔离区内病毒性出血性败血症病毒感染状态相关的规定。

3）考虑进口或过境转运第10.10.2条所列物种以外的水生动物产品时，如有合理理由认为可能会构成病毒性出血性败血症病毒传播风险，进口国主管部门应按照本法典第2.1章的建议进行风险分析，并将结果告知出口国主管部门。

第10.10.4条

无病毒性出血性败血症病毒感染的国家

某国如与一国或多国共享某水域，则只有共享水体所涉及的国家或地区均宣告无病毒性出血性败血症病毒感染时（参见第10.10.5条），该国方可自行宣告无病毒性出血性败血症病毒感染。

根据第1.4.6条所述，一个国家如符合下列要求，则可自行宣告无病毒性出血性败血症病毒感染：

1）存在第10.10.2条所列易感物种，尽管存在引发临诊表现的条件（参见《水生手册》相应章节），但至少最近十年未发生病毒性出血性败血症病毒感染，且至少最近十年持续满足基本生物安保条件。

或

2）开展目标监测前疫病状态不明，但符合以下条件：

a）至少最近两年持续满足基本生物安保条件；且

b）根据本法典第1.4章实行目标监测，至少最近两年未检测到病毒性出血性败血症病毒。

或

3）曾自行宣告无病毒性出血性败血症病毒感染，之后因检测到病毒性出血性败血症病毒而失去其无疫状态资格，则只有符合以下条件时，方可重新自行宣告无病毒性出血性败血症病毒感染：

a）检测到病毒性出血性败血症病毒后，宣布感染地区为疫区，并设立保护区；且

b） 销毁或清除疫区内的感染动物，最大限度地降低疫病进一步蔓延的风险，并已采取适当的消毒措施（详见第4.3章）；且

c） 审查此前的基础生物安保措施并加以必要修订，且根除病毒性出血性败血症病毒感染后，继续保持基本生物安保条件；且

d） 根据本法典第1.4章实行目标监测，至少最近两年未检测到病毒性出血性败血症病毒感染。

同时，未受影响的部分或全部地区如符合第10.10.5条第2）点的规定，可宣告为无病毒性出血性败血症病毒感染地区。

第10.10.5条

无病毒性出血性败血症病毒感染地区或生物安全隔离区

一个地区或生物安全隔离区如跨越多个国家，则只有当所有相关国家主管部门均确认符合条件时，才能宣告为无病毒性出血性败血症病毒感染地区或生物安全隔离区。

根据第1.4.6条所述，在下列情况下，位于未宣告无病毒性出血性败血症病毒感染的一国或多国境内的地区或生物安全隔离区，可由相关国家主管部门宣告其为无感染：

1） 存在第10.10.2条所列易感物种，尽管存在引发临诊表现的条件（参见《水生手册》相应章节），但至少最近十年未发生病毒性出血性败血症病毒感染，且至少最近十年持续满足基本生物安保条件。

或

2） 开展目标监测前疫病状态不明，但符合以下条件：

a） 至少最近两年持续满足基本生物安保条件；且

b） 根据本法典第1.4章实行目标监测，至少最近两年未检测到病毒性出血性败血症病毒。

或

3） 某地区曾自行宣告无病毒性出血性败血症病毒感染，之后因检测到病毒性出血性败血症病毒而失去其无疫状态资格，则只有符合以下条件后，方可重新自行宣告无病毒性出血性败血症病毒感染：

a） 检测到病毒性出血性败血症病毒后，宣告感染地区为疫区，并设立保护区；且

b） 销毁或清除疫区内的感染动物，最大限度地降低疫病进一步蔓延的风险，并已采取适当的消毒措施（详见第4.3章）；且

c） 审查此前的基础生物安保措施并加以必要修订，且根除病毒性出血性败血症病毒感染后，继续保持基本生物安保条件；且

d） 根据本法典第1.4章实行目标监测，至少最近两年未检测到病毒性出血性败血症病毒。

第10.10.6条

维持无疫状态

国家、地区或生物安全隔离区如遵照第10.10.4条第1）点或第10.10.5条的相关规定宣告为无病毒性出血性败血症病毒感染，且持续采取基本生物安保措施，则可维持病毒性出血性败血症病毒感染无疫状态。

根据第10.10.4条第2）点或第10.10.5条相关规定宣告无病毒性出血性败血症病毒感染的国家、地区或生物安全隔离区，如存在《水生手册》相应章节描述的病毒性出血性败血症病毒感染临诊症状的诱发条件，并持续保持基本生物安保条件，则可中断目标监测，并维持病毒性出血性败血症病毒感染无疫状态。

然而，在感染国家内宣告无病毒性出血性败血症病毒感染的地区或生物安全隔离区，如不具备有利于诱发病毒性出血性败血症病毒感染临诊症状的条件，则应继续实行目标监测，并由水生动物卫生机构根据感染发生概率确定监测水平。

第10.10.7条

从宣告无病毒性出血性败血症病毒感染的国家、地区或生物安全隔离区进口水生动物或水生动物产品

从宣告无病毒性出血性败血症病毒感染的国家、地区或生物安全隔离区进口第10.10.2条所列水生动物或相关水生动物产品时，进口国主管部门应要求货物随附出口国主管部门签发的国际水生动物卫生证书。国际水生动物卫生证书应按照第10.10.4条或第10.10.5条（如适用）和第10.10.6条所述程序，注明水生动物或水生动物产品的产地是宣告无病毒性出血性败血症病毒感染的国家、地区或生物安全隔离区。

国际水生动物卫生证书应符合本法典第5.11章所示证书范本格式。

本条不适用于第10.10.3条第1）点所列水生动物产品。

第10.10.8条

为水产养殖从未宣告无病毒性出血性败血症病毒感染的国家、地区或生物安全隔离区进口水生动物

为水产养殖从未宣告无病毒性出血性败血症病毒感染的国家、地区或生物安全隔离区进口第10.10.2条所列水生动物时，进口国主管部门应根据第2.1章的规定进行风险评估，并考虑采取以下

第1）点和第2）点措施减少风险：

1） 如引进水生动物用于养成及收获，应考虑采取以下措施：

   a） 直接将进口水生动物运至隔离检疫设施内，直至养成；且

   b） 离开隔离检疫设施前（在原设施或通过生物安保运输方式移至另一隔离检疫设施），将水生动物宰杀并加工成第10.10.3条第1）点所述的一种或多种水生动物产品或主管部门授权的其他产品；且

   c） 根据第4.3章、第4.7章、第5.5章的要求对运输用水、设备、废水和废弃物进行处理，确保灭活病毒性出血性败血症病毒。

或

2） 如引进目的是建立一个新种群，应考虑采取以下措施：

   a） 出口国：

      ⅰ）确定可能的源种群，并评估其水生动物卫生记录；

      ⅱ）根据第1.4章的要求检测源种群，挑选出相应卫生水平最高的水生动物作为原代种群（F-0）。

   b） 进口国：

      ⅰ）进口F-0群并运至隔离检疫设施中；

      ⅱ）根据1.4章的要求检测F-0群是否感染病毒性出血性败血症病毒，确定是否适合作为种用；

      ⅲ）在隔离检疫条件下繁殖第一代（F-1代）；

      ⅳ）在隔离检疫设施中饲养F-1代，饲养时间和条件足以使病毒性出血性败血症病毒感染动物出现症状，并根据本法典1.4章及《水生手册》第2.3.10章采样并检测病毒性出血性败血症病毒；

      ⅴ）如在F-1代中未检测到病毒性出血性败血症病毒，则可判定为无病毒性出血性败血症病毒感染，并可解除隔离检疫；

      ⅵ）如在F-1代中检测到病毒性出血性败血症病毒，则不能解除隔离检疫，应按照第4.7章以生物安保方式进行扑杀和处置。

第10.10.9条

为食品加工从未宣告无病毒性出血性败血症病毒感染的国家、地区或生物安全隔离区进口水生动物或水生动物产品

为食品加工从未宣告无病毒性出血性败血症病毒感染的国家、地区或生物安全隔离区进口第10.10.2条所列水生动物或相关水生动物产品时，进口国主管部门应进行风险评估，如有必要应

要求：

1） 直接将货物运至隔离检疫设施中，直至加工成第10.10.3条第1）点或10.10.12条第1）点所列产品，或由主管部门批准的其他产品；且

2） 妥善处理运输用水（包括冰）、设备、容器和包装材料，确保灭活病毒性出血性败血症病毒，或按照第4.3章、第4.7章和第5.5章进行生物安保处理；且

3） 妥善处理所有污水和废弃物，确保灭活病毒性出血性败血症病毒，或按照第4.3章、第4.7章进行生物安保处理。

对于此类水生动物或水生动物产品，成员可考虑采取适应本土情况的措施，以防控除人类食品外与其他用途相关的风险。

第10.10.10条

从未宣告无病毒性出血性败血症病毒感染的国家、地区或生物安全隔离区进口水生动物或水生动物产品，用于除食品加工外其他用途（如动物饲料、农业、工业、科研或制药）

从未宣告无病毒性出血性败血症病毒感染的国家、地区或生物安全隔离区进口第10.10.2条所列水生动物或相关水生动物产品，用于除食品加工外其他用途（如动物饲料、农业、工业、科研或制药等），进口国主管部门应要求：

1） 直接将货物运至隔离检疫设施中，直至加工成第10.10.3条第1）点或其他由主管部门批准的产品；且

2） 妥善处理运输用水（包括冰）、设备、容器和包装材料，确保灭活病毒性出血性败血症病毒，或按照第4.3章、第4.7章和第5.5章进行生物安保处理；且

3） 妥善处理所有污水和废弃物，确保灭活病毒性出血性败血症病毒，或按照第4.3章、第4.7章进行生物安保处理。

第10.10.11条

从未宣告无病毒性出血性败血症病毒感染的国家、地区或生物安全隔离区进口水生动物用于实验室或动物园

从未宣告无病毒性出血性败血症病毒感染的国家、地区或生物安全隔离区进口第10.10.2条所列水生动物用于实验室或动物园时，进口国主管部门应保障：

1） 直接将货物运至主管部门批准的检疫设施，并保存其中；且

2） 妥善处理运输用水（包括冰）、设备、容器和包装材料，确保灭活病毒性出血性败血症病毒，

或按照第4.3章、第4.7章和第5.5章进行生物安保处理；且

3） 妥善处理实验室或动物园检疫设施中产生的所有污水和废弃物，确保灭活病毒性出血性败血症病毒，或按照第4.3章、第4.7章进行生物安保处理；

4） 按照第4.7章对动物残骸进行处置。

第10.10.12条

为食品零售从无论是否存在病毒性出血性败血症病毒感染的国家、地区或生物安全隔离区进口或过境转运水生动物产品

1） 审批进口或过境转运符合本法典第5.4.2条规定的已加工成零售包装的鱼片或鱼排（冷藏或冷冻）时，无论出口国、地区或生物安全隔离区内病毒性出血性败血症病毒感染的状态如何，主管部门均不应提出任何与之相关的要求。

评估上述水生动物产品安全性时做出了一些假设，成员应参阅本法典第5.4.2条所述假设，并考虑是否适用于本国国情。

为了防控此类水生动物产品在除人类消费外做其他用途使用时带来的风险，成员可考虑采取相应的国内措施加以解决。

2） 从未宣告无病毒性出血性败血症病毒感染的国家、地区或生物安全隔离区进口上述第1）点外第10.10.2条所列水生动物产品时，进口国主管部门应进行风险评估，并采取适当的风险缓解措施。

第10.10.13条

为水产养殖从未宣告无病毒性出血性败血症病毒感染的国家、地区或生物安全隔离区进口消毒卵

1） 为水产养殖从未宣告无病毒性出血性败血症病毒感染的国家、地区或生物安全隔离区进口第10.10.2条所列物种的消毒卵时，进口国主管部门应进行风险评估，至少包括：

a） 鱼卵消毒用水的病毒性出血性败血症病毒感染状态；

b） 亲鱼（卵巢液和精液）中病毒性出血性败血症病毒感染的流行情况；

c） 消毒用水的pH和温度。

2） 如进口国主管部门认为适于进口，应采取降低风险措施，包括：

a） 进口前应根据第4.4章描述的方法或进口国主管部门规定的方法对鱼卵进行消毒；

b） 在消毒和进口期间，鱼卵不得接触任何可能影响其卫生状态的物品；

主管部门可考虑相关措施，如在到达进口国时对鱼卵重新消毒。

3）为水产养殖从未宣告无病毒性出血性败血症病毒感染的国家、地区或生物安全隔离区进口第10.10.2条所列物种的消毒卵时，进口国主管部门应要求货物随附由出口国主管部门签发的国际水生动物卫生证书，证明已执行本条第2）点描述的程序。

_____

注：于2000年首次通过，于2019年最新修订。

第11篇
软体动物疫病

第11.1章　鲍疱疹病毒感染

Infection with Abalone herpesvirus

第11.1.1条

本法典中，鲍疱疹病毒（Abalone herpesvirus，AbHV）感染指由可感染鲍的致病性疱疹病毒引发的疫病。

诊断方法参见《水生手册》。

第11.1.2条

范围

本章提供的建议适用于杂色鲍（*Haliotis diversicolor*，包括*aquatilis*和*supertexta*亚种）、绿鲍（*Haliotis laevegata*）、黑鲍（*Haliotis rubra*），以及绿鲍和黑鲍的杂交种。在国际贸易中，这些建议同样适用于《水生手册》所列任何其他易感物种。

第11.1.3条

为任何用途从无论是否存在鲍疱疹病毒感染的国家、地区或生物安全隔离区进口或过境转运水生动物和水生动物产品

1）审批进口或过境转运第11.1.2条所列物种且符合本法典第5.4.1条规定的下列水生动物产品时，无论出口国、地区或生物安全隔离区内鲍疱疹病毒感染状态如何，主管部门均不应提出任何与之相关的要求：

　　a）经高温灭菌并密封包装的鲍产品（即经121℃热处理至少3.6分钟或其他任何温度/时间等效处理）；

　　b）经机械干燥处理的鲍产品（即经100℃热处理至少30分钟或其他任何已证明可灭活鲍疱疹病毒的温度/时间等效处理）。

2）审批进口或过境转运第11.1.2条所列物种水生动物和水生动物产时品时，除第11.1.3条第1）点所

列产品外，主管部门应要求符合第11.1.7条至第11.1.11条与出口国、地区或生物安全隔离区鲍疱疹病毒感染状态相关的规定。

3）考虑进口或过境转运第11.1.2条所列物种以外的水生动物和水生动物产品时，如有合理理由认为可能构成鲍疱疹病毒传播风险，进口国主管部门应按照本法典第2.1章的规定进行风险分析，并将分析结果告知出口国主管部门。

第11.1.4条

无鲍疱疹病毒感染国家

某国如与一国或多国共享某水域，则只有共享水体所涉及的国家或地区均宣告无鲍疱疹病毒感染时，该国方可自行宣告无鲍疱疹病毒感染（参见第11.1.5条）。

根据第1.4.6条所述，一个国家如符合下列要求，可自行宣告无鲍疱疹病毒感染：

1）不存在第11.1.2条所列易感物种，且至少最近两年持续满足基本生物安保条件。

或

2）存在第11.1.2条所列易感物种，但符合下列条件：

　　a）尽管存在引发该病临诊表现的条件（如《水生手册》相应章节所述），但至少最近十年未发生鲍疱疹病毒感染；且

　　b）至少最近两年持续满足基本生物安保条件。

或

3）开展目标性监测前疫病状态不明，但符合以下条件：

　　a）至少最近两年持续满足基本生物安保条件；且

　　b）根据本法典第1.4章开展目标监测，至少最近两年未检测到鲍疱疹病毒感染。

或

4）曾自行宣告无鲍疱疹病毒感染，之后因检测到鲍疱疹病毒而失去其无疫状态资格，则只有符合以下条件后，方可重新自行宣告无鲍疱疹病毒感染：

　　a）检测到鲍疱疹病毒后，宣布感染地区为疫区，并设立保护区；且

　　b）销毁或清除疫区内的感染动物，最大限度地降低疫病进一步蔓延的风险，并已采取适当的消毒措施（详见第4.3章）；且

　　c）审查之前的基本生物安保措施并加以必要修订，并在根除鲍疱疹病毒感染后，继续实施生物安保措施；且

　　d）根据本法典第1.4章开展目标监测，至少最近两年未检测到鲍疱疹病毒感染。

同时，未受疫病影响的部分或全部地区如符合第11.1.5条第3）点的规定，则可宣告为无鲍疱疹病毒感染地区。

第11.1.5条

无鲍疱疹病毒感染地区或生物安全隔离区

一个地区或生物安全隔离区如跨越多个国家，则只有当所有相关国家主管部门均确认符合条件时，方可宣告为无鲍疱疹病毒感染地区或生物安全隔离区。

根据第1.4.6条所述，在下列情况下，位于未宣告无鲍疱疹病毒感染的一国或多国境内的地区或生物安全隔离区，可由相关国家主管部门宣告其为无感染：

1）地区或生物安全隔离区内不存在第11.1.2条所列易感物种，且至少最近两年持续满足基本生物安保条件。

或

2）地区或生物安全隔离区内存在第11.1.2条所列易感物种，但满足以下条件：

　　a）尽管存在引发该病临诊表现的条件（如《水生手册》相应章节所述），但至少最近十年未发生鲍疱疹病毒感染；且

　　b）至少最近两年持续实施基本生物安保措施。

或

3）开展目标监测前疫病状态不明，但符合以下条件：

　　a）至少最近两年持续满足基本生物安保条件；且

　　b）根据本法典第1.4章开展目标监测，至少最近两年未检测到鲍疱疹病毒感染。

或

4）曾自行宣告无鲍疱疹病毒感染，之后因检测到鲍疱疹病毒感染而失去其无疫状态资格，则只有符合以下条件后，方可重新宣告无鲍疱疹病毒感染：

　　a）检测到鲍疱疹病毒感染后，宣告感染地区为疫区，并设立保护区；且

　　b）销毁或清除疫区内的感染动物，最大限度地降低疫病进一步蔓延的风险，并已采取适当的消毒措施（详见第4.3章）；且

　　c）审查之前的基本生物安保措施并加以必要修订，并在根除鲍疱疹病毒感染后，继续实施生物安保措施；且

　　d）根据本法典第1.4章开展目标监测，至少最近两年未检测到鲍疱疹病毒感染。

第11.1.6条

维持无疫状态

根据第11.1.4条第1）点、第2）点或第11.1.5条的相关规定，已宣告鲍疱疹病毒感染无疫状态的

国家、地区或生物安全隔离区，只要保证基本生物安保措施，即可维持鲍疱疹病毒感染无疫状态。

根据第11.1.4条第3）点或第11.1.5条的相关规定宣告为无鲍疱疹病毒感染的国家、地区或生物安全隔离区，如存在《水生手册》相应章节描述的鲍疱疹病毒感染临诊症状的诱发条件，并持续采取基本生物安保措施，则可中断目标监测，并维持鲍疱疹病毒感染无疫状态。

然而，在感染国家内宣告为无鲍疱疹病毒感染的地区或生物安全隔离区，如不具备有利于诱发鲍疱疹病毒感染临诊症状的条件，则应继续实行目标监测，并由水生动物卫生机构根据感染发生概率确定监测水平。

第11.1.7条

从宣告无鲍疱疹病毒感染的国家、地区或生物安全隔离区，进口水生动物或水生动物产品

从宣告无鲍疱疹病毒感染的国家、地区或生物安全隔离区进口第11.1.2条所列水生动物或相关水生动物产品时，进口国主管部门应要求货物随附出口国主管部门签发的国际水生动物卫生证书。证书应按照第11.1.4条或第11.1.5条（如适用）和第11.1.6条所述程序，注明相关水生动物或水生动物产品产地是宣告无鲍疱疹病毒感染的国家、地区或生物安全隔离区。

证书应符合本法典第5.11章所示证书范本格式。

本条不适用于第11.1.3条第1）点所列商品。

第11.1.8条

为水产养殖从未宣告无鲍疱疹病毒感染的国家、地区或生物安全隔离区进口水生动物

为水产养殖从未宣告无鲍疱疹病毒感染的国家、地区或生物安全隔离区进口第11.1.2条所列水生动物时，进口国主管部门应根据第2.1章的规定进行风险评估，并考虑采取以下第1）点和第2）点措施减少风险：

1）　如引进水生动物用于养成及收获，应考虑采取以下措施：

  a）　直接将进口水生动物运至隔离检疫设施内，直至养成；且

  b）　根据第4.3章、第4.7章和第5.5章的要求，对运输用水、设备、废水和废弃物进行消毒处理，确保灭活鲍疱疹病毒。

或

2）　如引进目的是建立一个新种群，应考虑采取以下措施：

  a）　出口国：

   ⅰ）确定可能的源种群，并评估其水生动物卫生记录；

ⅱ）根据第1.4章的要求检测源种群，挑选出相应卫生水平最高的水生动物作为原代种群（F-0）。

b）进口国：

ⅰ）进口F-0种群并运至隔离检疫设施中；

ⅱ）根据第1.4章检测F-0群是否感染鲍疱疹病毒，确定是否适合作为种用；

ⅲ）在隔离检疫条件下繁殖第一代（F-1代）；

ⅳ）在易于诱发鲍疱疹病毒感染临诊表现的条件下（如《水生手册》第2.4.1章所述）隔离饲养F-1代，并根据本法典第1.4章检测是否存在鲍疱疹病毒感染；

ⅴ）如在F-1代中未检测到鲍疱疹病毒感染，则可判定该进口种群为鲍疱疹病毒感染阴性，并可解除隔离检疫；

ⅵ）如在F-1代中检测到鲍疱疹病毒感染，则不能解除隔离检疫，并应按生物安保原则进行扑杀和处置。

第11.1.9条

为食品加工从未宣告无鲍疱疹病毒感染的国家、地区或生物安全隔离区进口水生动物或水生动物产品

为食品加工从未宣告无鲍疱疹病毒感染的国家、地区或生物安全隔离区进口第11.1.2条所列水生动物或相关水生动物产品时，进口国主管部门应进行风险评估，如有必要应要求：

1）将进口货物直接运至隔离检疫设施中，直至加工成第11.1.3条第1）点或第11.1.11条第1）点所列产品，或由主管部门批准的其他产品；且

2）妥善处理运输用水和加工过程中产生的所有污水与废弃物，确保灭活鲍疱疹病毒，并防止易感物种接触废弃物。

对于此类水生动物或水生动物产品，成员可考虑采取适应本土情况的措施，防控除人类食品外与其他用途相关的风险。

第11.1.10条

从未宣告无鲍疱疹病毒感染的国家、地区或生物安全隔离区进口水生动物用于动物饲料、农业、工业、科研或制药等

从未宣告无鲍疱疹病毒感染的国家、地区或生物安全隔离区，进口第11.1.2条所列水生动物用于动物饲料、农业、工业、科研或制药等时，进口国主管部门应要求：

1）　直接将货物运至隔离检疫设施中，直至加工成由主管部门批准的产品；且

2）　妥善处理运输用水和加工过程中产生的所有污水和废弃物，确保灭活鲍疱疹病毒。

　　　本条不适用于第11.1.3条第1）点所列商品。

第11.1.11条

　　为食品零售从未宣告无鲍疱疹病毒感染的国家、地区或生物安全隔离区进口水生动物和水生动物产品

1）　审批进口或过境转运根据本法典第5.4.2条规定的已加工成零售包装的去壳去内脏的鲍肉品（冷藏或冷冻）时，无论出口国、地区或生物安全隔离区内鲍疱疹病毒感染状态如何，主管部门均不应提出任何与之相关的检疫要求。

　　　评估上述水生动物产品安全性时做出了一些假设，成员可参阅本法典第5.4.2条所述假设，并考虑是否适用于本土情况。

　　　为了防控此类商品用于食品消费外的其他用途时所带来的风险，成员可采取适应本土情况的措施加以解决。

2）　从未宣告无鲍疱疹病毒感染的国家、地区或生物安全隔离区进口除上述第1）点外第11.1.2条所列水生动物或相关水生动物产品时，进口国主管部门应进行风险评估，并采取适当的风险缓解措施。

注：于2010年首次通过，于2017年最新修订。

第11.2章　杀蛎包纳米虫感染

Infection with *Bonamia exitiosa*

第11.2.1条

本法典中，杀蛎包纳米虫（*Bonamia exitiosa*）感染指由杀蛎包纳米虫感染引发的贝类疫病。诊断方法参见《水生手册》。

第11.2.2条

范围

本章提供的建议适用于澳大利亚扁牡蛎（*Ostrea angasi*）和智利平牡蛎（*O. chilensis*）。在国际贸易中，这些建议同样适用于《水生手册》中所列任何其他易感物种。

第11.2.3条

为任何用途从无论是否存在杀蛎包纳米虫感染的国家、地区或生物安全隔离区进口或过境转运水生动物及水生动物产品

1）审批为任何用途而进口或过境转运第11.2.2条所列物种且符合本法典第5.4.1条规定的下列水生动物产品时，无论出口国、地区或生物安全隔离区内杀蛎包纳米虫感染状态如何，主管部门不应提出任何与之相关的检疫要求：

　　a）冷藏牡蛎肉；

　　b）冷藏半壳牡蛎。

2）审批进口或过境转运第11.2.2条所列物种水生动物和水生动物产品时，除第11.2.3条第1）点所列产品外，主管部门应要求符合第11.2.7条至第11.2.11条与出口国、地区或生物安全隔离区内杀蛎包纳米虫感染状态相关的规定。

3）考虑进口或过境转运第11.2.2条所列物种以外的水生动物和水生动物产品时，如有合理理由认

为可能构成杀蛎包纳米虫感染传播风险，进口国主管部门应按照本法典第2.1章的规定进行风险分析，并将分析结果告知出口国主管部门。

第11.2.4条

无杀蛎包纳米虫感染国家

某国如与一国或多国共享某水域，则只有共享水域所涉及的国家或地区均宣告无杀蛎包纳米虫感染时，该国方可自行宣告无杀蛎包纳米虫感染（参见第11.2.5条）。

根据第1.4.6条所述，一个国家如符合下列要求，则可自行宣告无杀蛎包纳米虫感染：

1）　不存在第11.2.2条所列易感物种，且至少最近两年持续采取基本生物安保措施。

或

2）　存在第11.2.2条所列易感物种，但符合以下条件：

　　a）　尽管存在引发该病临诊表现的条件（如《水生手册》相应章节所述），但至少最近十年未发生杀蛎包纳米虫感染；且

　　b）　至少最近两年持续采取基本生物安保措施。

或

3）　开展目标性监测前疫病状态不明，但符合以下条件：

　　a）　至少最近两年持续采取基本生物安保措施；且

　　b）　根据本法典第1.4章规定开展目标监测，至少最近两年未检测到杀蛎包纳米虫感染。

或

4）　曾自行宣告无杀蛎包纳米虫感染，之后因检测到杀蛎包纳米虫而失去其无疫状态资格，则只有符合以下条件后，方可重新自行宣告无杀蛎包纳米虫感染：

　　a）　检测到杀蛎包纳米虫后，宣布感染地区为疫区，并设立保护区；且

　　b）　销毁或清除疫区内的感染动物，最大限度地降低疫病进一步蔓延的风险，并已采取适当的消毒措施（详见第4.3章）；且

　　c）　审查之前的基本生物安保措施进行并加以必要修订，并在根除杀蛎包纳米虫感染后，继续采取基本生物安保措施；且

　　d）　根据本法典第1.4章规定开展目标监测，至少最近两年未检测到杀蛎包纳米虫感染。

同时，未受疫病影响的部分或全部地区如符合第11.2.5条第3）点的规定，则可宣告为无杀蛎包纳米虫感染地区。

第11.2.5条

无杀蛎包纳米虫感染地区或生物安全隔离区

一个地区或生物安全隔离区如跨越多个国家，则只有当所有相关国家主管部门均确认符合条件时，方可宣告为无杀蛎包纳米虫感染地区或生物安全隔离区。

根据第1.4.6条所述，在下列情况下，位于未宣告无杀蛎包纳米虫感染的一国或多国境内的地区或生物安全隔离区，可由相关国家主管部门宣告其为无感染：

1）不存在第11.2.2条所列易感物种，且至少最近两年持续采取基本生物安保措施。

或

2）存在第11.2.2条所列易感物种，但满足以下条件：

　　a）尽管存在引发该病临诊表现的条件（如《水生手册》相应章节所述），但至少最近十年未发生杀蛎包纳米虫感染；且

　　b）至少最近两年持续采取基本生物安保措施。

或

3）开展目标性监测前疫病状态不明，但符合以下条件：

　　a）至少最近两年持续采取基本生物安保措施；且

　　b）按照本法典第1.4章开展目标监测，至少最近两年未检测到杀蛎包纳米虫感染。

或

4）某地区曾自行宣告无杀蛎包纳米虫感染，之后因检测到杀蛎包纳米虫感染而失去其无疫状态资格，则只有符合以下条件后，方可重新自行宣告无杀蛎包纳米虫感染：

　　a）检测到杀蛎包纳米虫感染后，宣告感染地区为疫区，并设立保护区；且

　　b）销毁或清除疫区内的感染动物，最大限度地降低疫病进一步蔓延的风险，并已采取适当的消毒措施（详见第4.3章）；且

　　c）审查之前的基本生物安保措施并加以必要修订，并在根除杀蛎包纳米虫感染后，继续采取生物安保措施；且

　　d）根据本法典第1.4章开展目标监测，至少最近两年未检测到杀蛎包纳米虫感染。

第11.2.6条

维持无疫状态

根据第11.2.4条第1）点、第2）点或第11.2.5条的相关规定，已宣告无杀蛎包纳米虫感染的国家、地区或生物安全隔离区，如持续采取基本生物安保措施，即可维持其无杀蛎包纳米虫感染

状态。

根据第11.2.4条第3）点或第11.2.5条的相关规定已宣告无杀蛎包纳米虫感染的国家、地区或生物安全隔离区，如存在《水生手册》相应章节描述的诱发杀蛎包纳米虫感染临诊症状的条件，并持续采取基本生物安保措施，则可中断目标监测，并维持无杀蛎包纳米虫感染状态。

然而，在感染国家内宣布无杀蛎包纳米虫感染的地区或生物安全隔离区，如不具备有利于诱发杀蛎包纳米虫感染临诊症状的条件，则应继续实行目标监测，并由水生动物卫生机构根据感染发生概率确定监测水平。

第11.2.7条

从宣告无杀蛎包纳米虫感染的国家、地区或生物安全隔离区，进口水生动物或水生动物产品

从宣告无杀蛎包纳米虫感染的国家、地区或生物安全隔离区进口第11.2.2条所列水生动物或相关水生动物产品时，进口国主管部门应要求货物随附出口国主管部门签发的国际水生动物卫生证书。证书应按照第11.2.4条或第11.2.5条（如适用）和第11.2.6条的规定，注明相关水生动物或水生动物产品的产地是宣告无杀蛎包纳米虫感染的国家、地区或生物安全隔离区。

证书应符合本法典第5.11章所示证书范本格式。

本条不适用于第11.2.3条第1）点所列商品。

第11.2.8条

为水产养殖从未宣告无杀蛎包纳米虫感染的国家、地区或生物安全隔离区进口水生动物

为水产养殖从未宣告无杀蛎包纳米虫感染的国家、地区或生物安全隔离区进口第11.2.2条所列水生动物时，进口国主管部门应根据第2.1章的规定进行风险评估，并考虑采取以下第1）点和第2）点措施减少风险。

1）　如引进水生动物用于养成及收获，应考虑采取以下措施：

　　a）　直接将进口水生动物运至隔离检疫设施内，直至养成；且

　　b）　根据第4.3章、第4.7章和第5.5章的要求对运输用水、设备、废水和废弃物进行消毒处理，确保灭活所有杀蛎包纳米虫。

或

2）　如引进目的是建立一个新种群，应考虑采取以下措施：

　　a）　出口国：

　ⅰ）确定可能的源种群，并评估其水生动物卫生记录；

　ⅱ）根据第1.4章的要求检测源种群，挑选出相应卫生水平最高的水生动物作为原代种群
　　　（F-0）。

　b）进口国：

　　ⅰ）进口F-0种群并运至隔离检疫设施中；

　　ⅱ）根据第1.4章检测F-0群是否感染杀蛎包纳米虫，确定是否适合作为种用；

　　ⅲ）在隔离条件下繁殖第一代（F-1代）；

　　ⅳ）在易于诱发杀蛎包纳米虫感染临诊表现的条件下（如《水生手册》第2.4.2章所述）隔
　　　　离饲养F-1代，并根据第1.4章检测是否存在杀蛎包纳米虫感染；

　　ⅴ）如在F-1代中未检测到杀蛎包纳米虫，则可判定该进口种群为杀蛎包纳米虫感染阴性，
　　　　并可解除隔离检疫；

　　ⅵ）如在F-1代中检测到杀蛎包纳米虫，则不能解除隔离检疫，并应按照生物安保原则进
　　　　行扑杀和处置。

第11.2.9条

为食品加工从未宣告无杀蛎包纳米虫感染的国家、地区或生物安全隔离区进口水生动物或
水生动物产品

　　为食品加工从未宣告无杀蛎包纳米虫感染的国家、地区或生物安全隔离区进口第11.2.2条所列
水生动物或相关水生动物产品时，进口国主管部门应进行风险评估，如有必要应要求：

1）将货物运至隔离检疫设施内，直至加工成第11.2.3条第1）点或第11.2.11条第1）点所列产品，
　　或由主管部门批准的其他产品；且

2）妥善处理运输用水和加工过程中产生的所有污水和废弃物，确保灭活杀蛎包纳米虫，并防止易
　　感物种接触废弃物。

　　对于此类水生动物或水生动物产品，成员可考虑采取适应本土情况的措施，防控除人类食品外
与其他用途相关的风险。

第11.2.10条

从未宣告无杀蛎包纳米虫感染的国家、地区或生物安全隔离区进口水生动物用于动物饲
料、农业、工业、科研或制药等

　　从未宣告无杀蛎包纳米虫感染的国家、地区或生物安全隔离区进口第11.2.2条所列水生动物，

用于动物饲料、农业、工业、科研或制药等，进口国主管部门应要求：

1）直接将货物运至隔离检疫设施中，直至加工成由主管部门批准的产品；且

2）妥善处理运输用水和加工过程中产生的所有污水和废弃物，确保灭活杀蛎包纳米虫。

本条不适用于第11.2.3条第1）点所列商品。

第11.2.11条

为食品零售从未宣告无杀蛎包纳米虫感染的国家、地区或生物安全隔离区进口水生动物和水生动物产品

1）审批进口或过境转运符合本法典第5.4.2条规定的已加工成零售包装的下列商品时，无论出口国、地区或生物安全隔离区内杀蛎包纳米虫感染状态如何，主管部门均不应提出任何与之相关的检疫要求：

a）冷藏牡蛎肉；

b）冷藏半壳牡蛎。

评估上述水生动物产品安全性时做出了一些假设，成员可参阅本法典第5.4.2条所述假设，并考虑是否适用于本国国情。

为了防控此类商品用于食品消费外的其他用途时所带来的风险，成员可考虑采取适应本土情况的措施加以解决。

2）从未宣告无杀蛎包纳米虫感染的国家、地区或生物安全隔离区进口除上述第1）点外第11.2.2条所列水生动物或相关水生动物产品时，进口国主管部门应进行风险评估，并采取适当的风险缓解措施。

注：于2003年首次通过，于2017年最新修订。

第11.3章　牡蛎包纳米虫感染

Infection with *Bonamia ostreae*

第11.3.1条

本法典中，牡蛎包纳米虫（*Bonamia ostreae*）感染指由牡蛎包纳米虫感染引发的贝类疫病。诊断方法参见《水生手册》。

第11.3.2条

范围

本章提供的建议适用于欧洲平牡蛎（*Ostrea edulis*）、澳大利亚扁牡蛎（*O. angasi*）、阿根廷牡蛎（*O. puelchana*）、智利平牡蛎（*O. chilensis*）、亚洲牡蛎（*O. denselammellosa*）和近江牡蛎（*Crassostrea ariakensi*）。在国际贸易中，这些建议也适用于《水生手册》中所列其他易感物种。

第11.3.3条

为任何用途从无论是否存在牡蛎包纳米虫感染的国家、地区或生物安全隔离区进口或过境转运水生动物和水生动物产品

1）审批进口或过境转运第11.3.2条所列物种且符合本法典第5.4.1条规定的下列水生动物产品时，无论出口国、地区或生物安全隔离区内牡蛎包纳米虫感染状态如何，主管部门均不应提出任何与之相关的检疫要求：

　　a）冷藏牡蛎肉；

　　b）冷藏半壳牡蛎。

2）审批进口或过境转运第11.3.2条所列物种水生动物和水生动物产品时，除第11.3.3条第1）点所列产品外，主管部门应要求符合第11.3.7条至第11.3.11条与出口国、地区或生物安全隔离区内牡蛎包纳米虫感染状态相关的规定。

3) 考虑进口或过境转运第11.3.2条所列物种以外的水生动物和水生动物产品时，如有合理理由认为可能构成牡蛎包纳米虫感染传播风险，进口国主管部门应按照本法典第2.1章的规定进行风险分析，并将分析结果告知出口国主管部门。

第11.3.4条

无牡蛎包纳米虫感染国家

某国如与一国或多国共享某水域，则只有共享水体所涉及的国家或地区均宣告无牡蛎包纳米虫感染时，该国方可自行宣告无牡蛎包纳米虫感染（参见第11.3.5条）。

根据第1.4.6条所述，一个国家如符合下列要求，则可自行宣告无牡蛎包纳米虫感染：

1) 不存在第11.3.2条所列易感物种，且至少最近两年持续满足基本生物安保条件。

或

2) 存在第11.3.2条所列易感物种，但符合下列条件：

   a) 尽管存在引发该病临诊表现的条件（如《水生手册》相应章节所述），但至少最近十年未发生牡蛎包纳米虫感染；且

   b) 至少最近两年持续满足基本生物安保条件。

或

3) 开展目标监测前疫病状态不明，但符合以下条件：

   a) 至少最近两年持续满足基本生物安保条件；且

   b) 根据本法典第1.4章规定开展目标性监测，至少最近两年未检测到牡蛎包纳米虫感染。

或

4) 曾自行宣告无牡蛎包纳米虫感染，之后因检测到牡蛎包纳米虫而失去其无疫状态资格，则只有符合以下条件后，方可重新自行宣告无牡蛎包纳米虫感染：

   a) 检测到牡蛎包纳米虫后，宣布感染地区为疫区，并设立保护区；且

   b) 销毁或清除疫区内的感染动物，最大限度地降低疫病进一步蔓延的风险，并已采取适当的消毒措施（详见第4.3章）；且

   c) 审查之前的基本生物安保措施并加以必要修订，并在根除牡蛎包纳米虫感染后，继续采取生物安保措施；且

   d) 根据本法典第1.4章开展目标监测，至少最近两年未检测到牡蛎包纳米虫感染。

同时，未受疫病影响的部分或全部地区如符合第11.3.5条第3）点的规定，则可宣告为无牡蛎包纳米虫感染地区。

第11.3.5条

无牡蛎包纳米虫感染地区或生物安全隔离区

一个地区或生物安全隔离区如跨越多个国家，则只有当所有相关国家主管部门均确认符合条件时，方可宣告为无牡蛎包纳米虫的地区或生物安全隔离区。

根据第1.4.6条所述，在下列情况下，位于未宣告无牡蛎包纳米虫感染的一国或多国境内的地区或生物安全隔离区，可由相关国家主管部门宣告其为无感染：

1）　不存在第11.3.2条所列易感物种，且至少最近两年持续满足基本生物安保条件。

或

2）　存在第11.3.2条所列易感物种，但满足以下条件：

　　a）　尽管存在该病临诊表现的条件（如《水生手册》相应章节所述），但至少最近十年未发生牡蛎包纳米虫感染；且

　　b）　至少最近两年持续满足基本生物安保条件。

或

3）　开展目标监测前疫病状态不明，但符合以下条件：

　　a）　至少最近两年持续满足基本生物安保条件；且

　　b）　根据本法典第1.4章开展目标监测，至少最近两年未检测到牡蛎包纳米虫感染。

或

4）　某地区曾自行宣告无牡蛎包纳米虫感染，之后因检测到牡蛎包纳米虫感染而失去其无疫状态资格，则只有符合以下条件后，方可重新自行宣告无牡蛎包纳米虫感染：

　　a）　检测到牡蛎包纳米虫感染后，宣告感染地区为疫区，并设立保护区；且

　　b）　销毁或清除疫区内的感染动物，最大限度地降低疫病进一步蔓延的风险，并已采取适当的消毒措施（详见第4.3章）；且

　　c）　审查之前的基本生物安保措施并加以必要修订，并在根除牡蛎包纳米虫感染后，继续采取生物安保措施；且

　　d）　根据本法典第1.4章开展目标监测，至少最近两年未检测到牡蛎包纳米虫感染。

第11.3.6条

维持无疫状态

根据第11.3.4条第1）点、第2）点或第11.3.5条的相关规定宣告无牡蛎包纳米虫感染无疫状态的国家、地区或生物安全隔离区，只要保证采取基本生物安保措施，即可维持其牡蛎包纳米虫感染无

疫状态。

根据第11.3.4条第3）点或第11.3.5条的相关规定已宣告牡蛎包纳米虫感染无疫状态的国家、地区或生物安全隔离区，如存在《水生手册》相应章节描述的牡蛎包纳米虫感染临诊症状的诱发条件，并持续采取基本生物安保措施，则可中断目标性监测，并维持其牡蛎包纳米虫感染无疫状态。

然而，在感染国家内宣布无牡蛎包纳米虫感染的地区或生物安全隔离区，如不具备有利于诱发牡蛎包纳米虫感染临诊症状的条件，则应继续实行目标监测，并由水生动物卫生机构根据感染发生概率确定监测水平。

第11.3.7条

从宣告无牡蛎包纳米虫感染的国家、地区或生物安全隔离区进口水生动物和水生动物产品

从宣告无牡蛎包纳米虫感染的国家、地区或生物安全隔离区进口第11.3.2条所列水生动物和水生动物产品时，进口国主管部门应要求货物随附出口国主管部门签发的国际水生动物卫生证书。证书应按照第11.3.4条或第11.3.5条（如适用）和第11.3.6条所述程序，注明水生动物和水生动物产品产地是宣告无牡蛎包纳米虫感染的国家、地区或生物安全隔离区。

证书应符合本法典第5.11章所示证书范本格式。

本条不适用于第11.3.3条第1）点所列商品。

第11.3.8条

为水产养殖从未宣告无牡蛎包纳米虫感染的国家、地区或生物安全隔离区进口水生动物

为水产养殖从未宣告无牡蛎包纳米虫的国家、地区或生物安全隔离区进口第11.3.2条所列水生动物时，进口国主管部门应根据第2.1章的规定进行风险评估，并考虑采取以下第1）点和第2）点措施减少风险：

1）　如引进水生动物用于养成及收获，应考虑采取以下措施：

　　a）　直接将进口水生动物运至隔离检疫设施内，直至养成；且

　　b）　根据第4.3章、第4.7章和第5.5章的要求，对运输用水、设备、废水和废弃物进行消毒处理，确保灭活牡蛎包纳米虫。

或

2）　如引进目的是建立一个新种群，应考虑采取下列措施：

　　a）　出口国：

　　　　ⅰ）确定可能的源种群，并评估其水生动物卫生记录；

ⅱ）根据第1.4章的要求对源种群牡蛎包纳米虫感染情况进行检测，挑选出相应卫生水平最高的水生动物作为原代种群（F-0）。

b）进口国：

ⅰ）进口F-0种群并运至隔离检疫设施中；

ⅱ）根据第1.4章检测F-0种群是否感染牡蛎包纳米虫，确定是否适合作为种用；

ⅲ）在隔离条件下繁殖第一代（F-1代）；

ⅳ）在易于诱发牡蛎包纳米虫感染临诊表现（如《水生手册》第2.4.3章所述）隔离饲养F-1代，并根据本法典第1.4章检测F-1代是否存在牡蛎包纳米虫感染；

ⅴ）如在F-1代中未检测到牡蛎包纳米虫感染，则可判定该进口种群为牡蛎包纳米虫感染阴性，可解除隔离检疫；

ⅵ）如在F-1代中检测到牡蛎包纳米虫感染，则不能解除隔离检疫，并应按照生物安保原则进行扑杀和处置。

第11.3.9条

为食品加工从未宣告无牡蛎包纳米虫感染的国家、地区或生物安全隔离区进口水生动物和水生动物产品

为食品加工从未宣告无牡蛎包纳米虫感染的国家、地区或生物安全隔离区进口第11.3.2条所列水生动物或相关水生动物产品时，进口国主管部门应进行疫病传播风险评估，如有必要应要求：

1）直接将货物运至隔离检疫设施中，直至加工成第11.3.3条第1）点或第11.3.11条第1）点所列产品，或由主管部门批准的其他产品；且

2）妥善处理运输用水和加工过程中产生的所有污水和废弃物，确保灭活牡蛎包纳米虫，并防止易感物种接触废弃物。

对于此类水生动物或水生动物产品，成员可考虑采取适应本土情况的措施，防控除人类食品外与其他用途相关的风险。

第11.3.10条

从未宣告无牡蛎包纳米虫感染的国家、地区或生物安全隔离区进口水生动物用于动物饲料、农业、工业、科研或制药等

从宣告无牡蛎包纳米虫感染的国家、地区或生物安全隔离区进口第11.3.2条所列水生动物，用于动物饲料、农业、工业、科研或制药等时，进口国主管部门应要求：

1） 直接将货物运至隔离检疫设施中，并加工成由主管部门批准的产品；且

2） 妥善处理运输用水和加工过程中产生的所有污水和废弃物，确保灭活牡蛎包纳米虫。

本条不适用于第11.3.3条第1）点所列商品。

第11.3.11条

为食品零售从未宣告无牡蛎包纳米虫感染国家、地区或生物安全隔离区进口水生动物和水生动物产品

1） 审批进口或过境转运符合本法典第5.4.2条规定的已加工成零售包装的下列商品时，无论出口国、地区或生物安全隔离区内牡蛎包纳米虫感染状态如何，主管部门均不应提出任何与之相关的检疫要求：

   a） 冷藏牡蛎肉；

   b） 冷藏半壳牡蛎。

   评估上述水生动物产品安全性时做出了一些假设，成员应参阅本法典第5.4.2条所述假设，并考虑是否适用于本国国情。

   为了防控此类商品用作除人类消费外的其他用途时所带来的风险，成员可采取适应本土情况的措施加以解决。

2） 从未宣告无牡蛎包纳米虫感染的国家、地区或生物安全隔离区进口除上述第1）点外第11.3.2条所列水生动物或相关水生动物产品时，进口国主管部门应进行风险评估，并采取适当的风险缓解措施。

注：于2000年首次通过，于2017年最新修订。

第11.4章　折光马尔太虫感染

Infection with *Marteilia refringens*

第11.4.1条

本法典中，折光马尔太虫（*Marteilia refringens*）感染指由折光马尔太虫引起的贝类疫病。诊断方法参见《水生手册》。

第11.4.2条

范围

本章的建议适用于欧洲平牡蛎（*Ostrea edulis*）、澳大利亚扁牡蛎（*O. angasi*）、阿根廷牡蛎（*O. puelchana*）、智利平牡蛎（*O. chilensis*）、蓝贻贝（*Mytilus edulis*）和地中海贻贝（*M. galloprovincialis*）。在国际贸易中，这些建议也适用于《水生手册》所列其他易感物种。

第11.4.3条

为任何用途从无论是否存在折光马尔太虫感染的国家、地区或生物安全隔离区进口或过境转运水生动物及水生动物产品

1）　审批为任何用途而进口或过境转运第11.4.2条所列物种且符合本法典第5.4.1条规定的经高温处理（即经121℃热处理至少3.6分钟或其他任何温度/时间等效处理）和封装软体动物产品时，无论出口国、地区或生物安全隔离区内折光马尔太虫感染状态如何，主管部门不应提出任何检疫要求。

2）　审批进口或过境转运第11.4.2条所列物种水生动物和水生动物产品时，除第11.4.3条第1）点所列产品外，主管部门应要求符合第11.4.7条至第11.4.11条与出口国、地区或生物安全隔离区内折光马尔太虫感染状态相关的规定。

3）　考虑进口或过境转运第11.4.2条所列物种以外的水生动物和水生动物产品，如有合理理由认为可能构成折光马尔太虫感染传播风险，进口国主管部门应按照本法典第2.1章的规定进行风险评估，并将评估结果告知出口国主管部门。

第11.4.4条

无折光马尔太虫感染国家

某国如与一国或多国共享某水域，则只有共享水体所涉及的国家或地区均宣告无折光马尔太虫感染时，该国方可自行宣告无折光马尔太虫感染（参见第11.4.5条）。

如第1.4.6条所述，一个国家如符合下列要求，则可自行宣告无折光马尔太虫感染：

1）　不存在第11.4.2条所列易感动物，且至少最近三年持续采取基本生物安保措施。

或

2）　存在第11.4.2条所列易感动物，但符合以下条件：

　　a）　尽管存在引发临诊表现的条件（参见《水生手册》相应章节），但至少最近十年未发现折光马尔太虫感染；且

　　b）　至少最近三年持续采取基本生物安保措施。

或

3）　开展目标性监测前疫病状态不明，但符合以下条件：

　　a）　至少最近三年持续采取基本生物安保措施；且

　　b）　根据本法典第1.4章开展目标监测，至少最近三年未检测到折光马尔太虫感染。

或

4）　曾自行宣告无折光马尔太虫感染，之后因检测到折光马尔太虫感染而失去无疫状态资格，则只有符合以下条件后，方可重新宣告无折光马尔太虫感染：

　　a）　检测到折光马尔太虫感染后，宣布感染地区为疫区，并设立保护区；且

　　b）　销毁或清除疫区内的感染动物，最大限度地降低疫病进一步蔓延的风险，并已采取适当的消毒措施（参见第4.3章）；且

　　c）　审查之前的基本生物安保措施并加以必要修订，并在根除折光马尔太虫感染后，继续采取生物安保措施；且

　　d）　根据本法典第1.4章开展目标监测，至少最近三年未检测到折光马尔太虫感染。

同时，未受疫病影响的部分或全部地区如符合第11.4.5条第3）点的条件，则可宣告为无折光马尔太虫感染地区。

第11.4.5条

无折光马尔太虫感染地区或生物安全隔离区

一个地区或生物安全隔离区如跨越多个国家，则只有当所有相关国家主管部门均确认其符合条

件时，方可宣告该地区或生物安全隔离区无折光马尔太虫感染。

根据第1.4.6条所述，在下列情况下，位于未宣告无折光马尔太虫感染的一国或多国境内的地区或生物安全隔离区，可由相关国家主管部门宣告其为无感染：

1） 无第11.4.2条所列易感动物，且至少最近三年持续采取基本生物安保措施。

或

2） 存在第11.4.2条所列易感动物，但符合下列条件：

　　a） 尽管存在引发临诊表现的条件（如《水生手册》相应章节所述），但至少最近十年未发生折光马尔太虫感染；且

　　b） 至少最近三年持续采取基本生物安保措施。

或

3） 开展目标监测前折光马尔太虫感染状态不明，但符合以下条件：

　　a） 至少最近三年持续采取基本生物安保措施；且

　　b） 根据本法典第1.4章开展目标监测，至少最近三年未检测到折光马尔太虫感染。

或

4） 曾自行宣告无折光马尔太虫感染，之后因检测到折光马尔太虫而失去无疫状态资格，则只有符合以下条件后，方可重新宣告无折光马尔太虫感染：

　　a） 检测到折光马尔太虫感染后，宣布感染地区为疫区，并设立保护区；且

　　b） 销毁或清除疫区内的感染动物，最大限度地降低疫病进一步蔓延的风险，并已采取适当的消毒措施（参见第4.3章）；且

　　c） 审查之前的基本生物安保措施并加以必要修订，并在根除折光马尔太虫感染后，继续采取生物安保措施；且

　　d） 根据本法典第1.4章开展目标监测，至少三年未检测到折光马尔太虫感染。

第11.4.6条

维持无疫状态

根据第11.4.4条第1）点、第2）点或第11.4.5条的相关规定宣告无折光马尔太虫感染的国家、地区或生物安全隔离区，只要坚持采取基本生物安保措施，即可维持其无折光马尔太虫感染状态。

根据第11.4.4条第3）点或第11.4.5条相关规定宣告无折光马尔太虫感染的国家、地区或生物安全隔离区，如存在引发《水生手册》相应章节所述的折光马尔太虫感染临诊表现的条件，并坚持采取基本生物安保措施，则可中断目标监测，并维持无折光马尔太虫感染状态。

但是，在感染国家内宣布无折光马尔太虫感染的地区或生物安全隔离区，如不具备有利于引发折光马尔太虫感染临诊症状的条件，则应继续实行目标监测，并由水生动物卫生机构根据感染发生概率确定监测水平。

第11.4.7条

从宣告无折光马尔太虫感染的国家、地区或生物安全隔离区进口水生动物或水生动物产品

从宣告无折光马尔太虫感染的国家、地区或生物安全隔离区进口第11.4.2条所列水生动物或相关水生动物产品时，进口国主管部门应要求货物随附出口国主管部门签发的国际水生动物卫生证书。证书应按照第11.4.4条或第11.4.5条（如适用）和第11.4.6条的规定，注明相关水生动物或水生动物产品的产地是宣告无折光马尔太虫感染的国家、地区或生物安全隔离区。

证书应符合本法典第5.11章所示证书范本格式。

本条不适用于第11.4.3条第1）点所列水生动物产品。

第11.4.8条

为水产养殖从未宣告无折光马尔太虫感染的国家、地区或生物安全隔离区进口水生动物

为水产养殖从未宣告无折光马尔太虫感染的国家、地区或生物安全隔离区进口第11.4.2条所列水生动物时，进口国主管部门应根据第2.1章内容进行风险评估，并考虑采取以下第1）点和第2）点措施减少风险。

1）　如引进水生动物用于养成和收获，应考虑采取以下措施：

　　a）　直接将进口水生动物运至隔离检疫设施内，直至养成；且

　　b）　按照第4.3章、第4.7章和第5.5章的要求，对运输用水、设备、废水与废弃物进行消毒处理，确保灭活折光马尔太虫。

或

2）　如引进目的是建立一个新种群，应考虑采取下列措施：

　　a）　出口国：

　　　　ⅰ）确定可能的源种群，并评估其水生动物健康记录；

　　　　ⅱ）按照第1.4章的要求，对源种群折光马尔太虫感染情况进行检测，挑选出相应卫生水平最高的水生动物作为原代种群（F-0）。

　　b）　进口国：

　　　　ⅰ）进口F-0代并运至隔离设施；

　　　　ⅱ）根据第1.4章的要求检测F-0代折光马尔太虫感染情况，确定是否适合作为亲本；

　　　　ⅲ）在隔离条件下生产F-1代；

　　　　ⅳ）在易于诱发折光马尔太虫感染临诊表现的条件下（参见《水生手册》第2.4.4章）隔离

培养F-1代，并根据本法典第1.4章检测F-1代是否存在折光马尔太虫感染；

ⅴ）如在F-1代中未检测到折光马尔太虫，则可判定该进口种群为折光马尔太虫感染阴性，可解除隔离检疫；

ⅵ）如在F-1代中检测到折光马尔太虫，则不能解除隔离检疫，并应按照生物安保原则进行扑杀和处置。

第11.4.9条

为食品加工从未宣告无折光马尔太虫感染的国家、地区或生物安全隔离区进口水生动物及水生动物产品

为食品加工从未宣告无折光马尔太虫感染的国家、地区或生物安全隔离区进口第11.4.2条所列水生动物及水生动物产品时，进口国主管部门应对疫病传播风险进行评估，如有必要应要求：

1）将进口动物或产品运至隔离防护设施内，直到加工成第11.4.3条第1）点或第11.4.11条第1）点所列产品，或由主管部门批准的其他产品；且

2）妥善处理运输用水和加工过程中产生的所有污水与废弃物，确保灭活折光马尔太虫，防止易感物种与之接触。

对于此类水生动物或水生动物产品，成员可考虑采取适应本土情况的措施，防控除人类食品外与其他用途相关的风险。

第11.4.10条

从未宣告为无折光马尔太虫感染的国家、地区或生物安全隔离区进口水生动物用于动物饲料、农业、工业、科研或制药等

从未宣告为无折光马尔太虫感染的国家、地区或生物安全隔离区进口第11.4.2条所列水生动物用于动物饲料、农业、工业、科研或制药等时，进口国主管部门应要求：

1）直接将动物运至并饲养在隔离检疫设施中，直至宰杀并加工成经主管部门批准的产品；且

2）妥善处理运输用水和加工过程中产生的所有污水和废弃物，确保灭活折光马尔太虫。

本条不适用于第11.4.3条第1）点所列商品。

第11.4.11条

为食品零售从未宣告为无折光马尔太虫感染的出口国、地区或生物安全隔离区进口水生动物和水生动物产品

1） 审批进口或过境转运符合本法典第5.4.2条规定的已加工成零售包装的下列商品时，无论出口国、地区或生物安全隔离区内折光马尔太虫感染状态如何，主管部门均不应提出任何与之相关的检疫要求：

   a） 软体动物肉（冷藏或冷冻）；

   b） 半壳牡蛎（冷藏或冷冻）。

   评估上述水生动物产品安全性时做出了一些假设，成员应参阅本法典第5.4.2条所述假设，并考虑是否适用于本国国情。

   为了防控此类商品用作除人类消费外的其他用途时所带来的风险，成员可考虑采取适应本土情况的措施加以解决。

2） 从未宣告无折光马尔太虫感染的国家、地区或生物安全隔离区进口除上述第1）点外第11.4.2条所列水生动物或相关水生动物产品时，进口国主管部门应进行风险评估，并采取适当的风险缓解措施。

注：于2000年首次通过，于2017年最新修订。

第11.5章　海水派琴虫感染

Infection with *Perkinsus marinus*

第11.5.1条

本法典中，海水派琴虫（*Perkinsus marinus*）感染指由海水派琴虫引起的贝类疫病。

诊断方法参见《水生手册》。

第11.5.2条

范围

本章的建议适用于东方牡蛎（*Crassostrea virginica*）、长牡蛎（*C. gigas*）、近江牡蛎（*C. ariakensis*）、软壳蛤（*Mya arenaria*）、波罗的海蛤（*Macoma balthica*）和硬壳蛤（*Mercenaria mercenaria*）。在国际贸易中，这些建议也适用于《水生手册》所列其他任何易感物种。

第11.5.3条

为任何用途从无论是否存在海水派琴虫感染的国家、地区或生物安全隔离区进口或过境水生动物及水生动物产品

1）　审批为任何用途而进口或过境转运第11.5.2条所列物种且符合本法典第5.4.1条规定的经高温处理和封装（即经121℃热处理至少3.6分钟或其他任何温度/时间等效处理）软体动物产品时，无论出口国、地区或生物安全隔离区内海水派琴虫感染状态如何，主管部门均不应提出任何与之相关的检疫要求。

2）　审批进口或过境转运第11.5.2条所列物种水生动物和水生动物产品时，除第11.5.3条第1）点所列产品外，主管部门应要求符合第11.5.7条至第11.5.11条与出口国、地区或生物安全隔离区内海水派琴虫感染状态相关的规定。

3）　考虑进口或过境转运第11.5.2条所列物种以外的水生动物和水生动物产品时，如有合理理由认为可能构成海水派琴虫感染传播风险，进口国主管部门应按照本法典第2.1章的建议进行风险评估，并将评估结果告知出口国主管部门。

第11.5.4条

无海水派琴虫感染国家

某国如与一国或多国共享某水域，则只有共享水体所涉及的国家和地区均宣告无海水派琴虫感染时，该国方可自行宣告无海水派琴虫感染（参见第11.5.5条）。

按照第1.4.6条，一个国家如符合下列要求，则可自行宣告无海水派琴虫感染：

1） 不存在第11.5.2条所列易感动物，且至少最近三年持续采取基本生物安保措施。

或

2） 存在第11.5.2条所列易感动物，但符合以下条件：

　　a） 尽管存在引发临诊表现的条件（参见《水生手册》相应章节），但至少最近十年未发现海水派琴虫感染；且

　　b） 至少最近三年持续采取基本生物安保措施。

或

3） 开展目标监测前疫病状态不明，但符合以下条件：

　　a） 至少最近三年持续采取基本生物安保措施；且

　　b） 根据本法典第1.4章规定开展目标监测，至少最近三年未发现海水派琴虫感染。

或

4） 曾自行宣告无海水派琴虫感染的国家，之后因检测到海水派琴虫感染而失去无疫状态资格，则只有符合以下条件时，方可重新宣告无海水派琴虫感染：

　　a） 检测到海水派琴虫感染后，宣布感染地区为疫区，并确立保护区；且

　　b） 销毁或清除疫区内的感染动物，最大限度地降低疫病进一步蔓延的风险，并已采取适当的消毒措施（参见第4.3章）；且

　　c） 审查之前的基本生物安保措施并加以必要修订，并在根除海水派琴虫感染后，继续采取生物安保措施；且

　　d） 按照本法典第1.4章进行目标监测，至少最近三年未发现海水派琴虫感染。

同时，未感染地区的部分或全部地区如符合第11.5.5条第3）点的条件，可宣告为无海水派琴虫感染地区。

第11.5.5条

无海水派琴虫感染的地区或生物安全隔离区

一个地区或生物安全隔离区如跨越多个国家，则只有当所有相关国家主管部门均确认其符合条

件时，方可宣告为无海水派琴虫感染地区或生物安全隔离区。

根据第1.4.6条所述，在下列情况下，位于未宣告无海水派琴虫感染的一国或多国境内的地区或生物安全隔离区，可由相关国家主管部门宣告其为无感染：

1） 不存在第11.5.2条所列易感动物，且至少最近三年持续采取基本生物安保措施。

或

2） 存在第11.5.2条所列易感动物，但符合下列条件：

a） 尽管存在引发临诊表现的条件（参见《水生手册》相应章节），但至少最近十年未发现海水派琴虫感染；且

b） 至少最近三年持续采取基本生物安保措施。

或

3） 开展目标监测前疫病状态不明，但符合以下条件：

a） 至少最近三年持续采取基本生物安保措施；且

b） 按照本法典第1.4章开展目标监测，至少最近三年未发现海水派琴虫感染。

或

4） 曾自行宣告无海水派琴虫感染，之后因检测到海水派琴虫而失去无疫状态资格，则只有符合以下条件时，方可重新宣告无海水派琴虫感染：

a） 检测到海水派琴虫感染后，宣布受感染地区为疫区，并确立保护区；且

b） 销毁或清除疫区内的感染动物，最大限度地降低疫病进一步蔓延的风险，并已采取适当的消毒措施（参见第4.3章）；且

c） 审查之前的基本生物安保措施并加以必要修订，并在根除海水派琴虫感染后，继续采取生物安保措施；且

d） 按照本法典第1.4章开展目标监测，至少最近三年未发现海水派琴虫感染。

第11.5.6条

维持无疫状态

根据第11.5.4条第1）点、第2）点或第11.5.5条的相关规定宣告无海水派琴虫感染的国家、地区或生物安全隔离区，只要坚持采取基本生物安保措施，即可维持其无海水派琴虫感染状态。

根据第11.5.4条第3）点或第11.5.5条相关规定宣告无海水派琴虫感染的国家、地区或生物安全隔离区，如存在引发《水生手册》相应章节所述的海水派琴虫感染临诊表现的条件，并坚持采取基本生物安保措施，则可中断目标监测，并维持无海水派琴虫感染状态。

然而，在感染国家内宣布无海水派琴虫感染的地区或生物安全隔离区，如不具备有利于引发海水派琴虫感染临诊症状的条件，则应继续实行目标监测，并由水生动物卫生机构根据感染发生概率确定监测水平。

第11.5.7条

从宣告无海水派琴虫感染的国家、地区或生物安全隔离区进口水生动物或水生动物产品

从宣告无海水派琴虫感染的国家、地区或生物安全隔离区进口第11.5.2条所列水生动物或相关水生动物产品时，进口国主管部门应要求货物随附出口国主管部门签发的国际水生动物卫生证书。证书应按照第11.5.4条或第11.5.5条（如适用）和第11.5.6.条所述程序，注明相关水生动物或水生动物产品产地是宣告无海水派琴虫感染的国家、地区或生物安全隔离区。

国际水生动物卫生证书应符合第5.11章所示证书范本格式。

本条不适用于第11.5.3条第1）点所列水生动物产品。

第11.5.8条

为水产养殖从未宣告无海水派琴虫感染的国家、地区或生物安全隔离区进口水生动物

为水产养殖从未宣告无海水派琴虫感染的国家、地区或生物安全隔离区进口第11.5.2条所列水生动物时，进口国主管部门应根据第2.1章内容进行风险评估，并考虑采取以下第1）点和第2）点措施降低风险。

1）　如引进水生动物用于养成和收获，应考虑采取以下措施：

　a）　直接将进口水生动物运至隔离检疫设施内，直至养成；且

　b）　按照第4.3章、第4.7章和第5.5章的要求，对运输用水、设备、废水与废弃物进行消毒处理，确保灭活海水派琴虫。

或

2）　如引进目的是建立一个新种群，应考虑采取下列措施：

　a）　出口国：

　　ⅰ）确定可能的源种群，并评估其水生动物健康记录；

　　ⅱ）按照第1.4章检测源种群的海水派琴虫感染情况，挑选出相应卫生水平最高的水生动物作为原代种群（F-0）。

　b）　进口国：

　　ⅰ）进口F-0代并运至隔离设施；

　　ⅱ）根据第1.4章的要求，检测F-0代海水派琴虫感染情况，确定是否适合作为亲本；

　　ⅲ）隔离条件下生产F-1代；

　　ⅳ）在易于诱发海水派琴虫感染临床表现的条件下（参见《水生手册》第2.4.6章）隔离培养F-1代，并根据本法典第1.4.章的要求检测海水派琴虫感染情况；

　　ⅴ）如在F-1代中未检测到海水派琴虫，则可判定该进口种群为海水派琴虫感染阴性，可

解除隔离；

ⅵ）如在F–1代中检测到海水派琴虫，则不能解除隔离，并应按照生物安保原则进行扑杀和处置。

第11.5.9条

为食品加工从未宣告无海水派琴虫感染的国家、地区或生物安全隔离区进口水生动物及水生动物产品

为食品加工从未宣告无海水派琴虫感染的国家、地区或生物安全隔离区进口第11.5.2条所列水生动物及水生动物产品时，进口国主管部门应进行疫病传播风险评估，如有必要应要求：

1）直接将进口动物或产品运至隔离检疫设施内，直到加工成第11.5.3条第1）点或第11.5.11条第1）点所列产品，或由主管部门批准的其他产品；且

2）妥善处理运输用水和加工过程中产生的所有污水与废弃物，确保灭活海水派琴虫，防止易感物种与之接触。

对于此类水生动物或水生动物产品，成员可考虑采取适应本土情况的措施，防控除人类食品外与其他用途相关的风险。

第11.5.10条

从未宣告无海水派琴虫感染的国家、地区或生物安全隔离区进口水生动物用于动物饲料、农业、工业、科研或制药等

从宣告无海水派琴虫感染的国家、地区或生物安全隔离区进口第11.5.2条所列水生动物，用于动物饲料、农业、工业、科研或制药时，进口国主管部门应要求：

1）直接将动物运至并饲养在隔离检疫设施中，直至宰杀并加工成经主管部门批准的产品；且

2）妥善处理运输用水和加工过程中产生的所有污水和废弃物，确保灭活海水派琴虫。

本条不适用于第11.5.3条第1）点所列商品。

第11.5.11条

为食品零售从未宣告为海水派琴虫感染无疫的出口国、地区或生物安全隔离区进口或过境转运水生动物及水生动物产品

1）审批进口或过境转运根据本法典第5.4.2条规定的已加工成零售包装的下列商品时，无论出口

国、地区或生物安全隔离区内海水派琴虫感染状态如何，主管部门均不应提出任何与之相关的
检疫要求：

a） 软体动物肉（冷藏或冷冻）；

b） 半壳牡蛎（冷藏或冷冻）。

评估上述水生动物产品安全性时做出了一些假设，成员应参照第5.4.2条所述假设，并考虑是否
适用于本国国情。

为了防控此类商品用于除人类消费外的其他用途时所带来的风险，成员可考虑采取适应本土情
况的措施加以解决。

2） 从未宣告无海水派琴虫感染的国家、地区或生物安全隔离区进口除上述第1）点外第11.5.2条所
列水生动物或相关水生动物产品时，进口国主管部门应进行风险评估，并采取适当的风险缓解
措施。

———————————————————

注：于2000年首次通过，于2017年最新修订。

第11.6章 奥尔森派琴虫感染

Infection with *Perkinsus olseni*

第11.6.1条

本法典中，奥尔森派琴虫感染指由奥尔森派琴虫（*Perkinsus olseni*）引发的贝类疫病。

诊断方法参见《水生手册》。

第11.6.2条

范围

本章提供的建议适用于：

青蛤类：新西兰鸟蛤（*Austrovenus stutchburyi*）、帘蛤（*Venerupis pullastra*）、金蛤（*V. aurea*）、文蛤（*Ruditapes decussatus*）和菲律宾蛤仔（*R. philippinarum*）；

鲍类：红鲍（*Haliotis rubra*）、光滑鲍（*H. laevigata*）、圆鲍（*H. cyclobates*）和阶纹鲍（*H. scalaris*）；

其他品种：阿纳迪亚扇贝（*Anadara trapezia*）、新西兰方舟贝（*Barbatia novaezelandiae*）、新西兰白贝（*Macomona liliana*）、新西兰蛤（*Paphies australis*）、长牡蛎（*Crassostrea gigas*）和近江牡蛎（*C. ariakensis*）。

在国际贸易中，这些建议也适用于《水生手册》所列其他任何易感物种。

第11.6.3条

为任何用途从无论是否存在奥尔森派琴虫感染的国家、地区或生物安全隔离区进口或过境转运水生动物及水生动物产品

1） 审批为任何用途而进口或过境转运第11.6.2条所列物种且符合本法典第5.4.1条规定的经高温处理（即经121℃热处理至少3.6分钟或其他任何已证明可灭活奥尔森派琴虫的温度/时间等效处

理）和封装的水生动物产品时，无论出口国、地区或生物安全隔离区内奥尔森派琴虫感染状态如何，主管部门均不应提出任何与之相关的检疫要求。

2）　审批进口或过境转运第11.6.2条所列物种水生动物产品时，除第11.6.3条第1）点所列产品外，主管部门应要求符合第11.6.7条至第11.6.11条与出口国、地区或生物安全隔离区内奥尔森派琴虫感染状态相关的规定。

3）　考虑进口或过境转运第11.6.2条所列物种以外的水生动物产品时，如有合理理由认为可能构成奥尔森派琴虫传播风险，进口国主管部门应按照本法典第2.1章的建议进行风险分析，并将评估结果告知出口国的主管部门。

第11.6.4条

无奥尔森派琴虫感染国家

某国如与一国或多国共享某水域，则只有共享水域所涉及的国家或地区均宣告无奥尔森派琴虫感染时，该国方可自行宣告无奥尔森派琴虫感染（参见第11.6.5条）。

根据第1.4.6条所述，一个国家如符合下列要求，则可自行宣告无奥尔森派琴虫感染：

1）　存在第11.6.2条所列易感物种，尽管存在引发该病临诊表现的条件（参见《水生手册》相应章节），但至少最近十年未发生奥尔森派琴虫感染，且至少最近三年持续满足基本生物安保条件，同时未发现野生种群中有奥尔森派琴虫感染。

或

2）　开展目标监测前疫病状态不明，但符合以下条件：

　　a）　至少最近三年持续满足基本生物安保条件；且

　　b）　参照本法典第1.4章实行目标监测，至少最近三年未发现奥尔森派琴虫感染。

或

3）　曾自行宣告无奥尔森派琴虫感染，之后因检测到奥尔森派琴虫而失去其无疫状态资格，则只有符合以下条件后，方可重新自行宣告无奥尔森派琴虫感染：

　　a）　检测到奥尔森派琴虫后，宣布感染地区为疫区，并设立保护区；且

　　b）　销毁或清除疫区内的感染动物，最大限度地降低疫病进一步蔓延的风险，并已采取适当的消毒措施（详见第4.3章）；且

　　c）　审查此前的基础生物安保措施并加以必要修订，且根除奥尔森派琴虫感染后，继续保持基本生物安保条件；且

　　d）　参照本法典第1.4章实行目标监测，至少最近三年未发现奥尔森派琴虫感染。

同时，未受影响的部分或全部地区如符合第11.6.5条第2）点的规定，可宣告为无奥尔森派琴虫感染地区。

第11.6.5条

无奥尔森派琴虫感染地区或生物安全隔离区

一个地区或生物安全隔离区如跨越多个国家，则只有当所有相关国家主管部门均确认符合条件时，才能宣告为无奥尔森派琴虫感染地区或生物安全隔离区。

根据第1.4.6条所述，在下列情况下，位于未宣告无奥尔森派琴虫感染的一国或多国境内的地区或生物安全隔离区，可由相关国家主管部门宣告其为无感染：

1）在奥尔森派琴虫感染状态不明国家内的地区或生物安全隔离区内存在第11.6.2条所列易感物种，尽管存在引发该病临诊表现的条件（如《水生手册》相应章节所述），但至少最近十年未发现奥尔森派琴虫感染，且至少最近三年持续满足基本生物安保条件，同时未发现野生种群中有奥尔森派琴虫感染。

或

2）开展目标监测前疫病状态不明，但符合以下条件：

　a）至少最近三年持续满足基本生物安保条件；且

　b）参照本法典第1.4章实行目标监测，至少最近三年未发现奥尔森派琴虫感染。

或

3）曾自行宣告无奥尔森派琴虫感染，之后因检测到奥尔森派琴虫而失去其无疫状态资格，则只有符合以下条件后，方可重新自行宣告无奥尔森派琴虫感染：

　a）检测到奥尔森派琴虫感染后，宣布感染地区为疫区，并设立保护区；且

　b）销毁或清除疫区内的感染动物，最大限度地降低疫病进一步蔓延的风险，并已采取适当的消毒措施（详见第4.3章）；且

　c）审查此前的基础生物安保措施并加以必要修订，且根除奥尔森派琴虫感之后，继续保持基本生物安保条件；且

　d）参照本法典第1.4章实行目标监测，至少最近三年未发现奥尔森派琴虫感染。

第11.6.6条

维持无疫状态

根据第11.6.4条第1）点或第11.6.5条的相关规定宣告为无奥尔森派琴虫感染的国家、地区或生物安全隔离区，持续采取基本生物安保措施，即可维持其无奥尔森派琴虫感染状态。

根据第11.6.4条第2）点或11.6.5条相关规定宣告无奥尔森派琴虫感染的国家、地区或生物安全隔离区，如存在《水生手册》相应章节所述奥尔森派琴虫感染临诊症状的诱发条件，并持续保持基本生物安保条件，则可中断目标监测，并维持无奥尔森派琴虫感染状态。

　　然而，在感染国家内宣告无奥尔森派琴虫感染的地区或生物安全隔离区，如不具备有利于诱发奥尔森派琴虫感染临诊症状的条件，则应继续实行目标监测，并由水生动物卫生机构根据感染发生概率确定监测水平。

第11.6.7条

从宣告无奥尔森派琴虫的国家、地区或生物安全隔离区进口水生动物或水生动物产品

　　从宣告无奥尔森派琴虫感染的国家、地区或生物安全隔离区进口第11.6.2条所列水生动物和相关水生动物产品时，进口国主管部门应要求货物随附出口国主管部门签发的国际水生动物卫生证书。证书应按照第11.6.4条或第11.6.5条（若适用）和第11.6.6条所述程序，注明水生动物或水生动物产品产地是宣告无奥尔森派琴虫感染的国家、地区或生物安全隔离区。

　　证书应符合本法典第5.11章所示证书范本格式。

　　本条不适用于第11.6.3条第1）点所列水生动物产品。

第11.6.8条

为水产养殖从未宣告无奥尔森派琴虫感染的国家、地区或生物安全隔离区进口水生动物

　　为水产养殖从未宣告无奥尔森派琴虫的国家、地区或生物安全隔离区进口第11.6.2条所列水生动物时，进口国主管部门应根据第2.1章的规定进行风险评估，并考虑采取以下第1）点和第2）点措施减少风险：

1）　如引进水生动物用于养成及收获，应考虑采取以下措施：

　　a）　直接将进口水生动物运至隔离检疫设施内，直至养成；且

　　b）　按照第4.3章、第4.7章和第5.5章的要求，对运输用水、设备、废水和废弃物进行消毒处理，确保灭活奥尔森派琴虫。

或

2）　如引进目的是建立一个新种群，应考虑采取以下措施：

　　a）　出口国：

　　　　ⅰ）确定可能的源种群，并评估其水生动物卫生记录；

　　　　ⅱ）根据第1.4章检测源种群的奥尔森派琴虫感染情况，挑选出相应卫生水平最高的水生动物作为原代种群（F-0）。

　　b）　进口国：

　　　　ⅰ）进口F-0群并运至隔离检疫设施中；

ⅱ）根据第1.4.章检测F−0群是否感染奥尔森派琴虫，确定其是否适合作为亲本；

ⅲ）在隔离条件下繁殖第一代（F−1代）；

ⅳ）在易于诱发奥尔森派琴虫感染临床表现的条件下（如《水生手册》第2.4.7章所述）隔离饲养F−1代，并根据本法典第1.4章的要求，检测F−1代是否存在奥尔森派琴虫感染；

ⅴ）如在F−1代中未检测到奥尔森派琴虫感染，则可判定F−1代为奥尔森派琴虫感染阴性，可解除隔离；

ⅵ）如在F−1代中检测到奥尔森派琴虫感染，则不能解除隔离，并应按照生物安保原则进行扑杀处置。

第11.6.9条

为食品加工从未宣告无奥尔森派琴虫感染的国家、地区或生物安全隔离区进口水生动物和水生动物产品

为食品加工从未宣告无奥尔森派琴虫的国家、地区或生物安全隔离区进口第11.6.2条所列水生动物或相关水生动物产品时，进口国主管部门应进行风险评估，如有必要应要求：

1）直接将货物运至隔离控制设施内，直至加工成第11.6.3条第1）点或第11.6.11条第1）点所列产品，或由主管部门批准的其他产品；且

2）妥善处理加工过程中产生的所有污水与废弃物，确保灭活奥尔森派琴虫，防止易感物种与之接触。

对于此类水生动物或水生动物产品，成员可考虑采取适应本土情况的措施，防控除人类食品外与其他用途相关的风险。

第11.6.10条

从未宣告无奥尔森派琴虫感染的国家、地区或生物安全隔离区进口水生动物用于动物饲料、农业、工业或制药等

从未宣告无奥尔森派琴虫感染的国家、地区或生物安全隔离区进口第11.6.2条所列水生动物用于动物饲料、农业、工业或制药时，进口国主管部门应要求：

1）直接将货物运至隔离防护设施中，直至宰杀并加工成经主管部门批准的产品；且

2）妥善处理加工过程中产生的所有废水和废弃物，确保灭活奥尔森派琴虫。

本条不适用于第11.6.3条第1）点所列商品。

第11.6.11条

为食品零售从未宣告无奥尔森派琴虫感染的国家、地区或生物安全隔离区进口水生动物和水生动物产品

1）　审批进口或过境转运符合本法典第5.4.2条规定的已加工成零售包装的下列商品时，无论出口国、地区或生物安全隔离区内奥尔森派琴虫感染状态如何，主管部门均不应提出任何与之相关的检疫要求：

　　a）　软体动物肉（冷藏或冷冻）；

　　b）　半壳牡蛎（冷藏或冷冻）。

评估上述水生动物产品安全性时做出了一些假设，成员应参阅本法典第5.4.2条所述假设，并考虑是否适用于本国国情。

为了防控此类商品在除人类消费外做其他用途使用时带来的风险，成员可考虑采取适应本土情况的措施加以解决。

2）　从未宣告无奥尔森派琴虫的国家、地区或生物安全隔离区进口除上述第1）点外第11.6.2条所列水生动物或相关水生动物产品时，进口国主管部门应进行风险评估，并采取适当的风险缓解措施。

注：于2001年首次通过，于2017年最新修订。

第11.7章 加州立克次体感染

Infection with *Xenohaliotis californiensis*

第11.7.1条

本法典中，加州立克次体感染指由加州立克次体（*Xenohaliotis californiensis*）引发的贝类疫病。

诊断方法参见《水生手册》。

第11.7.2条

范围

本章提供的建议适用于：黑鲍（*Haliotis cracherodii*）、白鲍（*H. sorenseni*）、红鲍（*H. rufescens*）、桃红鲍（*H. corrugata*）、绿鲍（*H. tuberculata*和*H. fulgens*）、平鲍（*H. wallalensis*）和日本鲍（*H. discus-hannai*）。在国际贸易中，这些建议也适用于《水生手册》所列的其他任何易感物种。

第11.7.3条

为任何用途从无论是否存在加州立克次体感染的国家、地区或生物安全隔离区进口或过境转运水生动物及水生动物产品

1） 审批为任何用途而第11.7.2条所列物种且符合本法典第5.4.1条规定的经高温处理（即经121℃热处理至少3.6分钟或其他任何温度/时间等效处理）和封装的鲍产品时，无论出口国、地区或生物安全隔离区内加州立克次体感染状态如何，主管部门均不应提出任何与之相关的检疫要求：

2） 进口或过境转运第11.7.2条所列物种水生动物产品时，除第11.7.3条第1）点所列产品外，主管部门应要求符合第11.7.7条至第11.7.11条与出口国、地区或生物安全隔离区内加州立克次体感染状态相关的规定。

3）考虑进口或过境转运第11.7.2条所列物种以外的水生动物产品时，如有合理理由认为可能构成加州立克次体传播风险，进口国主管部门应按照本法典第2.1章的建议进行风险分析，并将结果告知出口国的主管部门。

第11.7.4条

无加州立克次体感染国家

某国如与一国或多国共享某水域，则只有共享水域所涉及的国家或地区均宣告无加州立克次体感染时，该国方可自行宣告无加州立克次体感染（参见第11.7.5条）。

根据第1.4.6条所述，一个国家如符合下列要求，可自行宣告无加州立克次体感染：

1）不存在第11.7.2条所列易感物种，且至少最近三年持续满足基本生物安保条件。

或

2）存在第11.7.2条所列易感物种，但符合以下条件：

　　a）尽管存在引发该病临诊表现的条件（如《水生手册》相关所述），但至少最近十年未发现加州立克次体感染；且

　　b）至少最近三年持续满足基本生物安保条件。

或

3）开展目标监测前疫病状态不明，但符合以下条件：

　　a）至少最近三年持续满足基本生物安保条件；且

　　b）根据本法典第1.4章所述实行目标监测，至少最近两年未发现加州立克次体感染。

或

4）曾自行宣告无加州立克次体感染，之后因检测到加州立克次体而失去其无疫状态资格，则只有符合以下条件时，方可重新自行宣告无加州立克次体感染：

　　a）检测到加州立克次体感染后，宣布感染地区为疫区，并确立保护区；且

　　b）销毁或清除疫区内的感染动物，最大限度地降低疫病进一步蔓延的风险，并已采取适当的消毒措施（详见第4.3章）；且

　　c）审查此前的基础生物安保措施并加以必要修订，且根除加州立克次体感染后，继续保持基本生物安保条件；且

　　d）参照本法典第1.4章实行目标监测，至少最近两年未发现加州立克次体感染。

同时，未受影响的部分或全部地区如符合第11.7.5条第3）点的规定，可宣告为无加州立克次体感染地区。

第11.7.5条

无加州立克次体感染地区或生物安全隔离区

一个地区或生物安全隔离区如跨越多个国家，则只有当所有相关国家主管部门均确认符合条件时，才能宣告为无加州立克次体感染地区或生物安全隔离区。

根据第1.4.6条所述，在下列情况下，位于未宣告无加州立克次体感染的一国或多国境内的地区或生物安全隔离区，可由相关国家主管部门宣告其为无感染：

1）不存在第11.7.2条所列易感物种，且至少最近三年持续满足基本生物安保条件。

或

2）存在第11.7.2条所列易感物种，但满足以下条件：

　　a）尽管存在引发该病临诊表现的条件（如《水生手册》相应章节所述），但至少最近十年未发生加州立克次体感染；且

　　b）至少最近三年持续满足基本生物安保条件。

或

3）开展目标监测前疫病状态不明，但符合以下条件：

　　a）至少最近三年持续满足基本生物安保条件；且

　　b）参照本法典第1.4章实行目标监测，至少最近两年未发现加州立克次体感染。

或

4）曾自行宣告无加州立克次体感染，之后因检测到加州立克次体而失去其无疫状态资格，则只有符合以下条件时，方可重新自行宣告无加州立克次体感染：

　　a）检测到加州立克次体感染后，宣告感染地区为疫区，并设立保护区；且

　　b）销毁或清除疫区内的感染动物，最大限度地降低疫病进一步蔓延的风险，并已采取适当的消毒措施（详见第4.3章）；且

　　c）审查此前的基础生物安保措施并加以必要修订，且根除加州立克次体感染后，继续保持基本生物安保条件；且

　　d）参照本法典第1.4章实行目标监测，至少最近两年未发现加州立克次体感染。

第11.7.6条

维持无疫状态

根据第11.7.4条第1）点、第2）点或第11.7.5条的相关规定宣告为无加州立克次体感染国家、地区或生物安全隔离区，如持续采取基本生物安保措施，即可维持无加州立克次体感染状态。

根据第11.7.4条第3）点或第11.7.5条相关规定宣告为无加州立克次体感染的国家、地区或生物安全隔离区，如存在《水生手册》相应章节所述的加州立克次体感染临诊症状的诱发条件，并持续保持基本生物安保条件，则可中断目标监测，并维持其无加州立克次体感染状态。

然而，在感染国家内宣告无加州立克次体感染的地区或生物安全隔离区，如不具备有利于诱发加州立克次体感染临诊症状的条件，则应继续实行目标监测，并由水生动物卫生机构根据感染发生概率确定监测水平。

第11.7.7条

从宣告无加州立克次体感染的国家、地区或生物安全隔离区进口水生动物或水生动物产品

从宣告无加州立克次体感染的国家、地区或生物安全隔离区进口第11.7.2条所列水生动物或相关水生动物产品时，进口国主管部门应要求货物随附出口国主管部门签发的国际水生动物卫生证书。证书应按照第11.7.4条或第11.7.5条（若适用）和第11.7.6条所述程序，注明水生动物或水生动物产品产地是宣告无加州立克次体感染的国家、地区或生物安全隔离区。

证书应符合本法典第5.11章所示证书范本格式。

本条不适用于第11.7.3条第1）点所列商品。

第11.7.8条

为水产养殖从未宣告无加州立克次体感染的国家、地区或生物安全隔离区进口水生动物

为水产养殖从未宣告无加州立克次体感染的国家、地区或生物安全隔离区进口第11.7.2条所列水生动物时，进口国主管部门应根据第2.1章的规定进行风险评估，并考虑采取以下第1）点和第2）点措施减少风险。

1）　如引进水生动物用于养成及收获，应考虑采取以下措施：

　　a）　直接将进口水生动物运至隔离检疫设施内，直至养成；且

　　b）　根据第4.3章、第4.7章和第5.5章的要求，对运输用水、设备、废水和废弃物进行消毒处理，确保灭活加州立克次体。

或

2）　如引进目的是建立一个新种群，应考虑采取以下措施：

　　a）　出口国：

　　　　ⅰ）确定可能的源种群，并评估其水生动物卫生记录；

　　　　ⅱ）根据第1.4章检测源种群的加州立克次体感染情况，挑选出相应卫生水平最高的水生

动物作为原代种群（F-0）。

b）进口国：

　　ⅰ）进口F-0群并运至隔离检疫设施中；

　　ⅱ）根据第1.4章要求检测F-0代是否感染加州立克次体，确定是否适合作为亲本；

　　ⅲ）在隔离条件下繁殖第一代（F-1代）；

　　ⅳ）在易于诱发加州立克次体感染临诊表现的条件下（如《水生手册》第2.4.8章所述）隔离饲养F-1代，并根据第1.4章检测F-1代是否存在加州立克次体感染；

　　ⅴ）如在F-1代中未检测到加州立克次体感染，则可判定F-1代为加州立克次体感染阴性，可解除隔离；

　　ⅵ）如在F-1代中检测到加州立克次体，则不能解除隔离，并应按生物安保原则进行扑杀和处置。

第11.7.9条

为食品加工从未宣告无加州立克次体感染的国家、地区或生物安全隔离区进口水生动物或水生动物产品

为食品加工从未宣告无加州立克次体感染的国家、地区或生物安全隔离区进口第11.7.2条所列水生动物或相关水生动物产品时，进口国主管部门应进行风险评估，如有必要应要求：

1）直接将货物运至隔离控制设施内，直到加工成第11.7.3条第1）点或第11.7.11条第1）点所列产品，或由主管部门批准的其他产品；且

2）妥善处理运输用水（包括冰）、设备、容器和包装材料，确保灭活加州立克次体，并防止易感物种与之接触。

对于此类水生动物或水生动物产品，成员可考虑采取适应本土情况的措施，防控除人类食品外与其他用途相关的风险。

第11.7.10条

从未宣告无加州立克次体感染的国家、地区或生物安全隔离区进口水生动物用于动物饲料、农业、工业或制药等

从未宣告无加州立克次体感染的国家、地区或生物安全隔离区进口第11.7.2条所列水生动物用于动物饲料、农业、工业或制药等时，进口国主管部门应要求：

1）直接将货物运至隔离防护设施中，直至宰杀并加工成经主管部门批准的产品；且

2）妥善处理所有运输用水（包括冰）、设备、容器和包装材料，确保灭活加州立克次体。

本条不适用于第11.7.3条第1）点所列商品。

第11.7.11条

为食品零售从未宣告无加州立克次体感染的国家、地区或生物安全隔离区进口水生动物和水生动物产品

1）审批进口或过境转运符合本法典第5.4.2条规定的已加工成零售包装的无内脏无壳鲍肉（冷藏或冷冻）时，无论出口国、地区或生物安全隔离区内加州立克次体感染的状态如何，主管部门均不应提出任何与之相关的检疫要求。

评估上述水生动物产品安全性时做出了一些假设，成员应参阅本法典第5.4.2条所述假设，并考虑是否适用于本国国情。

为了防控此类商品在除人类消费外做其他用途使用时带来的风险，成员可考虑采取适应本土情况的措施加以解决。

2）从未宣告无加州立克次体感染的国家、地区或生物安全隔离区进口除上述第1）点外第11.7.2条所列水生动物或相关水生动物产品时，进口国主管部门应进行风险评估，并采取适当的风险缓解措施。

注：于2002年首次通过，于2017年最新修订。

第一版，1995年　　　　第八版，2005年　　　　第十五版，2012年
第二版，1997年　　　　第九版，2006年　　　　第十六版，2013年
第三版，2000年　　　　第十版，2007年　　　　第十七版，2014年
第四版，2001年　　　　第十一版，2008年　　　第十八版，2015年
第五版，2002年　　　　第十二版，2009年　　　第十九版，2016年
第六版，2003年　　　　第十三版，2010年　　　第二十版，2017年
第七版，2004年　　　　第十四版，2011年　　　第二十一版，2018年

世界动物卫生组织-《水生动物卫生法典》
第22版-2019年

ISBN 978-92-95108-96-7（英文版）

图书在版编目（CIP）数据

OIE水生动物卫生法典：第22版. 2019 / 世界动物卫生组织（OIE）编著；农业农村部畜牧兽医局组译. —北京：中国农业出版社，2021.3
　ISBN 978-7-109-28042-7

Ⅰ.①O…　Ⅱ.①世…②农…　Ⅲ.①水生动物–检疫–法典–世界②兽医卫生检验–法典–世界　Ⅳ.①D912.4

中国版本图书馆CIP数据核字（2021）第048039号

OIE水生动物卫生法典
OIE SHUISHENG DONGWU WEISHENG FADIAN

中国农业出版社出版
地址：北京市朝阳区麦子店街18号楼
邮编：100125
责任编辑：王金环　刘伟
版式设计：杜然　责任校对：刘丽香
印刷：北京通州皇家印刷厂
版次：2021年3月第1版
印次：2021年3月北京第1次印刷
发行：新华书店北京发行所
开本：889mm×1194mm　1/16
印张：24.75
字数：710千字
定价：120.00元